旅遊實務

Management of Practical Traveling

蔡必昌◎著

序　言

　　教書多年一直有個心願，能將個人教學心得做個整理出書，希望藉此能將理論與實際縮短到最小，同學在學校課堂上所學，即為將來於工作上所用，更希望提供業者一本真正實務上的訓練教材，讓業者可用最少時間訓練新進員工，不必走許多冤枉路。但理想與實際往往有很大的差距，從與揚智文化公司簽約到完成歷經多年，究其原因在兼顧教學、研究、家庭之外時間極有限，但今終於完成，在此十二萬分的感謝多位前輩的指正及提供許多的珍貴資料。

　　在此感謝家人（父母、岳父母、小辛及泡泡）的支持、鼓勵與體諒。感謝揚智文化公司葉忠賢總經理及全體夥伴的協助及耐心等待多年。感謝南台科技大學校長張信雄博士提供優良的教書環境，並極具前瞻遠見，本校成立全國第一個實習旅行社，並於八十三年十月與航空公司連線。感謝雄獅旅行社陳憲祥副總及櫻花旅行社林燈燦前輩協助校正。感謝雄獅旅行社王文傑董事長及陳憲祥副總、理想旅運社蔡榮一總經理及先啓資訊余劍博先生提供珍貴資料。

蔡必昌謹識

目　錄

圖表目錄

第一章
旅行業概論

第一節　旅遊之興起與旅行業沿革

一、旅遊之興起

　　一般人對中國人的概念是「安土重遷」，不輕易離家遠遊，事實上觀光旅遊在我國歷史上，可遠溯至西元前一一四四年，周文王《易經》觀卦六四爻辭中有「觀國之光，利用賓於王」一句，「觀光」一詞即已出現。在國外，"Tourism" 一字由Tour加上ism而成，Tour由拉丁文 "Tournus" 而來，更有巡迴而遊的意思。「觀光旅遊」（Tourism and Travel）一辭之結合乃為現代之用語。促使「旅遊活動」（Travel Activities）成長的因素繁多，舉凡政治、軍事、經濟、社會和文化等等，莫不在各階層的社會演進中扮演重要的促動因素。[1]

(一)我國旅遊之興起

　　我國旅遊活動起源相當早，商朝定居殷後，以馬車代步，利用海貝、玉環為交易，商朝人以此巡遊四方，運有輸無，到處去做生意，為商業旅行的萌芽時期。據說西周時，周穆王曾遠遊西北青海，並曾攀登五千公尺高的祁連山，可算是我國最早的登山旅行家。

　　進入春秋戰國時代，諸侯貴族為擴展勢力，發揚己威，不惜跋山涉水，一方面與他國訂盟，一方面考察他國的政經文教制度，以為參考，同時也可誇耀本國之光，與今日的國民外交不謀而同，此舉多為王公貴族專屬之旅遊活動。[2]

　　各朝代帝王為了加強中央的權力和統治，頌揚自己的功績，炫

耀武力，震懾群臣和百姓，並滿足遊覽之欲望，均有到各地「巡狩」、「巡幸」、「巡遊」的活動。秦始皇於西元前二二一年平定六國、一統天下後，修築馳道，統一幣制，為旅行者提供了孕育發展的環境，富商大賈、平民百姓來往頻頻，秦始皇也多次南下視察，開了皇帝巡臨之風。爾後以隋煬帝楊廣最酷愛旅行，多次南下巡遊，甚至在叛軍節節逼近之際，還不忘遊覽江南優美風光。

張騫受命打開中西交通之路；鄭和七下南洋保障僑民；法顯和尚在汪洋中漂流了一百零六天，抵達墨西哥；玄奘遠赴印度取經，《大唐西域記》中記載了一百二十八國的風俗見聞，對帕米爾高原的記錄，更是世界第一人。上述名人皆為中國旅遊史上永垂不朽的前導者，讓後人跟隨他們的足跡逐步發展。

後來封建制度逐漸瓦解，平民脫離井田制的行動限制後，逐名利而行的心理，使得人口流動加劇，其中以孔子周遊列國十四年，遨遊神州山川文物，讀萬卷書兼行萬里路，使儒家思想更趨完善，堪稱此時期成功的旅行家。墨子「摩頂放踵」的辛苦旅行，載著滿車木簡的蘇秦，皆可作為此時平民旅遊的代表人物。

我國古代許多文人學士居留於田園山林，走遍了名山大川，漫遊了名勝古蹟，寫出了膾炙人口的不朽作品。像陶淵明、李白、杜甫、柳宗元、歐陽修、蘇東坡、袁宏道等人，都有漫遊我國各地美景風光的傑作。其他如西漢司馬遷、北魏的酈道元和明代徐霞客，不僅是傑出之史學、地理學名家，其作品更充滿了山光水秀的靈氣。[3]

古代各族人民的生活習俗和喜慶佳節中，都有著濃郁民族特點和地方特色的旅遊活動，如春節廟會、元宵燈市、清明踏青、端午競舟、中秋賞月、重陽登高等等，都是中國億萬群眾沿襲數千年寓有旅遊活動的喜慶佳節。台灣宜蘭頭城每年之「搶孤」活動亦吸引了廣大之人潮。

我國旅遊事業中，最早興起的可說是旅館業。隋唐時由於中西交流頻繁，旅客眾多，便在各地設立「亭驛」、「逆旅」，及私館客舍，為接待旅客專業化之始，例如「波斯邸」即專門為接待外賓而設。元朝時，沿途普設驛站供人憩息，不僅對往來旅客幫助尤大，更促進交通及商業發展。綜上可知我國古代的觀光旅遊活動已經有了相當之發展規模。這些寶貴的歷史經驗，為我國現代之觀光旅遊事業之拓展，奠下深厚基礎。

(二)西洋旅遊活動之興起

旅行業的歷史軌跡，是經過數千年的演變改進，才有今日的規模架構。今天透過旅行業的努力，世界地球村的理想日趨實現。最初人們所謂的「旅行」，主要的動機是出外貿易和經商，在西元前四千年，蘇美人發明使用旅行三要素——貨幣、輪車和書寫，解決了異地旅行在金錢、交通及文書上的困擾後，國家與國家間的商務旅行便熱絡起來，之後再由腓尼基人發揚光大，因此希伯來語中「貿易者」和「旅行者」是同義字。此時真正以遊憩及樂趣為目的的旅行，在腓尼基人、埃及人身上亦可見到。

西元前五世紀，歷史學家曾有埃及人觀光的記錄，可能是西方最早有關觀光記載的文獻。在歷史上，真正從事觀光活動的是希臘人，文獻中記載有以商業、宗教、體育、健康、療養等動機的各項旅遊活動，如參加奧林匹克運動會、膜拜愛神邱比特等，與現代人參觀奧運比賽或遠赴泰國膜拜四面佛的心態是一樣的。

羅馬時代可說是旅遊的第一個黃金時期，由於治安良好、交通便利，又有統一的幣制，同時經濟繁榮發展的程度，使得大量市民皆有錢有閒去從事純樂趣的旅遊。當時的海濱遊樂區、溫泉浴場更是人滿為患，為密集的觀光勝地。此外相當於旅館的驛站事業也興起，是供長途旅遊者住宿之用，生意亦相當興隆。惟好景不長，羅

馬帝國在第五世紀淪落之後，由於良好的社會秩序瓦解，治安敗壞、經濟蕭條等影響，旅遊活動便逐漸步上黑暗的時期。[4]

由於蠻族入侵、西羅馬滅亡，於西元四七三年，整個西方社會受到了空前威脅，所幸有教會的支撐，西方文化得以保存，宗教的影響力也日漸茁壯。當時因宗教而衍生之重要旅遊活動有「十字軍東征」（The Crusades）和朝聖活動（Pilgrimages）。在西元一〇九五至一一九一年之數次出征中，並未能成功地由回教人（Muslims）手中奪回聖地（Holy Land），以軍事之眼光來看，十字軍東征行動是一項基督教的挫折。但以文化來看，它促進了東西文化之交流，擴大認知，並爲歐洲人東遊奠下了基礎。

十六世紀至十九世紀，由於文藝復興（The Renaissance），人文主義（Humanism）再度抬頭，以學習文化爲目的的旅遊興起，當時的留學生熱潮在歐陸與英國皆蔚爲風尙。人文旅遊即爲此時期的產物。雖然此類學習旅遊花費龐大，但吸引了大量的參與者，使得自由旅行觀光稍具雛形。此種人文運動的結果爲後世之旅遊活動開創了所謂歷史、藝術、文化之旅。以「教育」爲主的大旅遊（Grand Tour）更奠定了日後歐洲團體全備旅遊（Group Inclusive Package Tour）之基礎。

「大旅遊」最初爲英國貴族培育其子女教育中的一種方式，藉著到歐陸各文化名城遊歷之際，體驗歐洲本土文化之淵源，並學習相關之語言和生活禮儀，以期能在傳統之文化薰陶下養成貴族之氣質和恢宏的見識。通常年輕的貴族子弟在家庭教師和僕人之陪同下，花上二至三年的時間，遊歷歐陸各國。歷經三百年（西元一五〇〇至一八二〇年）之大旅遊盛行期間，造就了住宿業、交通和行程安排的進一步發展，例如一七〇〇年代，英國觀光旅客踏上歐陸後，會租或買一輛馬車以遊覽歐陸，行程結束後，他可以把原車退租或轉售給車行，彷彿今日之汽車租賃制度。到了一八二〇年，歐

洲各地的旅館已經有大量出租馬車以利旅客出遊的服務了。在行程設計方面，也有驚人之進展，當時已有「全備旅遊」（All Inclusive Tour）之出現。當時有一位倫敦之商人，銷售一種包含事先安排完善之交通、餐飲和住宿的瑞士十六天之旅遊，爲歷史上全備旅遊之始。

一八三〇年蒸汽機的發明，使得火車的速度加快，載客量增多，更引爆了「旅遊革命」，旅遊不再是專屬階級特權；包辦式旅遊興起；第一家旅行社成立；以觀光客爲對象的專業觀光旅館出現在著名的山區，觀光用的登山鐵路亦出現。一八三八年，一位英國商人帶領一火車的觀光客，去目擊兩個兇手被吊死，堪稱包辦式旅遊的鼻祖。

一八四一年，一位浸信會傳教士兼禁欲協會總幹事，在安排會員參加禁酒會議時，正巧當時「密德蘭鐵路」開張，於是靈機一動，包下一列專用火車，以每人一先令的票價，供當時參加會議的旅客搭乘，票價中包含了演奏聖歌的樂隊費用、火腿午餐、下午茶及二十二哩的車資，以此招攬了五百七十名旅遊客體。他就是旅遊業的開山祖師爺湯瑪士・庫克（Thomas Cook）。一八四五年他首創旅行服務事業，並兼營票務，日後陸續開發出旅行支票、周遊車票等旅遊產品，並建立起領隊與導遊人員帶團規範。同時期（一八三九年）美國亦創設了第一家運輸公司，就是後來的美國運通公司（American Express），除了遞送郵件，也從事匯兌等服務。

第一次世界大戰結束後，歐美先進國家即全力發展交通事業，大致以海運造船業最爲優先，人們以搭乘豪華郵輪遨遊四海爲一大樂事。陸上交通方面火車與汽車在路線與車輛建造方面亦有大量改進，惟在航空運輸方面尚乏突破性的發展。工商業的突飛猛進及國際貿易的日趨頻繁，都促使旅行活動日益增加，逐漸引起人們普遍的關切，大型旅館應運而生，將旅遊當作最有益身心的休閒活動之

意識逐漸形成，奠立了觀光事業（Tourism）的雛形。

飛機和汽車的急速發展，使得旅行者不再擔心距離遠近問題，改以思考時間長短，同時昂貴的旅行費用也大為降低，觀光事業至此終於普及到各階層的國民，即「國外旅遊平民化」，大量中產階級的人出國旅遊，使得團體旅遊甚為盛行活躍。相關的產業如旅館業亦深受影響，趨向大規模連鎖型飯店的建造。旅行業者對新觀光景點有計畫性之規劃開發，及維護舊觀光景點的措施，也一一出籠。

第二次世界大戰結束，航空運輸事業急速發展，從螺旋槳發展為噴射引擎，不但速度倍增，裝載量也大量增加，促進觀光事業普遍大量發展，成為各國一致重視的生產事業，其重要性不亞於一般工商業，被譽為觀光工業（Tourism Industry）。

從人們旅行（Traveling）發展到觀光事業，祇有二十世紀中葉至今數十年的歷史，其所關聯的行業甚多，但旅行業所據地位實最重要，無疑為觀光事業的先鋒及尖兵。二十世紀的旅行業者，已完整地建立起自己的體制與系統。無論哪種方式，在可預期的未來，旅行業仍將是地球上最大的產業，其大眾化、平民化、娛樂化的趨勢已十分顯著，並且是唯一持續成長之行業。

二、旅行業沿革

人類自古就有旅行的行為。人類為求生存而遷移的活動，便可喻為「旅行」，但是旅行業（Travel Service）還是近代的產物，它是近代最具挑戰性與最活絡的事業。由於人類知識與教育水準的提升，交通工具不斷改良進步，使得國與國之間的距離不再是那麼遙不可及，而國民生活水準的提升，人們除了追求精神生活的提升，更重視休閒活動的充實，於是刺激人類由室內走向戶外，由國內走向國外。而如何提供旅遊服務，航空運輸工具的安排，風景區的遊

覽，食宿的安排，提供一連串的完善服務使之更舒適、便捷，且得到真正的放鬆，就是旅行業主要的課題了，所以旅行業在觀光事業中更是位居龍頭的角色了！[5]

(一)歐美旅行業之發展沿革

近代歐美旅行業之興起可回溯到十九世紀工業革命後，鐵路交通興盛，在英國出現以承辦團體鐵路之旅的通濟隆公司（Thomas Cook and Sons Co.），而在美國則有美國運通公司，這兩大公司在長期努力經營之下有了豐碩的成果，成為當今舉世聞名的旅行業，其組織與制度亦為各國旅行業者所效法。

■英國的旅行業發展

追溯旅行業的起源，係起自於歐洲的中古時期。如前所述，在一八四一年，英國傳教士湯瑪士‧庫克為提倡禁酒運動，而想以旅行活動來替代，乃舉辦自李斯特（Leicester）至羅布洛（Loughbrough）之禁酒大會旅行，全程來回二十二哩，有五百七十人參加，每人收費一先令。這是世界上第一個包辦遊程之肇始，由於情況熱烈，參加人員眾多，獲得相當成功。於是各界安排旅遊日漸增多，為了順應要求，乃於一八四五年創設了世界上最早的一家旅行社，為社會大眾提供有關旅遊方面的服務，也使得旅遊事業更為大眾化。

湯瑪士‧庫克父子公司的正式中文名稱為「英國通濟隆公司」，起初自稱為遊覽代理人（Excursion Agent），以國內旅遊為主，並積極在國內選擇名勝，以節省團體運費來服務旅客。在一八六三年六月間，他更史無前例地率領一個一百六十人的觀光團前往瑞士日內瓦遊覽，其中八人曾攀登阿爾卑斯山，一八六七年他又發明了旅館住宿券（Hotel Coupon），使旅客更加方便，開拓了觀光事業的坦途。此外，庫克於一八七二年完成環遊世界之旅，在一八七

五年舉辦北歐海上七天的船上旅遊，號稱「午夜陽光之旅」，爲後來海上旅遊奠下了良好基礎。湯瑪士・庫克的公司，到如今約有一百五十多年的歷史，全世界亦有將近一萬個員工及一千六百間的辦事處，開拓了旅遊事業，而湯瑪士・庫克也被稱爲旅行業之鼻祖。

庫克的旅遊服務不僅提供了包辦式之旅行，並發明了若干之服務項目而爲後人所稱道。例如有鑑於當時歐洲貨幣種類繁多，而旅館只接受英國貨幣，湯瑪士乃與旅館業者商量以其自製的旅館住宿券替代，後來擴大成爲可以支付其他商品化用券，這種可以流通於英國市場的流通券乃成爲爾後旅行支票的先驅。[6]

■美國旅行業之發展

美國旅行業之創設應源於威廉・哈頓（William Frederick Harden）於一八三九年所開設的一家旅運公司，專門經營波士頓與紐約間的旅運業務。一八四○年時亞當斯（Alivim Adams）也設立了第二家旅運公司，而於一八五○年兩公司合併爲美國運通公司，以往來東西岸專在美國國內從事貨運業務。一八九一年始由當時的經理人傑姆士・法高（James Fargo）擴展辦理旅客旅行服務，並發行旅行業支票，由於營運迅速擴張，迄今在海外已創設一百五十個分支機構，營運項目包括旅行業、銀行、貨運、保險、報關、倉儲、旅行支票、旅館預約及信用卡等。而其旅行業務部分，目前仍爲世界上最大的民營旅行業，並成爲與英國通濟隆公司同時馳名的旅行業。[7]

(二)我國旅行業之發展沿革

■大陸時期的旅行業

我國最早之旅行業出現在上海，由陳光甫於民國十六年所辦之中國旅行社，此後直至民國五十九年我國旅行業才開始全面興起。陳光甫可說是我國旅行業的拓荒者，陳光甫於民國四年創辦了上海

商業儲蓄銀行。民國十二年八月，成立旅行部，爲旅行業之肇始。起初，旅行部僅辦理該行員工前往國內各地，處理有關銀行業務時所需之交通、食宿和接待之安排。最後，應銀行客戶的請求，而逐漸擴大對外服務。因爲業務蒸蒸日上，乃於民國十六年六月一日將該行旅行部改組爲一獨立營業的服務公司，命名爲「中國旅行社」。另於民國三十五年於台灣台北成立分社，作爲發展台灣旅遊業務的樞紐，民國四十年時遵照政府規定，以台灣中國旅行社股份有限公司重新登記。該社以服務社會便利旅行爲該社之經營宗旨，爲我旅行事業之開創者。

■台灣光復前的旅行業

　　台灣在日據時代，日本的旅行業由「日本旅行協會」主持，屬鐵路局管轄，而台灣的業務由台灣鐵路局旅客部代辦。後來，「日本旅行協會」改名爲東亞交通公社，故正式成立「東亞交通公社台灣支社」，爲台灣地區第一家專業旅行業。該支社實際上等於是鐵路局的附屬機構，以代售火車客票爲主，並經營沿線各站餐旅業務，所有人員多半爲鐵路局退休幹部，而單位主管人員則以日人爲多數，實際上該支社並未發揮到旅行社所具有之服務功能。直到民國三十四年，台灣光復後爲我政府接收。

■台灣光復後的旅行業

　　台灣光復以後，政府接收「東亞交通公社台灣支社」，改組爲「台灣旅行社」，由當時鐵路局長陳清文兼任董事長，李有福爲常務董事兼總經理。其經營項目包括代售火車票、餐車、鐵路餐廳等有關鐵路局之附屬事業。民國三十六年台灣省政府成立後，將「台灣旅行社」改組爲「台灣旅行社股份有限公司」，直屬於台灣省政府交通處，一躍而爲公營之旅行業機構。其經營之範圍也從原來之鐵路附屬事業擴展至全省其他有關之旅遊設施，而在國際相關旅運業務和國民旅遊之推廣等方面，亦有相當之進展，爲台灣旅行業之萌

芽階段。其後，牛天文創立歐亞旅行社，與中國旅行社及台灣旅行社同為台灣最早之三家旅行社，是台灣地區旅行業萌芽階段之先驅，並為下一階段中的外人來華觀光發展奠下了深遠之基礎。

民國三十五年二月中國旅行社台灣分社正式成立。但台灣旅行業之真正發源，應溯自民國四十三年先總統蔣公昭示政府推廣觀光事業之發展。台灣省政府成立「台灣省觀光事業委員會」及民國四十五年十一月二十九日台灣觀光協會之成立，民間開始重視旅行社業務。在政府政策性之大力推展觀光發展之前提下，各類相關法令放寬，加以當時台灣物價低廉，社會治安良好，而民國五十三年又逢日本開放其國民海外旅遊，新的旅行社紛紛成立，到民國五十五年時已有五十家。而旅行業經營之業務，主要以接待來華之觀光客為主，也就是完全依靠外人來華觀光為主的接待旅遊，而形成了以接待日本籍、歐美地區和海外華僑為主的旅行社群，開啟了我國旅行業外人來華觀光業務的初步規模。

台灣地區觀光旅遊發展，隨著社會、政治和經濟的演進，民國六十年，全省旅行業已發展至一百六十家，來華觀光人口也超過了五十萬人，因此政府為了有效管理相關觀光旅遊事業，同年將「台灣省觀光事業委員會」改組為「觀光局」，隸屬於交通部。民國六十一年以後，台灣旅行業家數擴張迅速，當時全省旅行社約已有二百九十多家。民國六十七年，可以說是此時期的一個轉捩點，當時全省旅行業家數已有三百三十七家，過度之膨脹，導致旅行業產生惡性競爭，影響了旅遊品質，造成不少旅遊糾紛，破壞國家之形象。政府為防止此種現象繼續惡化，及為了導正旅行社正常發展，乃於民國六十七年凍結旅行社執照之申請，旅行社的家數遂逐年遞減。而此時期之旅行業業務仍以外人來華觀光為主，民國六十五年來華人數正式突破百萬大關。此外，此階段國內的經濟環境逐漸改善，國人以商務、探親、應聘等名義出國觀光者日眾，也產生了一

些以滿足此等消費者訴求之旅行社，他們負責一切手續之辦理，已有了國人出國觀光之初步型態。

民國六十八年一月政府開放國民出國觀光，解除了過去僅能以商務、應聘、邀請和探親等名義之出國限制，為台灣海外旅遊進入一新里程碑的年代，我國觀光事業進入了雙線發展階段。民國七十六年七月十五日政府宣佈解嚴，開放了國人可前往大陸地區探親，使我國出國人口急速成長。一九八七年國人出境旅遊人數，首度超過入境遊客總數，且突破一百萬人次。三十年來本省觀光事業一帆風順，自萌芽至茁壯，由沒沒無聞到躋身世界觀光界知名地位，並且由觀光外匯輸入國，轉型為外匯輸出大國，旅行社也漸由外人來華觀光轉為國人出國觀光市場型態。因為市場需求量之日趨提高，基於業者多方的反映，政府經過專家市場評估及有意導正市場，順應我國經濟邁向國際化、自由化的潮流，並應付因開放探親所形成之需求，民國七十七年一月一日起開放凍結達十年餘之旅行業執照，執照開放後，且增設綜合旅行社類別。旅行業生力軍紛紛投入市場，造成了旅行社家數快數膨脹。

民國七十八年旅行業籌組「品質保障協會」，其性質為國內旅行業之一個自律、自治、互助與聯保團體，由會員共存保障基金，共同保障全體會員的旅遊品質。八十一年制定銀行清帳計畫（BSP），旅行社開始電腦化。八十二年成立代收轉付制度，不再用發票，改用代收轉付收據。近年來旅行社家數增長漸趨遲緩，截至二〇〇〇年底為止，全省旅行社包含分公司共有二千四百零二家（見**表1-1**）。[8] 今天旅遊已成為國人生活的一部分，而旅行社和旅客的依存關係將更趨密切，並進入人際關係的一環。尤其在國民所得不斷提升、外匯存底突破八百億美元之時，旅行業成為未來十大熱門行業之一，旅遊市場的前途仍將無限的寬廣，盼望旅行業者持續努力，再創佳績！

表1-1 旅行業家數統計表

地 區	綜 合		甲 種		乙 種		合 計	
	總公司	分公司	總公司	分公司	總公司	分公司	總公司	分公司
台北市	59	13	867	61	16	0	942	74
台北縣	0	3	28	7	3	2	31	12
桃園縣	0	22	74	36	5	0	79	58
基隆市	0	0	0	2	0	0	0	2
新竹市	0	12	25	16	3	0	28	28
新竹縣	0	0	7	7	0	0	7	7
苗栗縣	0	0	20	11	0	0	20	11
花蓮縣	0	6	9	13	3	0	12	19
宜蘭縣	0	1	10	5	3	0	13	6
台中市	5	37	128	74	12	2	145	113
南投縣	0	1	10	12	0	0	10	13
彰化縣	0	7	29	11	2	0	31	18
台中縣	0	0	23	16	2	0	25	16
嘉義市	0	3	25	14	0	1	25	18
嘉義縣	0	0	2	1	3	0	5	1
雲林縣	0	1	12	11	1	0	13	12
台南市	3	19	78	29	4	1	85	49
台南縣	0	1	8	10	3	1	11	12
澎湖縣	0	1	5	4	14	3	19	8
高雄市	15	32	196	83	17	5	228	120
高雄縣	0	0	7	3	2	0	9	3
屏東縣	0	2	10	9	1	0	11	11
金門縣	0	1	3	8	10	0	13	9
台東縣	0	2	6	7	5	0	11	9
總 計	82	164	1,582	450	109	15	1,773	629

資料來源：觀光局網站。資料更新日期：2000年12月31日

第二節　旅行業的定義與特質

一、旅行業之定義

旅行業係一種爲旅行大眾提供有關旅遊方面服務與便利的行業，其主要業務爲憑其所具有關旅遊方面之專業知能、經驗及所蒐得之旅遊資訊，爲一般旅行大眾提供旅遊方面之協助與服務，包括接受旅客諮詢，提供旅遊資料與建議，代客安排行程、食宿、交通與遊覽活動，及提供其他有關之服務。旅行業原係介於旅行大眾及與旅行有關行業（如交通運輸業、餐飲業、住宿業、娛樂業等）間之中間商，代理此等旅行有關行業業主如航空公司、旅館等銷售服務予旅客，從而賺取旅客之佣金，因此外國稱之爲旅行代理商（Travel Agent）。

依據美國旅行業協會（ASTA）的定義：「旅行代理商爲經一家或一家以上事業主（Principal）之授權，以銷售旅行及有關服務之個人或公司。」不過由於旅遊事業之發達與日趨專業化，基於市場客觀需要與業者謀求擴展業務與經營經濟的考慮，旅行業早已超越原先純粹居間湊合的代理商身分，進一步擴張業務，自行設計遊程，直接組織旅行團，安排旅行消費者從事觀光旅行活動，儼然成爲旅遊市場上的供應商，即一般所稱的遊程經營商業者（Tour Operator），係指「從事爲個別或團體旅行設計安排包括全部費用之遊程業務的公司或個人」。[9]

依據「中華民國發展觀光條例」第二條第八項規定：「旅行業指爲旅客代辦出國及簽證手續，或安排觀光旅客旅遊、食宿及提供有關服務而收取報酬之事業。」依照「發展觀光條例」第二十一

條，「經營旅行業者，應先向中央觀光主管機關申請核准，並依法辦理公司登記後，發給旅行業執照，始得開業。」依據此項條文，則有關旅行業之定義應可申論如次[10]：

1. 旅行業係指依「旅行業管理規則」之有關規定申請設立，經主管機關（交通部）核准註冊有案之事業。因此，凡未依據該管理規則規定設立並經核准註冊者，縱使有為旅客安排旅遊食宿及提供有關服務，並收取報酬之情事，仍不屬法令上所稱之旅行業，充其量只是一般所稱之「地下旅行業」，合法旅行業與非法旅行業之分野即在此。

2. 旅行業係為旅客安排旅遊食宿及提供有關服務之事業。因此凡非為旅客安排食宿及提供有關服務之事業，縱使亦以收取報酬為目的，且亦須依法設立，經主管官署核准註冊，但絕非依據「旅行業管理規則」辦理。地下旅行業或非法旅行業係指臨時招募旅客，為其安排交通、住宿及遊程等有關旅遊服務，並有收取報酬之行為，但未依「旅行業管理規則」申請設立之公司或個人。

3. 旅行業係以收取報酬為目的之事業。凡非以收取報酬、謀求利潤為目的者，縱有為旅客安排食宿及提供有關服務之情事，亦不屬旅行業之範圍。例如全省各地廟會之進香團，純是宗教性質，善男信女自行組團，自己包遊覽車並安排食宿；再者各級學校之旅遊，各機關團體慰勞員工，雖亦自行安排旅遊食宿及提供有關服務，但未收取任何報酬，故仍不能稱之為旅行業。

4. 旅行業為一種專業經營的事業。此處所謂之事業應係指以從事某項特定業務謀取利潤之事業組織，亦即營利事業組織而言，故「旅行業管理規則」第四條規定：「旅行業應專業經

營，以公司組織爲限，並應於公司名稱上標明旅行社字樣。」
可見旅行業爲專門經營「爲旅客安排食宿及提供有關服務」
之業務的營利性公司組織，係泛指此類事業之整體，而旅行
社則係指個別之事業組織（公司）。[11]

二、旅行業的特質

　　觀光事業爲現代之「無煙囪工業」，肩負國家觀光發展推動之
重任。而旅行業在其中就等於是一位「工程師」，其所銷售之商品
爲其提供「勞務」，而勞務是具有專業知識的人員適時地爲客人服
務。其勞務無法儲存，亦無法驗貨，也不能與服務主體之人分離而
同時在兩地服務。要能深入瞭解旅行業，並能掌握其將來發展方
向，則對其特性與本質應有一番正確的認識，茲將其特性分述如下
[12]：

1. 旅行業商品爲一綜合體，它包含旅館、餐飲、交通工具、觀
   光旅遊地區及項目、領隊、導遊……等，旅行社無法獨立完
   成其商品之製造或勞務之提供，各項間皆需要充分的合作，
   以提供品質優良的產品，才能滿足旅客之需求。
2. 旅行業的商品乃是勞務的提供，依附在提供者個人身上，必
   須及時地向欲購買之對象提供，所供給彈性小。
3. 服務是一種較抽象的無形產品，不若有形商品之有「實體」
   存在，看得見、摸得著、嗅得到，因此無法事先看貨、嘗
   試。如此，產品既沒有一定規格，品質便難以獲得絕對的保
   證，供需雙方之爭端每每因之而起。旅行社與客人間所以糾
   紛迭起，其癥結在此。
4. 旅行業之商品必須在約定的時間內使用。旅行社提供旅客持
   續服務，必須在事先精密策劃、事中謹愼執行、事後檢討，
   群策群力共同爲旅客服務。因此其產品無法儲存、無法分

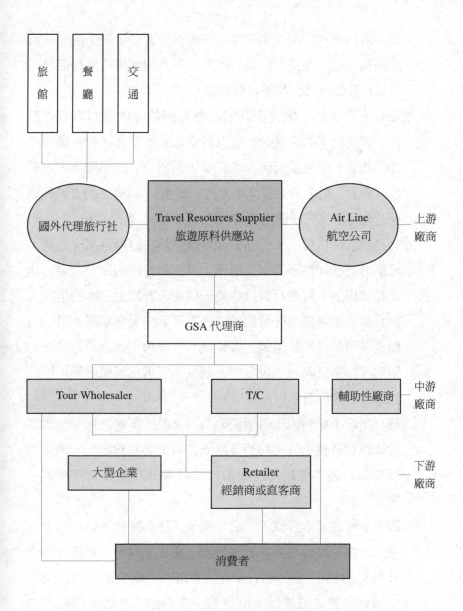

圖1-1　旅行業產業結構圖

資料來源：雄獅旅行社

割。由於營運成本比製造業低，較無法獨佔，競爭激烈。因此如何塑造「產品」的良好印象，以及如何提高服務品質，在旅行業的行銷上是不容忽視的。

5. 服務來自人們，然而服務的品質乃繫於提供者的素質與熱忱，因此員工的好壞乃服務業的成敗關鍵所在，旅行業當然亦是如此。可見旅行業乃是以「人」為中心的事業，人不僅是其服務的對象，也是其事業的「資產」。故員工的良莠與訓練乃成為服務業成敗之關鍵所在。

6. 交易建立在信用上。服務的提供既然無法讓顧客事先看貨，也不可能於使用不滿意後退換，其交易行為的達成主要乃建立在信用上。就旅行業言，此一信用一方面是旅客的信賴，因為旅客通常要事先付款換取他看不到的服務承諾；另一方面是供應業（如旅館業、運輸業）的信賴，因為供應業憑信用先行提供服務，然後收費，通常不要求任何保證便可接受預訂座位或房間。

7. 旅行業之主要利潤來自航空公司及旅館、餐廳之佣金，所謂的後退款及航空公司的特殊票價亦為主要利潤之一。因此旅行業必須與其他相關行業維持信賴與公共關係，方有利可圖。

8. 觀光旅行之需求彈性大，它受到季節性的變化、經濟因素、所得增減、政治因素、社會治安、衛生疾病等之影響，皆會有極大之變化，對於旅行業之經營而言，即產生風險性。[13]

9. 相關事業體之僵硬性。旅行業上游相關事業體如旅館、機場、火車和公路等設施之建築和開發，需要長時間的規劃而且相當耗時，但在旺季中一房難求、一票難求的情況下，可能已緩不濟急了。因此事前評估日顯重要。例如自從開放大陸探親後，香港成為重要的轉接站，但機場等設備不可能在

短期內可以改善，所以要準確地掌握實屬不易。因此旅行業上游供應商的資源彈性相當少，形成了旅行業的服務特質之一。[14]

問題與討論

1.敘述我國旅行業發展沿革。

2.敘述歐美旅行業發展沿革。

3.敘述旅行業的定義。

4.敘述旅行業的特質。

5.請將旅行社營運的服務項目寫出。

6.請問旅行社的營運範圍爲何？

7.比較綜合旅行社、甲種旅行社及乙種旅行社營業內容之異同。

8.旅行業近年來爲何迅速成長？

9.如何分辨旅行社的優劣？

10.航空公司爲何不自己賣票，節省給旅行社的佣金，而要經由旅行
　社代爲銷售？

11.簡述技職體系學生在旅行業的就業方向。

12.請問海峽兩岸如果三通，帶給旅行事業最明顯的影響有哪些？

註　釋

〔1〕容繼業，《旅行業理論與實務》，台北：揚智文化事業股份有限公司，
　　1999年9月，頁7。

〔2〕尹章滑，《旅遊權益》，台北：永然文化事業股份有限公司，1995年，頁
　　13。

〔3〕《旅行家雜誌》，台北，1993年第1期，頁13。

〔4〕同註〔3〕。

〔5〕紐先鉞，《旅運經營學》，台北：華泰書局，1995年9月，頁1。

〔6〕余俊崇，《旅遊實務》（上），台北：龍騰出版公司，1987年，頁5。

〔7〕同註〔1〕，頁1。

〔8〕同註〔1〕，頁7-8。

〔9〕同註〔1〕，頁11。

〔10〕同註〔1〕，頁7-8。

〔11〕交通部觀光局，《開放國人出國觀光後旅行業經營管理有關問題探
　　討》，1981年，頁7-8。

〔12〕同註〔2〕，頁54。

〔13〕同註〔2〕，頁54。

〔14〕同註〔3〕，頁52。

第二章
旅行業設立、組織與分類

第一節　我國旅行業之申請設立

依據「旅行業管理規則」之規定，交通部觀光局依現階段之需要，將目前之旅行業區分為綜合旅行業、甲種旅行業及乙種旅行業三種。經營旅行業應依旅行業管理規定，各種別的旅行業，有其規模及業務範圍的有關規定。業者必須依規定申請核准籌設、辦理公司設立登記、繳納保證金及註冊費，取得經濟部執照、交通部旅行業執照及縣市政府營利事業登記證後，始得正式營業。[1]

一、旅行業申請籌設與註冊流程

(一)步驟一　申請籌設
申請籌備人向觀光局業務組洽領有關註冊登記相關表格。

(二)步驟二　發起人籌組公司

1.旅行業應專業經營，以公司組織為限，並應於公司名稱上標明旅行社字樣。設立旅行業股東人數規定如下：
　(1)依「公司法」第二條第二款規定：有限公司五人以上、二十一人以下。
　(2)「公司法」第一百二十八條規定：股份有限公司七人以上。
2.旅行業發起人均應為旅行社股東，均須有行為能力（如係未成年者，應檢附法定代理人出具之證明文件）。
3.旅行業公司股東（包括發起人）如係華僑者，應檢送僑務委員會核發之華僑證明文件，外國人不得為旅行業股東。

4.代表公司之董事、董事長及副董事長，均須有中華民國國籍，並在國內設有住所。

5.旅行業經營之業務僅限於「旅行業管理規則」第二條規定範圍。

6.下列人員不得爲旅行業發起人、負責人、董事、監察人及經理人；已充任者解任之，並撤銷其登記。

  (1)曾犯內亂、外患罪，經判決確定或通緝有案尚未結案者。

  (2)曾犯詐欺、背信、侵佔罪或違反工商管理法令，經受有期徒刑一年以上刑之宣告，服刑期滿未逾兩年者。

  (3)曾服公務虧空公款，經判決確定服刑期滿尚未逾兩年者。

  (4)受破產之宣告，尚未復權者。

  (5)有重大喪失債信情事，尚未了結或了結後尚未逾兩年者。

  (6)限制行爲能力者。

  (7)曾經營旅行業受撤銷執照處分，尚未逾五年者。

7.如係外國人投資者，應檢附下列文件，並附中文譯本外國人身分證明文件正件。

  (1)如係自然人，係指國籍證明書；如係法人，係指法人資格證明書。上述證明書均應先送由我國駐外單位或經其駐華單位簽證。如當地無駐外單位者，可由政府授權單位或經當地政府單位或法院公證。

  (2)前述國籍證明書得以護照影本替代；又外國人如在國內持有居留證時，可以該證影本替代國籍證明書；又外國人在國內停留期間，亦可逕向我國法院申請上述身分證明之認證。

8.外國人代理人授權書正本及代理人身分證影本。

  (1)外國投資人，如有授權代理人，應附我國駐外單位或其駐華單位簽證之授權書，授權書須載明代理人名稱及授權代

理事項，並附中文譯本。如當地無我國駐外單位者，可由政府授權單位或經當地政府單位或法院公證。

(2)外國人在國內居留期間，亦可將授權書送請我國法院公證。

(3)代理人應為自然人，凡在中華民國政府及學校服務之公教人員，及公營事業機構任職之人員暨現役軍人，均不得為投資之代理人。

(三)步驟三　尋覓營業處所

有關旅行業營業處所淨面積及必要設備相關規定如下：

1.營業處所淨面積：

(1)綜合旅行業：一百五十平方公尺以上。

(2)甲種旅行業：六十平方公尺以上。

(3)乙種旅行業：四十平方公尺以上。

2.旅行業營業處所及設備：

(1)台北市營業處之設置，應符合「都市計畫法台北市施行細則」及「台北市地使用分區管制規則」之規定。

a.樓層用途必須為辦公室、一般事務所、旅遊運輸服務業。

b.使用分區必須屬於第一至第四種商業區及第三之一種、第四之一種住宅區。

c.台北市旅行業尋覓辦公處所時，仍須事先查證（台北市政府工務局建築管理處）該址是否符合上述規定，以免困擾。

(2)同一營業處所內不得為二家營利事業共同使用。

(3)公司名稱之標識（應於領取旅行業執照後，始得懸掛）。

(4)符合經營規模之必要營業設備。

(四)步驟四　向經濟部商業司辦理公司設立登記預查名稱

公司名稱與其他旅行業名稱發音相同者，旅行業受撤照處分未超過五年者，其公司名稱不得為旅行業申請使用。

(五)步驟五　向觀光局申請籌設

1.應檢附文件包括：

 (1)旅行業籌設申請書一份。

 (2)全體籌設發起人及經理人名冊二份。

 (3)經理人結業證書影本一份。

 (4)經營計畫書一份。

 (5)營業處所設於台北者，應檢附台北市政府工務局核發得為旅行業營業處所使用證明正本一份。

 (6)經濟部設立登記預查名稱申請表回執聯影本。

 (7)營業處所之建築物所有權狀影本。

2.注意事項：

 (1)依「旅行業管理規則」第十二條之規定，旅行業經理人應為專任。

  a.綜合旅行業不得少於四人。

  b.甲種旅行業不得少於二人。

  c.乙種旅行業不得少於一人。

 (2)經營計畫書內應包括：

  a.成立的宗旨。

  b.經營之業務。

  c.公司組織狀況。

  d.資金來源及運用計畫表。

  e.經理人之職責。

  f.未來三年營運計畫及損益預估。

(3)申請書應經全體發起人簽章。

(六)步驟六　向經濟部辦理公司設立登記

旅行業經核准籌設後，應於二個月內依法辦妥公司設立登記，並向交通部觀光局申請註冊。

(七)步驟七　繳納註冊費及保證金，向觀光局申請註冊登記

應具備之文件及資料包括：

1. 旅行業註冊登記申請書（**表2-1**、**表2-2**）。
2. 公司執照影本、經濟部核准函影本、經濟部公司登記事項卡影本各一份。
3. 公司章程。
4. 營業設備及其處所內全景照片。
5. 營業所未與其他營利事業共同使用之切結書。
6. 旅行業設立登記事項卡(其樣式如**表2-3**)。
7. 註冊費按資本總額千分之一繳納。
8. 保證金：綜合旅行業新台幣一千萬元；甲種旅行業新台幣一百五十萬元；乙種旅行業新台幣六十萬元。

(八)步驟八　核准

交通部觀光局依照「旅行業管理規則」第四條規定：對申請註冊登記新設或原有旅行業變更，均應評估後，始准設立。

(九)步驟九　核發

旅行業執照由交通部觀光局核辦。

(十)步驟十　申請營利

領取旅行業執照後，應依規定辦妥營利事業登記證。

表2-1 旅行業註冊登記申請書

主旨：申請 _____ 旅行業註冊登記。 　年　　月　　日
說明：
壹、註冊登記事項：

<table>
<tr><td rowspan="2">一、公司名稱</td><td colspan="2">中文　　　　　　　　　　　　　　（股份）有限公司</td></tr>
<tr><td colspan="2">英文</td></tr>
<tr><td>二、負責人</td><td colspan="2"></td></tr>
<tr><td>三、經理人</td><td colspan="2">（除總經理外，其他經理人請註明部門）</td></tr>
<tr><td>四、資本總額</td><td colspan="2">新台幣　　　億　　　仟　　　佰　　　拾　　　萬元整</td></tr>
<tr><td>五、公司地址</td><td colspan="2">郵遞區號　市　鄉區　路　段　巷　號　樓
□□□　縣　鎮（市）街　　　　　　　　　室　之</td></tr>
<tr><td>六、觀光局核准籌
設日期及文號</td><td colspan="2">年　　月　　日觀　業（　　）字　第　　　　　號</td></tr>
<tr><td rowspan="3">七、業務範圍</td><td>綜合</td><td>□1、接受委託代售國內外海、陸、空運輸事業之客票或代旅客購買國內外客票、託運行李。
2、接受旅客委託代辦出、入國境及簽證手續。
3、接待國內外觀光旅客並安排旅遊、食宿及導遊。
4、以包辦旅遊方式，自行組團，安排旅客國內外觀光旅遊、食宿及提供有關服務。
5、委託甲種旅行業代為招攬前款業務。
6、委託乙種旅行業代為招攬第四款國內團體旅遊業務。
7、代理外國旅行業辦理聯絡、推廣、報價等業務。
8、其他經中央主管機關核定與國內外旅遊有關之事項。</td></tr>
<tr><td>甲種</td><td>□1、接受委託代售國內外海、陸、空運輸事業之客票或代旅客購買國內外客票、託運行李。
2、接受旅客委託代辦出、入國境及簽證手續。
3、接待國內外觀光旅客並安排旅遊、食宿及導遊。
4、自行組團安排旅客出國觀光旅遊、食宿及提供有關服務。
5、代理綜合旅行業招攬旅客國內外觀光旅遊、食宿及提供有關服務。
6、其他經中央主管機關核定與國內外旅遊有關之事項。</td></tr>
<tr><td>乙種</td><td>□1、接受委託代售國內海、陸、空運輸事業之客票或代旅客購買國內客票、託運行李。
2、接待本國觀光旅客國內旅遊、食宿及提供有關服務。
3、代理綜合旅行業招攬國內團體旅遊業務。
4、其他經中央主管機關核定與國內旅遊有關之事項。</td></tr>
</table>

貳、茲依照旅行業管理規則之規定，申請旅行業註冊登記，並檢附相關文件一份
　　（詳如說明）。
申　請　人：公司名稱：　　　　　　　（股份）有限公司
負　責　人：　　　　　　　　　　　　（蓋印鑑章）
代　理　人：
電　　　話：
資料來源：觀光局

表2-2　旅行業申請註冊應檢附文件及開業注意事項

一、旅行業申請註冊登記應檢附文件：

　　(1)註冊申請書一份。

　　(2)經濟部公司執照影本及經濟部核准函影本各一份。

　　(3)經濟部公司事項卡影本一份。

　　(4)公司章程一份。

　　(5)旅行業設立登記事項表一份。

　　(6)營業設備表及其照片（營業處所內全景照片）。

　　(7)營業處所未與其他營利事業共同使用之切結書。

　　(8)旅行業保證金、註冊費收據影本。

　　(9)第一商業銀行或所屬分行活期帳戶存摺封面影本（以公司或籌備處名義
　　　 開戶）。

　　(10)開戶資料表。

二、開業注意事項：

　　領取旅行業執照後應依規定辦妥營利事業登記，於開業前將開業日期、營
利事業登記證影本，報請觀光局備查後始得開業，並填具「旅行業從業人員任
職異動報告表」逐送：

　　台北市政府交通局（第四科）。

　　高雄市政府建設局（第六科）。

　　交通部觀光局霧峰辦公室。

資料來源：觀光局

表2-3　旅行業設立登記事項表

＊　　年　　月　　日旅行業註冊編號：第　　　　　號

一、公司名稱	中文			（股份）有限公司	（公司印鑑）
	英文				
二、負責人			三、種類		
四、經理人		（除總經理外，其他經理人請註明部門）			
五、資本總額	新台幣　　　億　　　仟　　　佰　　　拾　　　萬元整				
六、公司地址	郵遞區號　　市　　鄉區　　路　　段　巷　號之　樓				
	□□□　　縣　　鎮（市）　街　　　　　　　　室				
七、電話			傳眞號碼		
八、公司統一編號					

九、業務範圍	綜合	□1、接受委託代售國內外海、陸、空運輸事業之客票或代旅客購買國內外客票、託運行李。 2、接受旅客委託代辦出、入國境及簽證手續。 3、接待國內外觀光旅客並安排旅遊、食宿及導遊。 4、以包辦旅遊方式，自行組團，安排旅客國內外觀光旅遊、食宿及提供有關服務。 5、委託甲種旅行業代爲招攬前款業務。 6、委託乙種旅行業代爲招攬第四款國內團體旅遊業務。 7、代理外國旅行業辦理聯絡、推廣、報價等業務。 8、其他經中央主管機關核定與國內外旅遊有關之事項。
	甲種	□1、接受委託代售國內外海、陸、空運輸事業之客票或代旅客購買國內外客票、託運行李。 2、接受旅客委託代辦出、入國境及簽證手續。 3、接待國內外觀光旅客並安排旅遊、食宿及導遊。 4、自行組團安排旅客出國觀光旅遊、食宿及提供有關服務。 5、代理綜合旅行業招攬旅客國內外觀光旅遊、食宿及提供有關服務。 6、其他經中央主管機關核定與國內外旅遊有關之事項。
	乙種	□1、接受委託代售國內海、陸、空運輸事業之客票或代旅客購買國內客票、託運行李。 2、接待本國觀光旅客國內旅遊、食宿及提供有關服務。 3、代理綜合旅行業招攬國內團體旅遊業務。 4、其他經中央主管機關核定與國內旅遊有關之事項。

＊十、本局核准設立日期文號	年　　月　　日觀業（　　）字第　　號
＊十一、旅行業執照號碼	第　　　　號
＊十二、開業日期	年　　月　　日
＊十三、資料輸入電腦日期	年　　月　　日

一、爲配合電腦自動化作業，請用正楷填寫清晰。
二、本表有「＊」欄記載事項申請人請勿填寫。

資料來源：觀光局

(十一) 步驟十一　全體職員報到任職

填具旅行業從業人員異動報告表，報請所屬省市觀光主管機關核備：

1. 台北市政府建設局（第五科）。
2. 高雄市政府建設局（第六科）。
3. 交通部觀光局霧峰辦公室。

(十二)步驟十二　向觀光局報備開業本

應具備文件包括：

1. 開業報告。
2. 營利事業登記影印本。
3. 旅行業責任保險及履約保險保單影本。

(十三)步驟十三　正式開業

旅行業核准註冊，應於領取執照後一個月內開業。

二、旅行業設立之規定注意事項[2]

1. 旅行業應專業經營，以公司組織為限，並於公司名稱上標明旅行社字樣。
2. 除了經濟部執照及營利事業登記證之外，尚須有交通部的旅行業執照。
3. 必須依規定繳納保證金。
4. 必須有經理人的資格及人數之限制。
5. 各地分公司的設立亦受經理人、營業面積及保證金的限制。
6. 領隊帶團出國或導遊接待外賓，皆必須領有執照方得執業。
7. 為了保障旅客與旅行業自身的權益，必須與旅客簽定旅遊契約書及投保責任險及履約險。

第二節　旅行業組織結構

一、組織人員之規範

　　觀光局主管機關基於旅行業之專業特性，明令規定旅行業必須設置經理人、領隊、導遊等專業人員，負責監督管理各部門及國內外帶團業務。且上述人員必須具有相當的專業素養與條件，經考試及格並透過專業訓練，發給結業證書，始得擔任。茲將這些人員的主要職務及資格分述如下[3]：

(一)經理人

1.主要職務：主管各部門，負責監督管理之業務。

2.資格：

 (1)大專以上學校畢業或高等考試及格，曾任旅行業負責人兩年以上者。

 (2)大專以上學校畢業或高等考試及格，曾任海陸空客運業務單位主管三年以上者。

 (3)大專以上學校畢業或高考試及格，曾任旅行業專任職員四年或特約領隊六年、導遊八年以上者。

 (4)高級中等學校畢業或普通考試及格，或兩年制專科學校，三年制專科學校、大專肄業或五年制專科學校規定學分三分之二以上及格，曾任旅行業負責人四年或專任職員六年，或特約領隊、導遊八年以上者。

 (5)曾任旅行業專任職員十年以上者。

 (6)大專以上學校畢業或高等考試及格，曾任教國內外大專院

校主講觀光專業課程兩年以上者。

(7)大專以上學校畢業或高等考試及格，曾任觀光行政機關業務部門專任職員三年以上，或高級中學畢業，曾任觀光行政機關或旅行業同業公會業務部門專門職員五年以上。

(8)大專以上或高級中等學校觀光科系畢業者，前項第二至第四款年資得按其應具備之年資減少一年。

(二)領隊

1.主要職務：帶領國人旅遊團體至國外並隨團全程服務。

2.資格：

(1)擔任旅行業負責人六個月以上者。

(2)大專以上學校觀光科系畢業者。

(3)大專以上學校畢業或高考及格，擔任旅行業專任職員六個月以上者。

(4)高級中等學校畢業或普通考試及格，或兩年制專科學校，三年制專科學校，大學肄業或五年制專科學校規定學分三分之二以上及格，服務於旅行業任專任職員一年以上者。

(5)服務旅行業任專任職員三年以上者。

(三)導遊

1.主要職務：帶領外人來華之旅遊團體隨團服務。

2.資格：

(1)中華民國國民或華僑年滿二十歲，現在國內連續居住六個月以上，並設有戶籍者。

(2)經教育部認定之國內外大專以上學校畢業者。

二、旅行社組織圖及部門說明

(一)旅行社組織圖例

　　根據觀光局統計，目前我國旅行社有兩千四百多家，但多屬於中小企業，其組織規模大小不一。大型旅行社國內各地及海外均有分公司及附屬相關產業，小型旅行社也有人數不到十人的組織型態。小型旅行社組織較簡單，分工較粗，職員一人身兼數職，內勤及外勤業務甚至行政管理工作均要處理。大型旅行社的規模愈大，組織愈複雜，以發揮組織功能來提供旅客服務。各旅行社組織結構或略有不同，但基本功能及業務分工相去不遠，主要分為產品部、業務部、團體部、管理部、企劃部等部門，大型旅行社組織圖例詳見圖2-1至圖2-6。

(二)旅行社各主要部門說明

■產品部

1.產品的製作與管理、督導。

2.新行程的探勘、設計、規劃。

3.團體估價及定價建議。

4.團體出團作業及出團動態掌控。

5.接洽國外代理旅行社與航空公司。

6.特殊行程的安排與估價。

7.團帳之預估，報帳流程管理及結帳。

8.負責領隊之管理及派任建議。

9.線控與出團作業。

10.旅客申訴之查處與協調。

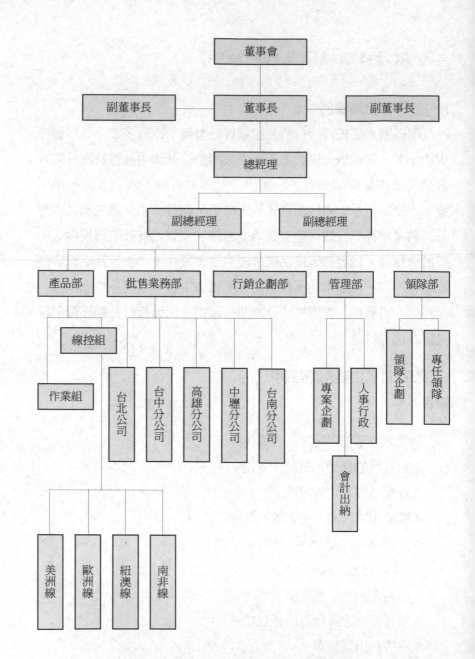

圖2-1　以長程線產品為主之綜合旅行社

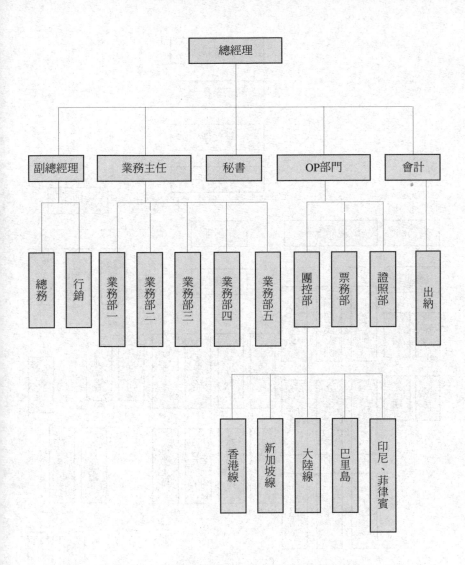

圖2-2　以短程線產品為主之綜合旅行社

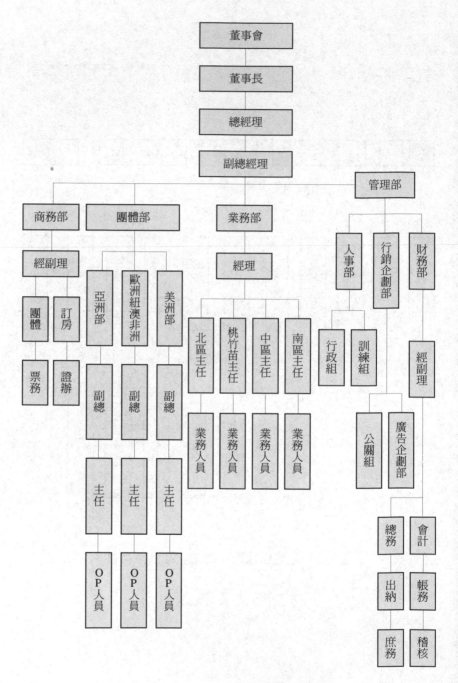

圖2-3　長短線產品兼備之綜合旅行社

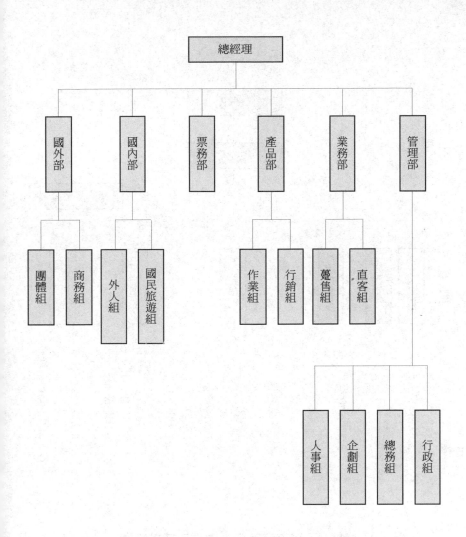

圖2-4　兼有接待旅遊及海外旅遊之綜合旅行社

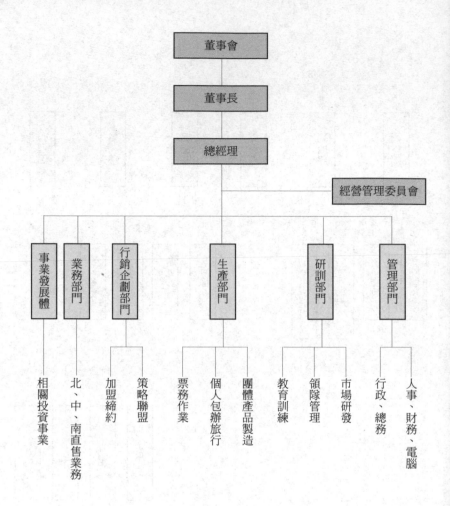

圖2-5　以直售產品為主之甲種旅行社

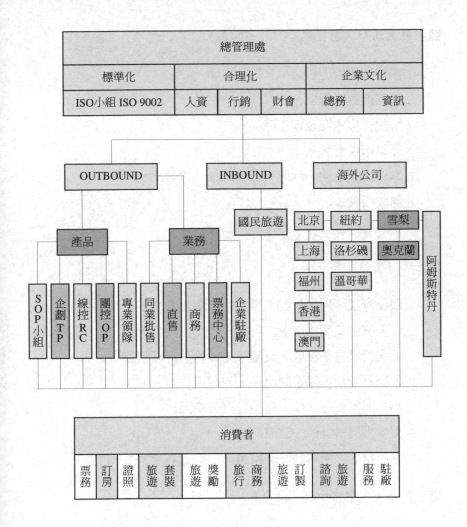

圖2-6　以國際多元化經營之綜合旅行社

■批發業務部（團體部）

1.團體業務管理。

2.業務員跑區管理。

3.解說行程內容及銷售產品。

4.蒐集市場資訊。

5.掌握出團日期、動態、行程細節、團費價格。

6.應收帳款催收。

7.緊急事件之處理，處理客戶訴願。

■直客（業務）部

1.服務直接客戶，代為安排旅客參團出國觀光事宜。

2.個人度假或商務旅遊之行程設計，並代訂機位及訂房服務。

3.公司行號員工旅遊、獎勵旅遊等特殊行程規劃及估價。

4.代辦護照及各國簽證出入境相關證件。

5.國外團體旅遊、個人自由行套裝產品。

6.國內外機票訂位、旅館訂房。

7.客戶抱怨之處理狀況之回覆。

■管理部（人事、總務、財會）

1.建立各部門報表、資料檔案。

2.人力資源開發、招聘作業及人員異動管理。

3.辦公室管理、差假管理。

4.協助公司專案的推動。

5.秘書工作（文件收發與資料管理）。

6.各部門在職教育訓練。

7.財會（資金管理、成本分析、財務報表製作、薪資發放）。

8.總務（物品採購與庫存、事務機器操作訓練及維修）。

9.公共關係之維護與執行。

10.總機與櫃台接待。

■企劃開發部

1.企劃：

(1)產品研發、包裝。

(2)定期套裝行程、季節性產品之企劃。

(3)舉辦產品說明會，媒體廣告之企劃及執行。

(4)促銷專案活動，贈品採購。

(5)售後服務之資訊提供。

(6)市場情報蒐集，分析掌握旅遊產品動態與趨勢。

(7)旅客意見調查表及客戶抱怨之統計分析及處理。

(8)出團人數之統計分析。

(9)教育訓練規劃及教材印製。

2.美編：

(1)公司企業識別系統整體設計規劃。

(2)行程表及相關行銷印刷品、旅訊及媒體廣告之美術設計製
作。

(3)SP行銷活動之廣告海報繪製。

(4)旅訊名單彙整。

(5)正片、錄影帶歸檔與管理。

(6)旅遊資訊（簡報）歸檔。

3.資訊：

(1)公司內部網路系統管理與教育訓練。

(2)配合企劃室行銷規劃，提供資訊協助。

(3)未來電腦作業應用規劃，電腦作業異常狀況解決處理。

(4)網際網路的網頁設計、維護與更新。

(5)應用軟體安裝、設定與操作指導。

第三節　旅行業之分類

　　由於各國政府對於旅行業管理規則的訂定和管理之內容均有所不同，因此其分類亦有所差異。為了對各地旅行業之分類能有一完整之認識，茲將歐美國家、日本、中國大陸和我國之分類簡述如下[4]：

一、我國旅行業之分類

　　我國旅行業根據「旅行業管理規則」第二條規定，旅行業分為綜合、甲種及乙種三類旅行業。各類旅行業設立之資本總額、專業經理人及經營之業務規定皆有不同（**表2-4**）。[5]

(一)綜合旅行業
■設立條件

1.業者得就其公司經營計畫、組織、規模及能力，經由交通部觀光局評估合格後予以核准。

2.經核准籌設後，應於兩個月內依「公司法」辦理設立登記。

3.實收資本總額不得少於新台幣兩千五百萬元整，分公司每增加一間須增資新台幣一百五十萬元整。

4.向交通部觀光局繳納旅行業保證金，總公司需新台幣一千萬元整，每增加一間分公司須新台幣三十萬元整。

5.經受訓合格領有執照之專任經理人，總公司不得少於四人，分公司每增加一間須增加一人。

表2-4 旅行業設立資本分析表

旅行社種類		綜合	甲種	乙種
資本額	總公司	2500萬元	600萬元	300萬元
	分公司	150萬元	100萬元	75萬元
保證金	總公司	1000萬元	150萬元	60萬元
	分公司	30萬元	30萬元	15萬元
經理人數	總公司	4人	2人	1人
	分公司	1人	1人	1人
辦公室面積		150平方公尺	60平方公尺	40平方公尺

6.符合「都市計畫法」之規定，辦公處所面積一百五十平方公尺以上。

■經營業務

1.接受委託代售國內外海、陸、空運輸事業之客票或代旅客購買國內外客票，及託運行李。
2.接受旅客委託代辦出、入國境及簽證手續。
3.接待國內外觀光旅客並安排旅遊、食宿及導遊。
4.以包辦旅遊方式，自行或委託甲種旅行業代理招攬旅客出國觀光。
5.自行組團安排旅客出國觀光旅遊、食宿及提供有關服務。
6.委託乙種旅行業代為招攬國內團體旅遊業務。
7.代理外國旅行業辦理聯絡、推廣、報價等業務。

8.其他經中央主管機關核定與國內外旅遊有關之事項。

(二)甲種旅行業

■設立條件

1.經核准籌設後，應於兩個月內依「公司法」辦理設立登記。
2.實收資本總額不得少於新台幣六百萬元整，分公司每增加一間必須增資新台幣一百萬元整。
3.向交通部觀光局繳納旅行業保證金總公司需新台幣一百五十萬元整，每增一分公司需新台幣三十萬元整。
4.經受訓合格領有執照之專任經理人，總公司不得少於二人，分公司每增加一間必須增加一人。
5.符合「都市計畫法」之規定，營業處所面積六十平方公尺以上。

■經營業務

1.接受委託代售國內外海、陸、空運輸事業之客票或代旅客購買國內外客票，及託運行李。
2.受旅客委託代辦出、入國境及簽證手續。
3.接待國內外觀光旅客並安排旅遊、食宿及導遊。
4.自行組團安排旅客出國觀光旅遊、食宿及提供有關服務。
5.代理綜合旅行業招攬旅客委託代辦出、入國境及簽證手續之業務及簽約行為。
6.其他經中央主管機關核定與國內外旅遊有關之事項。

(三)乙種旅行業

■設立條件

1.經核准籌設後，應於兩個月內依「公司法」辦理設立登記。

2.實收資本總額不得少於新台幣三百萬元整。分公司每增加一間，需增資新台幣七十五萬元整。

3.向交通部觀光局繳納旅行業保證金，總公司需新台幣六十萬元整，每增一分公司必須增加新台幣十五萬元整。

4.經受訓合格領有執照之專任經理人，總公司不得少於一人，分公司每增加一間須增加一人。

5.符合「都市計畫法」之規定，營業處所面積四十平方公尺以上。

■經營業務

1.接受委託代售國內海、陸、空運輸事業之客票或代旅客購買國內客票，及託運行李。

2.接待本國觀光旅客並安排旅遊、食宿及提供有關服務。

3.代理綜合旅行業招攬第二項第六款國內團體旅遊業務。

4.其他經中央主管機關核定與國內旅遊有關之事項。

二、中國大陸旅行社之分類

依據大陸「旅行業管理條例」第五條之規定：旅行社按其經營業務範圍的不同，可分為國際旅行社和國內旅行社。國際旅行社的經營範圍包括入境旅遊業務、出境旅遊業務及國內旅遊業務。國內旅行社的經營範圍僅限於國內旅遊業務。[6]

三、國外旅行社之分類

(一)歐美旅行社之分類 [7]

歐美旅遊市場廣大，本國觀光客之旅遊活動極為昌旺，而且歐美人士把旅遊視為其生活中之一部分，因此在長期的演變下，旅行

業是以經營模式與內容分爲蠆售旅行業、遊程承攬旅行業、零售旅行業、特殊旅行業分類——獎勵公司等四種。

■蠆售旅行業（Tour Wholesaler）

經營蠆售之旅行業，係以雄厚的財力與關係良好又有經驗的人才，深入市場研究，精確掌握旅遊趨勢，迎合旅客需求或喜好，以特別的遊覽行程設計，再配合完整的組織系統，創造屬於自己品牌。並以航空包機或承包郵輪等方式降低成本，自行發行旅遊宣傳行程表及旅遊手冊，交由旅行同業代爲推廣銷售。蠆售旅行業客源來自其他旅行社，因此必須與交通運輸、旅遊節目、住宿旅館、領隊及同業間關係都建立良好信譽、品質與服務，形成定期的所謂「團體全備旅遊」。

■遊程承攬旅行業（Tour Operator）

經營遊程承攬業之旅行業，係以市場中特定之需求，自行研製旅遊行程，自行訂定本身之旅遊品牌，自行製作旅遊遊程表，透過相關的行銷網絡直接爭取旅客，並以精緻之服務品質建立公司的形象，獨立團體的運作。但是在經營之規模上及市場開發研究、旅遊趨勢和旅遊需求之影響方面，則較蠆售旅行業薄弱，相對的其經營風險也隨之降低。遊程承攬業也將公司設計的行程，批發給零售旅行業代爲銷售，因此遊程承攬業在性質上，具有遊程蠆售業、零售旅行業或遊程蠆售業兼零售旅行業的地位。

■零售旅行業（Retail Travel Agent）

零售旅行業組織規模小，人員少，但分佈最廣，數量最多，所能提供旅客之服務也最直接而普及，因此在旅行業行銷網絡上佔有重要地位。零售旅行業替客戶代購機票、船票、鐵公路車票，或代訂旅館、代辦簽證等，充當旅遊相關產品銷售通路，而賺取合理之佣金。零售旅行業辦公室內部陳設的行程表均爲蠆售旅行業及遊程承攬旅行業所提供。零售旅行業之業者乃依旅客的指定出發日期或

價格的不同，交由不同的躉售業或承攬業代爲安排，遇有團體或客戶委託安排遊程，而本身並無實際經驗時，則協調躉售業或承攬業合作完成。

■特殊旅行業分類──獎勵公司（Incentive Company or Motivational Houses）

獎勵公司係指幫助客戶規劃、組織與推廣由公司出錢或補助，藉以激勵公司員工旅遊或自強活動計畫的專業性公司。

（二）日本旅行業的分類[8]

日本是全亞洲觀光收益最多的國家，旅行業的發展較我國早五年（一九二二年），當時日本政府組成交通公社（Japan Travel Bureau，簡稱JTB），奠定日本觀光事業的基礎，目前日本旅行業分爲一般旅行業、國內旅行業以及旅行業代理店三種。

■一般旅行業

指經營日本本國或外國旅客的國內旅行、海外旅行乃至各種不同型態的作業爲主，其設立需經運輸大臣核准。

■國內旅行業

指僅能經營日本人及外國觀光客在日本國內旅行的旅行業，其設立需經都道府縣知事的核准。

■旅行業代理店

係指代理前述二種旅行業之旅行業務者稱之。又分爲由運輸大臣核准之「一般旅行業代理店業者」及由都道府縣知事核准之「國內旅行業代理店業者」二種。

四、國內旅行業經營之概況──旅行業之各種組織型態與職能說明

目前我國國內各旅行社的經營型態與所承辦的業務，無論是綜

合或是甲、乙種旅行社,均依照自身所具有的資源、專長、人脈、財力在旅遊業界定出各自的營運範疇,而在旅遊市場上靈活運用並推展業務;不過,同業之間亦因相關業務的環環相扣而必須相互依賴,以滿足旅遊市場消費者的要求。按「旅行業管理規則」,旅行社分為綜合、甲種及乙種三類,但這個分類方式,基本上只為了方便政府管理。旅行社是非常國際化的行業,和科技、國民外交、國際觀光……等這些有水準的事聯想在一起,不僅只是跑跑腿而已。隨著時代的進步,旅行業有分工愈來愈細的趨勢,有些業務以往旅行社也辦,但已經分工出去的,像移民及國際會議,這兩樣都已有專門的公司辦理了。[9]

旅行業經營的範圍,約可歸納為出國旅遊業務、外人來華旅遊業務及國民旅遊業務三大類(**表2-5**)。茲分別詳細討論如下:

(一)出國旅遊業務

■直售旅程業務

為一般甲種旅行業經營業務之一,就是自行籌組規劃出國團體,直接向消費者招徠團體旅遊業。該業務專門替客人設計規劃行程,行程的安排就有別於大盤商的固定行程,可完全按照客人的意願、預算、拜訪地點、需求來定,是要融合客人的想法,加上業者專業的建議才行。[10] 除此之外亦銷售綜合旅行社之產品,目前因應市場競爭,也會採取幾家旅行社聯合操作團體之情況,旅行業界稱作PAK。

■旅程躉售業務

為綜合旅行業主要業務之一,以籌組海外團體旅遊行程為產品主力,並供下游零售旅行社代銷,它的客源是以來自其他零售商,即其他旅行社為主;代為同行安排團體旅遊業務,或接受同行零星客戶合併成團出國旅遊業務。其行程設計力及量販銷售機動力強

表2-5 旅行業經營範圍表

旅行業經營種類／業務	國人出國旅遊	外人來華旅遊	國民旅遊
綜合旅行社	O	O	O
甲種旅行社	O	O	O
乙種旅行社	X	X	O

O 表示依「旅行社管理規則」規定，可執行該項業務。
X 表示依「旅行社管理規則」規定，不可執行該項業務。

大，是其特色，在行銷通路上，它是大盤商，它的產品已經具體化經過市場研究調查，規劃製作而生產的套裝旅遊產品。

以淡季機位銷售的成績爭取航空公司較大折扣票價，同時建立良好銷售業績，於旺季期間爭取分配較大量機位，提高售價達到獲利目標。基本上是種以量制價、爭取大量銷售業績的營運方式，即出售各類旅遊爲主，但亦有長短線之分，長線如歐、美、紐澳、南非等，短線如東南亞、東北亞及大陸等，業者可能對其中某項團體專精，但也有些是長短線團體均承作，這種旅行團是目前市場上的大宗。[11]

■票務業務

目前航空市場紊亂的根源，實在出之於航空業界本身惡性競爭之所致，而旅行業界推波助瀾，情況愈演愈烈，結果雙方同遭其害，無一有利，於理至明。若能相互配合淨化市場，則是雙方同蒙其利，對觀光事業之發展助益尤多，似可斷言。

＊機票直售業務

航空客運是旅行業的基本業務，旅行社代客設計行程、選購機票，屬於服務性質，對航空公司則屬於推銷代售，由航空公司按票

價款額給予旅行社固定比率之佣金，即是旅行社正當的營業收入。如果旅客委託辦理出國手續（護照、簽證、訂房……等），卻改向其他旅行社購買機票，旅行社失去佣金，則向旅客收取定額手續費。一般旅行社替旅客代訂代購國內外機票，亦直接接受客戶委託承辦客戶的出入國護照、各國簽證；代訂國內外的住宿飯店並安排自助或商務旅行。一般而言，團體收入與票務收入的業務比重，兩者之間是相當的，此外，因爲直客很強，所以在票務方面的服務也很專業。

＊機票之躉售業務

旅行社這類業務主要爲銷售各航空公司機票，一般稱爲「票務中心」（Ticketing Center）。這是專作機票的大盤商，因爲航空公司無法雇用太龐大的人力在銷售業務上，所以請旅行社代勞，銷售給其他旅行社。旅行社與航空公司簽約取得一定期間機票銷售代理，承諾承銷定期定量的機位後，再幫航空公司分銷出去，當然航空公司會給它折扣，因爲它不僅銷的貨多，而且幫航空公司省去很多人力及作業上的投資。

■國外旅行業在台設代理業務

國人出國旅遊風氣日盛，海外旅遊點之接待旅行社（Local Agent、Ground Tour Operator）爲了達到業務的更大發展，逐向觀光主管機關交通部觀光局申請核可後，於國內旅行社內派駐代表推廣業務，直接向國內旅行業界爭取商務或觀光團體前往旅遊。國外旅行社在台業務是負責替台灣業者安排當地的旅遊行程，實際操控，負責業務的拓展及維持兩地聯絡事宜及緊急狀況處理等。目前不論短線（東南亞、東北亞）或是長線（歐、非、紐澳等），通通都有進駐台灣，請國外接待旅行社報價相當容易，因此操作團體也比以前容易多了。但是綜合旅行社因爲量大的關係，通常能取得較低的價格。

■代理航空公司業務

　　代理航空公司在台之業務（General Sale Agent, G.S.A），一般以離線（Off-line）航空公司及外籍航空爲較多，其中包含了業務之行銷操作管理業。旅行社取得代理國外各大航空公司在台銷售該國機票及相關業務的經營權。代理航空公司之業務爲旅行業中相當重要之一環。

■代訂海外旅館業務

　　近年來，國人出國頻率日高，個別旅行的風行及商務旅行的增加，使得自己安排行程成爲旅行的新主張。在這樣的客觀環境改變下，專門訂旅館的業務才日漸蓬勃。有以此爲主要業務的「訂房中心業務」，所謂的「訂房中心」（Hotel Reservation Center），是替國內之團體或個人代訂世界各地之旅館，通常在各地取得優惠之價格並訂立合約後，再銷售給國內之旅客，消費者付款後持住房服務券按時自行前往消費。 在旅遊發達下的今日，的確帶給商務旅客或個別旅客更便捷的服務。

■代辦海外簽證業務

　　處理簽證，無論是團體或個人均需要相當的專業知識，也頗費人力和時間，因此一些海外旅遊團體量大之旅行社，往往將團體簽證手續委託給此種簽證中心（Visa Center）處理。尤其歐洲團，所涉及的簽證國家又多，對出團之業者來說工作壓力頗重，因此協助同業或旅客代辦世界各國的簽證業務，一般稱爲「簽證中心」業務。

(二)外人來華旅遊業務

　　外賓及僑胞來台觀光之接待工作是旅行業最重要的業務之一。我國推展觀光事業，最初即以Inbound Tour接待工作爲重點，現在及未來仍舊不變，因其對國家社會各方面均有巨大貢獻與顯著影

響。旅行業界多年來，對於發展我國觀光事業所作努力是值得驕傲的，當前更應該改進缺點，提高層次，以達到加速成長之目的。

　　該類旅行社接受國外團體或旅行社委託，承辦世界各國旅客前來國內旅遊或商務、參觀、訪問等活動，其包括從導遊、接機、交通、住宿、餐飲、國內各觀光景點安排、安全維護、送機等，以及相關業務的處理。目前以承辦日本觀光團體來台旅遊者居多。國內經營此項業務者，大致可分為：1.經營歐美觀光客之業者。2.接待日本觀光客之業者。3.安排海外華僑觀光客，尤以來自香港、新馬地區、韓國為大宗。近年來華旅客人數成長有限，但在我國觀光之發展上一直扮演著重要之角色。[12]

(三)國民旅遊業務

　　旅行社該項業務受國內各種公私團體、機關、行號的委託，承辦前往國內各大風景區、名勝古蹟遊覽的一切交通、住宿、餐飲、導遊的安排及相關業務的處理。此類旅行業務亦稱為乙種旅行社。在個人方面也有以周遊券方式進行的，惟近年來國內公司行號及廠商之獎勵旅遊不斷，且國內休閒度假風氣日盛，國民旅遊在目前之市場亦非常發達。

　　提倡國民在國內旅遊，旨在倡導國民正當休閒活動，提高生活品質，增進身心健康。同時可刺激風景名勝地區加速建設，促進觀光事業之成長，所以先進國家無不重視國民旅遊，實是發展觀光事業之基礎。我國政府對此備極關懷，一再呼籲注重安全提高品質，但仍有許多缺點尚待克服。

　　最感困擾的問題，就是「非旅行業者」暗自經營旅行業務，違反「發展觀光條例」但又難以抑止。社會上形形色色的非營利組織常藉名舉辦國民旅遊活動，公開招攬生意。他們既不受觀光主管單位之管轄，又可逃避稅捐之徵收，成本自然降低，出了問題也拿他

沒辦法，此種旅遊活動實爲投機取巧的營利行爲，正式旅行業者與之競爭業務必敗無疑。最常見者是遊覽汽車、藝品、風景區旅館等觀光有關行業，爲了增加本身營收，過界撈取旅遊生意，這些又都不在觀光局管轄範圍以內，當然無法保證其服務品質合乎標準。旅行業處此環境中，實在萬分痛苦，經營困難情況與日俱增，若無良策，坐視劣幣驅逐良幣情形日益猖獗，旅行業生機將被剝蝕殆盡。

台灣近年經濟發展快速，國民所得逐年增加，因此生活水平逐漸提高，旅遊活動亦要求高品質的享受，不再停留在集體行動、隨遇而安的階段。這種轉變是自然形成的，旅行業宜把握時機，適應消費者需求，設計多種行程模式，任由消費者選擇，無論參加團體或個別行動，都可代爲妥善安排，定可引起大眾興趣，挽救現在所遭遇的困境。秉著專業精神，運用高超智慧，站在時代尖端，才是屹立不敗之地的不二法門。

旅行業按觀光局的分類，分爲綜合、甲種及乙種，然而在實務之運作上，就其功能而言，層次不同，需要的人才不同、設備也不同，實際上的分類，可以同時或部分出現於同一家旅行業的營業範圍中，也有旅行社專精於某一項業務，或僅將產品定於長線行程或短線行程之籌組，端視經營者之策略而定（**表**2-6）。

表2-6　旅行業經營型態之分析表

型態	國民旅遊業務	外人來華旅遊業務	國人出國旅遊業務
業務範圍	為招攬團、委辦團、散客訂車、訂房、訂餐、訂交通工具及風景遊樂區門票等	為外籍人士至台的招攬團、委辦團、散客安排交通工具接送、膳宿等接待事宜	為出國人士招攬團、自助旅行者代理預訂交通工具（訂位、開票）、訂房、訂餐
市場範圍	國內人口均可成行，無限制	必須與國外旅行社洽談合作的觀光客、商務客、自助旅行客人及至國內投宿飯店的散客	出境人士資格、身分有限制
市場開發	容易打入市場，擴展至出國團體業務	不易打入市場，需經驗累積	不易打入市場，因國外狀況必須修改行程
客源掌控	較易掌握	不易掌控，變數多	較難掌控
旅遊品質成本控制	面臨削價競爭，但交通、膳宿較易掌握	不易掌控，削價競爭多	較難掌控，削價競爭多
旅遊時間	短、彈性大	較短	較長
語言障礙	無	接待人員語言能力要求高	領隊人員語言能力必須要求
金融匯率	不需考慮	要考慮	要常考慮
購物壓力	無	較有或視行程而定	較有或視行程而定
服務人員工作內容	1.領團 2.不必有執照 3.身負領團、導遊解說及車上團康育樂等工作，內容較廣泛	1.導遊 2.需有導遊執照 3.按預定行程執行接待、解說事宜 4.較單純 5.語言能力強	1.領隊 2.需有出國領隊執照 3.隨行程不同，工作性質得身兼數職或另派導遊協助 4.語言能力佳

資料來源：《旅行業從業人員基礎訓練教材》，交通部觀光局。

問題與討論

1.敘述旅行社籌設的流程。

2.敘述我國旅行業的項目與業務的範圍。

3.請拜訪一位資深旅行業者。

　(1)請教他在何種狀況進入這個行業。

　(2)請他建議觀光科系學生應加強哪些課程。

　(3)請教他新開的旅行社對於地點的選擇應考慮哪些因素。

4.詳述旅行社業務代表及OP的工作內容為何。

5.試述一個業務代表應具備的條件。

6.詳述票務人員的工作內容及其應具備的條件。

7.依旅行業經營型態，詳述海外旅遊業務。

8.依旅行業經營型態，詳述外人來華旅遊業務。

9.依旅行業經營型態，詳述國民旅遊業務。

10.試述旅行業經理人的資格及職務。

11.試述旅行業領隊人員的資格及職務。

12.試述旅行業導遊人員的資格及職務。

13.詳述中國大陸旅行業之分類。

14.詳述歐美旅行業之分類。

15.詳述日本旅行業之分類。

16.試比較我國旅行社及大陸旅行社之異同。

17.列舉十家目前市場上的綜合旅行社及甲種旅行社。

18.列舉十家目前專做長程團的旅行社及其團體名稱。

19.旅行社經營的型態有哪幾種。

20.請每位同學蒐集不同行程表十份。

註 釋

〔1〕交通部觀光局，《旅行業從業人員基礎訓練教材》，1996年6月，頁1-49。

〔2〕陳嘉隆，《旅運經營》，台北：新路書局，1996年9月，頁46。

〔3〕紐先鉞，《旅運經營》，台北：華泰書局，1995年9月，頁14。

〔4〕容繼業，《旅行業理論與實務》，台北：揚智文化事業股份有限公司，1999年9月，頁4。

〔5〕余俊崇，《旅遊實務》（上），台北：龍騰出版公司，1998年，頁32。

〔6〕中華民國觀光領隊協會，《觀光領隊訓練講義》，1993年，頁46。。

〔7〕同註〔3〕，頁102-103。

〔8〕同註〔3〕，頁97。

〔9〕同註〔3〕，頁101。

〔10〕同註〔4〕，頁37。

〔11〕同註〔3〕，頁106。

〔12〕同註〔3〕，頁106。

第三章

旅行業與航空公司

第一節　航空公司的分類及運輸基本認知

　　航空運輸從二十世紀初由美國萊特兄弟發明飛機至今，已有九十多年的歷史。在機型方面主要是從螺旋式進步到噴射式飛機，同時載客力亦增加至最高四百九十人（波音七四七），更有英法發展的協和「超音速飛機」，其時速約為現在噴射機的三倍，飛往地球任一角落均不超過八小時。除此之外，飛機起降亦較過去方便，甚至有種可隨時在大廈屋頂垂直起落的「垂直及短跑道升降機」。由此可知，空運發展已邁進了巨型化、高速化、機械化的新時代。由於航空事業的長期發展，縮短了世界上的空間距離，無論是觀光旅遊、接洽商務或參加會議，最有效的交通工具（指快捷、舒適、方便）即是搭乘飛機，也正因為航空運輸有諸多優點，促使世界各地之國際旅客普遍抱有「搭機旅行」的觀念，帶動了整個旅遊事業的蓬勃發展。

一、航空公司之分類

　　航空公司為一種組織型態十分精密、業務龐雜的世界性企業，其分類情形如下：

(一)以所在地區分

　　航空公司可依所在地之經營方式分為：

1.總公司：如台灣的中華、長榮、復興、遠東等航空公司。
2.分公司：即Branch Office，如國泰、聯合等航空公司在台北皆設有分公司。
3.總代理：即General Sales Agencies。航空公司有時指派一個公

司（通常是旅行社）來全權代理其駐在地之各項目業務。如世達旅行社代理德航（LH），如天文旅行社代理澳航（QF）……等。

(二)以經營區域分

航空公司若依照飛航的範圍，則可分爲國際線（Internation）、國內線（Domestic）、洲內區域性（Regional），如國內的復興航空有飛東南亞某些Regional航線，即僅飛附近幾個點。

(三)以經營對象分

而若依營業對象，則可分爲客運、貨運、客貨兼運及從事特定業務者四種。

(四)以經營班期分

定期航空公司及不定期飛行航空公司，又稱「包機航空公司」。航空公司之營業方式有定期或不定期包機（Charter Flight）及固定班機（Schedule Flight）兩種，前者即是以承租的方式由一固定點飛另一定點，後者則是我們常說的固定航線（Lines），如班機飛台灣的可直飛（On Line），亦可經由轉接（Off Line）的方式。旅客在搭乘航空公司時，最好選On Line的，因爲這樣在台灣便有班機。

二、航空公司之組織圖及部門單位

航空公司的組織極爲精密，且和一般企業有極大的不同。航空公司在市區的辦公室通常可分爲業務部、訂位部、票務部、旅遊部、總務部、貨運部等部門，機場則有維修部、客運部、空中廚房、貴賓室等部門。茲將航空公司主要部門說明如下：

(一)業務部

負責對旅行社與直接客戶之機位與機票銷售、公共關係、廣

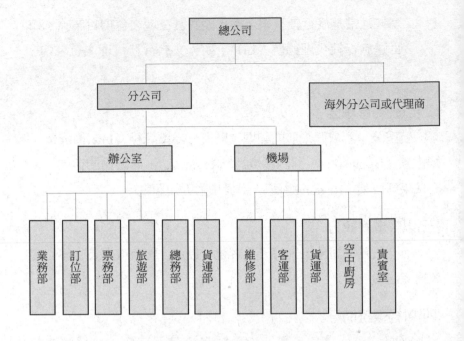

圖3-1　航空公司組織圖

告、年營運規劃、市場調查、團體訂位、收帳，為航空公司客運之重心與各部門協調之橋樑。

(二)訂位部

負責接受旅行社及旅客之訂位與相關的一切業務，起飛前機位管制、團體訂位、替客人預約國內及國外之旅館及國內線班機。

(三)票務部

負責接受前來櫃台之旅行社或旅客票務方面之問題及一切相關業務，諸如確認、開票、改票、訂位、退票等。

(四)旅遊部

負責旅行社與旅客之簽證、辦件、旅行設計安排、團體旅遊、

機票銷售等。

(五)財務部

負責公司營收、出納、薪資、人事、印刷、財產管理、報稅、匯款、營保……等。

(六)貨運部

負責航空貨運之承攬、裝運、收帳、規劃、保險、市場調查、賠償等。

(七)維護部

負責飛機安全、載重調配、零件補給、補客量與貨運量統計等。

(八)運務部

負責客人與團體登機作業手續劃位、各種服務確認與提供緊急事件之處理、行李承收、臨時訂位、開票等。

(九)貨服部

負責航空貨運之裝載、卸運、損壞調查、行李運輸、動植物檢疫協助。

(十)空中廚房

負責供應班機上之餐飲、飲料、用品之補充。

(十一)公關部含貴賓室

負責貴賓之接待與安排，公共關係之維護，公司政策或事件對外發佈，及與媒體、政府部門之聯繫。

三、航空運輸基本認知

(一)飛行區域

國際航空運輸協會（International Air Transport Association，IATA）為統一、便於管理及制定與計算票價起見，將全世界劃分為三大飛行區域，詳見**表3-1**。[1]

表3-1　IATA三大飛航區域

第一大區域（Area 1，亦稱Traffic Conference 1，簡稱TC1）	
範圍	西起白令海峽（Bering Sea），包括阿拉斯加（Alaska）、北美洲（North America）、中美洲（Central America）、南美洲（South America）及太平洋（Pacific Ocean）之夏威夷群島（Hawaiian Islands）及大西洋（Atlantic Ocean）中之格陵蘭島（Greenland）與百慕達（Bermuda）為止。
城市	西起檀香山（Honolulu），包括北、中、南美洲所有城市，東至百慕達為止。
第二大區域（Area 2，亦稱Traffic Conference 2，簡稱TC2）	
範圍	西起冰島（Ice land），包括大西洋中亞速群島（Azores Islands）、歐洲本土（Europe）、非洲全部（Africa）、中東（Middle East）全部，東至俄國烏拉山脈（URL Mountain）及伊朗為止。
城市	西起冰島的Keflavik，包括歐洲、非洲、中東、烏拉山脈以西的所有城市，東至伊朗的德黑蘭（Tehran）為止。
第三大區域（Area 3，亦稱Traffic Conference 3，簡稱TC3）	
範圍	西起烏拉山脈、俄羅斯與獨立國協東部、阿富汗（Afghanistan）、巴基斯坦（Pakistan），包括亞洲全部（Asia）、澳大利亞（Austria）、紐西蘭（New Zealand），包括南太平洋（South Pacific Islands）的關島（Guam）、塞班島（Sampan）、中途島（Midway Island）及威克島（Wake Islands）、南大平洋中的美屬薩摩亞（American Samoa）及法屬大溪地（Tahiti）。
城市	西起喀布爾（Kabul）、喀拉蚩（Karachi），包括亞洲全部、澳大利亞、紐西蘭及太平洋中的大小城市，東至南太平洋中的大溪地。

(二)地理關係位置[2]

1. 東半球（Eastern Hemisphere）與西半球（Western Hemisphere）：東半球為第二區（Area 2）與第三區（Area 3），西半球即為第一區（Area 1）。

2. 中東（Middle East）：即指伊朗（Iran）、黎巴嫩（Lebanon）、約旦（Jordan）、以色列（Israel）、阿拉伯半島上的各國，以及非洲的埃及（Egypt）與蘇丹（Sudan）。

3. 歐洲（Europe）：除傳統觀念上的歐洲（Lebanon）外，包括非洲的阿爾及利亞（Algeria）、突尼西亞（Tunisia）與摩洛哥（Morocco），而不包括非洲東北角之埃及與蘇丹。

4. 非洲（Africa）：即指整個非洲大陸，但不包括非洲的阿爾及利亞、突尼西亞與摩洛哥，也不包括非洲北部之埃及與蘇丹。

5. 美國（The United States of America，簡稱USA）與美國大陸（Continental USA）：The USA係美國五十州加上哥倫比亞行政特區（District of Columbia）及波多黎各（Puerto Rico）、處女群島（Virgin Islands）、美屬薩摩亞（American Samoa）、巴拿馬運河區（The Canal Zone）及太平洋中的小島，如關島（Guam）、中途島（Midway）與威克島（Wake Islands）。The Continental USA即指美國本土之四十八州及首都華盛頓特區（District of Washington）。

(三)城市代號與機場代號[3]

■城市代號（City Code）

國際航空運輸協會係由世界主要航空公司加入組成之類似同業公會組織，為航空界之民間權威，一般航空公司如沒有加入該協會，亦遵守其規定。國際航空運輸協會將全世界只要有定期班機在

飛行之城市，均以三個英文字母做爲代號，而在書寫這些代號時規定必須用大寫的英文字母來表示。城市代號如：

1.台南英文爲Tainan，城市代號爲TNN。
2.台北英文爲Taipei，城市代號爲TPE。
3.高雄英文爲Kaohsiung，城市代號爲KHH。
4.東京英文爲Tokyo，城市代號爲TYO。
5.洛杉磯英文Los Angeles，城市代號爲LAX。
6.香港英文爲Hongkong，城市代號爲HKG。

■機場代號（Airport Code）

如一個城市有兩個以上機場時，除城市本身的代號之外，機場亦有本身的機場代號，以便分辨其起飛或降落的機場。機場代號如：

1.東京（Tokyo）的城市代號爲TYO，但有兩個機場，一爲成田機場（Narita Airport），其機場代號爲NRT，一爲羽田機場（Haneda Airport），其機場代號爲HND。
2.紐約（New York）的城市代號爲NYC，但有三個機場，一爲Kennedy Airport，其機場代號爲JFK；一爲La Guardia Airport，其機場代號爲LGA；一爲Newark Airport，其機場代號爲EWR。
3.倫敦（London）的城市代號爲LON，但有兩個機場，一爲Hethrow Airport，其機場代號爲LHR，一爲Gatwick Airport，其機場代號爲LGW。
4.巴黎（Paris）其的城市代號爲PAR，但有兩個機場，一爲Charles De Gaulle Airport，其機場代號爲CDG，一爲Orly Airport，其機場代號爲ORY。

5.華盛頓的城市代號為WAS，但有三個機場，一為Washington National Airport，其機場代號為DCA；一為Dulles International Airport，其機場代號為IAD；一為Baltimore Airport，其機場代號為BWI。

6.米蘭（Milan）的城市代號為MIL，但有兩個機場，一為 Linate Airport，其機場代號為LIN；一為Malpensa Airport，其機場代號為MXP。

■同名異地之城市

　　同名異地之城市，亦即城市名稱相同而不同州或不同國家，為數不少，所以在尋找城市代號時必須特別注意其所屬州或國家，否則旅客將被送到另一個城市，一般情況下，旅客提出一城市時，必須確認其國家，有必要時再確認其州，如倫敦（London）一般皆認為是英國首都，但在加拿大之Ontario省亦有一城市叫London，此外美國肯塔基州亦有一London。全世界共有四個城市叫Satiago，美國亦有兩個Rochester。各城市之地理關係位置不同，因而安排行程及計算票價亦不同，前者將旅客送錯地方，後者即將票價算錯。城市代號用於計算票價，機場代號即用於向航空公司訂機位之用，以避免在同一個城市前往不對的機場搭不上班機，或接不到人。

■代號（Coding）及還原（Decoding）[4]

＊代號（Coding）

　　是將城市或機場全名縮寫，而以代號表示。例如：

1.台南（Tainan）為TNN。

2.台北（Taipei）為TPE。

3.舊金山（San Francisco）為SFO。

4.倫敦（London）為LON。

5.雪梨（Sydney）為SYD。

6.羽田機場（Tokyo Heneda Airport）為HND。

7.成田機場（Tokyo Narita Airport）為NRT。

＊代號還原（Decoding）

是將城市或機場的代號縮寫，還原為原來之名稱。例如：

1.台北（TPE）原來名稱為Taipei。

2.舊金山（SFO）原來名稱為San Francisco。

3.倫敦（LON）原來名稱為London。

4.雪梨（SYD）原來名稱為Sydney。

5.北京（PEK）原來名稱為Beijing。

6.上海（SHA）原來名稱為Shanghai。

■世界各大城市簡碼

＊大陸地區

北京Beijing	PEK
上海Shanghai	SHA
天津Tianjin	TSN
杭州Hangchow	HGH
大連Dalian	DLC
青島Tsingtao	TAO
福州Foochow	FOC
廈門Xiamen	XMN
昆明Kunming	KMG
南京Nanking	NKG
桂林Guilin	KWL
廣州Guangzhou	CAN
重慶Chongqing	CKG

哈爾濱Harbin	HRB
深圳Shengzhen	SZX
香港Honk Kong	HKG
澳門Macao	MFM

* 台灣地區

| 台北Taipei | TPE |
| 高雄Kaohsiung | KHH |

* 東北亞地區

東京Tokyo	TYO
大阪Osaka	OSA
名古屋Nagoya	NGO
札幌Sapporo	SPK
福岡Fukuoka	FUK
沖繩Okinawa	OKA
漢城Seoul	SEL
釜山Pusan	PUS

* 東南亞地區

新加坡Singapore	SIN
吉隆坡Kuala Lunpur	KUL
檳城Penang	PEN
曼谷Bangkok	BKK
清邁Chiang Mai	CNX
普吉島Phuket	HKT
雅加達Jakarta	JKT
巴里島Denpasar	DPS
仰光Rangoon	RGN
河內Hanio	HAN

金邊Phnom Penh	PNH
西貢Saigon	SGN
馬尼拉Manila	MNL
宿霧Cebu	CEB
達卡Dacca	DAC
塞班Saipan	SPN
汶萊Bander Seri Begawan	BWN
新德里Delhi	DEL
喀拉蚩Karachi	KHI
孟買Bombay	BOM
可倫坡Colomba	CMB
加爾各答Calcutta	CCU
加德滿都Kathmandu	KTM

*歐洲地區

倫敦London	LON
巴黎Paris	PAR
日內瓦Geneva	GVA
蘇黎世Zurich	ZRH
柏林Berlin	BER
漢堡Hamberg	HAM
法蘭克福Frankfurt	FRA
科隆Cologne	CGN
慕尼黑Munich	MUC
都伯林Dublin	DUB
華沙Warsaw	WAW
阿姆斯特丹Amsterdam	AMS
布魯塞爾Brussels	BRU

維也納Vienna	VIE
布拉格Prague	PRG
布達佩斯Budapest	BUD
雅典Athens	ATH
米蘭Milan	MIL
羅馬Rome	ROM
巴塞隆納Barcelona	BCN
波昂Bonn	BNJ
愛丁堡Edinburgh	EDI
伊斯坦堡Istanbul	IST
里斯本Lisbon	LIS
馬德里Madrid	MAD
布加勒斯特Bucharest	BUH
曼徹斯特Manchester	MAN
哥本哈根Copenhagen	CPH
奧斯陸Oslo	OSL
斯德哥爾摩Stockholm	STO
赫爾辛基Helsinki	HEL

＊北美洲地區

紐約New York	NYK
費城Philadelphia	PHL
波士頓Boston	BOS
華盛頓Washington	WAS
芝加哥Chicago	CHI
底特律Detroit	DTT
匹茲堡Pittsburgh	PIT
克里夫蘭Cleveland	CLE

聖路易St. Louis	STL
堪薩斯城Kansas City	MKC
休斯頓Huston	HOU
新奧爾良New Orleans	MSY
奧克拉荷馬城Oklahoma City	OKC
亞特蘭大Atlanta	ATL
邁阿密Miami	MIA
辛辛那提Cincinnati	CVG
丹佛Denver	DEN
鳳凰城Phoenix	PHX
鹽湖城Salt Lake City	SLC
拉斯維加斯Las Vegas	LAS
阿波寇爾喀Albuoerque	ABQ
波特蘭Portland	PDX
舊金山San Francisco	SFO
洛杉磯Los Angeles	LAX
西雅圖Seattle	SEA
安克拉治Anchorage	ANC
關島Guam	GUM
聖荷西San Jose	SJC
聖安東尼San Antonio	SAT
密爾瓦基Milwakee	MKE
夏威夷Honolulu	HNL
溫哥華Vancouver	YVR
多倫多Toronto	YYZ
渥太華Ottawa	YOW
蒙特婁Montreal	YMQ

卡加立Calgary	YYC

*中南美洲地區

墨西哥Mexico City	MEX
聖薩爾瓦多San Salvador	SAL
巴拿馬Panama City	PTY
哈瓦納Havana	BOG
波哥大Bogota	UIO
基多Quito	LIM
利馬Lima	SCL
聖地牙哥Santiago	SAN
布宜諾斯艾利斯Buenos Aires	BUE
聖保羅San Paulo	SAO
里約熱內盧Rio De Janeiro	RIO
巴西利亞Brassilia	BSB
蒙地維多Montebideo	MVD
馬拿瓜Managua	MGA
瓜地馬拉Guatemala	GUA
聖多明哥Santo Domingo	SDQ
聖湖安San Juan	SJU
太子港Port Au Prince	PAP
聖約瑟San Jose	SJO
西班牙港Port of Spain	POS
亞松森Asuncion	ASU
瑪瑙斯Manaus	MAO

*大洋洲地區

達爾文Darwin	DRW
伯斯Perth	PER

雪梨Sydney	SYD
布里斯本Brisbane	BNE
坎培拉Canberra	CBR
墨爾本Melbourne	MEB
基督城Christchurch	CHC
威靈頓Wellington	WLG
奧克蘭Auckland	AKL
大溪地Papeete	PPT

＊中東及非洲地區

開羅Cairo	CAI
開普敦Capetown	CPT
貝魯特Beirut	BEY
台拉維夫Telaviv	TLV
大馬士革Danascus	DAM
安曼Amman	AMM
吉達Jeddah	JED
巴林Bahrain	BAH
約翰尼斯堡Johannesburg	JNB
金夏沙Kinshasa	FIA
馬爾他Malta	MLA
突尼斯Tunis	TUN
達卡Dakar	DKR
模里西斯Mauritius	MRU
杜拜Dubai	DXB
科威特Kuwait	KWI
巴格達Baghdad	BGW
德黑蘭Tehran	THR

的黎波里Tripoli	TIP
阿爾及耳Algiers	ALG
卡薩布蘭加Casablanca	CAS
阿必尙Abidjan	ABJ
蒙羅維亞Monrovia	MLW
尼阿美Niamey	NIM
阿克拉Accra	ACC
瓦加杜古Ouagadougou	OUA
拉米堡Fort Lamy	FTL
亞恩德Yaounde	YAO
科多努Cotonou	COO
拉哥斯Lagos	LOS
盧安達Luanda	LAD
伊斯坦堡Istanbul	IST
安卡拉Ankara	ANK
亞丁Aden	ADE
愛丁堡Edinburgh	EDI
洛梅Lome	LFW
馬基魯Maseru	MSU
馬基尼Manzini	MTS
達蘭Dhahran	DHA
利雅德Riyadh	RUH

■各大航空公司簡稱

6Y尼加拉瓜航空公司	KW美國嘉年華航空公司
8L大菲航空公司	LA智利航空公司
AA美國航空公司	LH德國漢莎航空公司
AC楓葉航空公司	LO波蘭航空公司

AE華信航空公司　　　　　LR哥斯大黎加航空公司

AF亞洲法國航空公司　　　LY以色列航空公司

AI印度航空公司　　　　　MA匈牙利航空公司

AK大馬亞洲航空公司　　　ME中東航空公司

AN澳洲安捷航空公司　　　MF廈門航空公司

AQ阿羅哈航空公司　　　　MH馬來西亞航空公司

AR阿根廷航空公司　　　　MI勝安航空公司

AY芬蘭航空公司　　　　　MK模里西斯航空公司

AZ義大利航空公司　　　　MP馬丁航空公司

B7立榮航空公司　　　　　MS埃及航空公司

BA英國亞洲航空公司　　　MU東方航空公司

BD英倫航空公司　　　　　MX墨西哥航空公司

BG孟加拉航空公司　　　　NG維也納航空公司

BI汶萊航空公司　　　　　NH全日空航空公司

BL越南太平洋航空公司　　NW西北航空公司

BO印翔航空公司　　　　　NX澳門航空公司

BR長榮航空公司　　　　　NZ紐西蘭航空公司

CF秘魯第一航空公司　　　OA奧林匹克航空公司

CI中華航空公司　　　　　OK捷克航空公司

CM巴拿馬航空公司　　　　OS奧地利航空公司

CO美國大陸航空　　　　　OZ韓亞航空公司

CP加拿大國際航空公司　　PA美國泛亞航空公司

CV盧森堡航空公司　　　　PL秘魯航空公司

CX國泰航空公司　　　　　PR菲律賓航空公司

DL達美航空公司　　　　　PX新幾內亞航空公司

EF遠東航空公司　　　　　QF澳洲航空公司

EG日本亞細亞航空公司　　RA尼泊爾航空公司

EH厄瓜多爾航空公司　　　　　RG巴西航空公司

EK阿酋國際航空公司　　　　　RJ約旦航空公司

EL日空航空公司　　　　　　　SA南非航空公司

FI冰島航空公司　　　　　　　SG森巴迪航空公司

FJ斐濟太平洋航空公司　　　　SK北歐航空公司

GA印尼航空公司　　　　　　　SQ新加坡航空公司

GE復興航空公司　　　　　　　SR瑞士航空公司

GF海灣航空公司　　　　　　　SU俄羅斯航空公司

GU瓜地馬拉航空公司　　　　　SV沙烏地阿拉伯航空公司

HA夏威夷航空公司　　　　　　TA薩爾瓦多航空公司

HP美西航空公司　　　　　　　TG泰國航空公司

IM澳亞航空公司　　　　　　　TK土耳其航空公司

IT法國英特航空公司　　　　　TP葡萄牙航空公司

JD日本系統航空公司　　　　　TW美國環球航空公司

JL日本航空公司　　　　　　　UA美國聯合航空公司

KA港龍航空公司　　　　　　　UB緬甸航空公司

KE大韓航空公司　　　　　　　UC拉丁美洲航空公司

KL荷蘭皇家航空公司　　　　　UL斯里蘭卡航空公司

KU科威特航空公司　　　　　　UN俄羅斯全錄航空公司

VS英國維京航空公司　　　　　US美國全美航空公司

VY國華航空公司　　　　　　　VN越南航空公司

VP巴西聖保羅航空公司

四、旅行時間概念

　　當我們查閱國際航線班機時刻表時，會遭到一些奇怪的現象。
即在同經度上的南北兩據點飛行，時間上並不會有任何疑問，但在
同樣東西兩聚點間飛，時間上便有很大的出入，由西向東飛行時

間，較由東向西飛行的時間多了一倍，或者較出發時間還早到達的怪現象。這都是時差所引起的問題。因為世界各航空公司的時刻表所標示之飛機起飛及抵達時間，都以各城市之當地時間為準。因此旅行從業人員應對航空時間問題有充分之認識，以便順利進行各項工作。

(一)格林威治時間與當地時間

世界各國為方便文化及經濟交流，統一規定各地之標準時間及時差。經線零度的子午線時間，稱為格林威治標準時間（Greenwich Mean Time，簡稱GMT），又稱斑馬時間（Zebra Time）。

在世界上每一個國家或地區都有其本身的當地時間（Local Time），如在台灣有台灣的當地時間，在美國有美國的當地時間，兩地的當地時間不一定相同。在台灣早上八點，在美國不一定是早上八點，亦即世界各國間均可能有時差的存在，同時在各國的當地時間又分為標準時間（Standard Time）與夏令時間（Daylight Saving Time）。

(二)時區的換算

時差的關鍵就是因為地球是圓的，有三百六十度，及將地球分為二十四個地區，以每十五度為一小時來區分（東加西減），即三百六十度除以十五度等於二十四小時而成，以格林威治（經線零度）為起點，各向東西分別以每隔十五度為一小時計算，如格林威治時間為中午十二點，向東行每隔十五度加一小時，因此在十五度範圍內之城市為下午一點（十三點），向西行每隔十五度減一小時，因此在十五度範圍之城市為上午十一點，依此類推。地球是由西向東自轉，每二十四小時迴轉一次，即每小時自轉十五度。因此，每增加十五度，便有一小時之時差，也就是說，愈趨向東方，其日出及

日落的時間更早。目前世界航線時刻表及各航空公司的時刻表，都以「＋」或「－」代表其時差。

　　台灣位於東經一一九度十三分三秒至一二二度六分二五秒之間，比格林威治時間快八小時，因此以＋8代表其時差。在領土狹小的國家，尤其國土所佔經線差距較少的國家，其標準時間只有一個，但如美國，因其領域廣大，故有好幾個標準時間。在美國，有東部標準時間、中部標準時間、落磯山脈標準時間、太平洋海岸標準時間、夏威夷、阿拉斯加等六個標準時間（**表3-2**）。

(三)國際換日線

　　換日線（Date Line）也稱為國際子午線，為東經一百八十度與西經一百八十度之交界線，即位於太平洋上，中途島的東方，紐西蘭之西方。此線與時差有密切的關係。當經線零度的格林威治標準時間為中午十二點時，東經一百八十度的時間為當天的二十四時，也就是翌日的午夜零時。為方便國際間的交流，以此線為界，東西各相差一天。凡向東航行的飛機或船隻，經過換日線時要減一天，也就是要重過同一天。

　　搭乘飛機向西旅行時，由於朝著時間慢的方向飛行，其餐食的間隔時間較短，睡眠時間也縮短。這種現象都是時差所引起的。因此長途飛行旅客抵達目的地的頭一、兩天，都會覺得有點迷迷糊糊的。

　　旅行從業人員，對於時差應有充分之認識。假如不懂兩地的時差，便無法計算實際飛行時間。當旅客或自己與遠距離的對方要通國際電話時，應顧慮到對方的當地時間。例如，在台北下午三點時，在紐約已經是深夜二點了，如果在夏令時間時，即為半夜三點，當然沒有人在辦公了。

表3-2 主要國家、城市與GMT相差的時區

	主要城市國家	相差時區
東半球	紐西蘭	+12
	澳洲	
	坎培拉、雪梨、墨爾本、布里斯班	+10
	阿得雷德、達爾文	+9
	伯斯	+8
	關島	+10
	日本、韓國	+9
	台灣、中國大陸、香港、新加坡、菲律賓、馬來西亞	+8
	泰國、印尼（雅加達）	+7
	印度	+5.5
	阿拉伯聯合大公國（杜拜）	+4
	俄羅斯（莫斯科、聖彼得堡）、沙烏地阿拉伯	+3
	歐洲	
	希臘、埃及、芬蘭、東歐、南非	+2
	法、德、西班牙、義大利、荷、比、盧、丹麥、瑞典	+1
	英國	+0
西半球	加拿大	
	渥太華、多倫多、蒙特利爾	-5
	卡加立、艾德蒙呑	-7
	溫哥華	-8
	美國	
	東部標準時間：紐約、波士頓、奧蘭多、亞特蘭大	-5
	中部標準時間：芝加哥	-6
	落磯山脈標準時間：丹佛、鹽湖城	-7
	太平洋海岸標準時間：拉斯維加斯、洛杉磯、舊金山、西雅圖	-8
	阿拉斯加州	-9
	夏威夷群島	-10
	墨西哥	
	墨西哥市	-6
	巴拿馬	-5
	巴西（-2、-3、-4、-5）	
	里約熱內盧、巴西利亞、聖保羅	-3
	阿根廷	-3
	智利	-4
	秘魯	-5

(四)時間的表示方法

　　航空公司為避免旅客在班機到達或離開的時間上有所誤會，而將一天的二十四小時以午夜的十二時為起點，並以0：00來表示，凌晨一點即以01：00表示，凌晨六點即以06：00表示，中午十二時以12：00來表示，下午二點以14：00來表示，依此類推，午夜十二時即以24：00表示。為避免時間與日期之爭執，航空公司最晚之班機為23：59起飛之班機，絕對沒有00：00起飛之班機。

(五)飛行時間之計算方法（Flying Hours and Elapse of Time）和注意事項

■飛行時間之計算方法

　　一般旅客對時差（Time Difference）沒有專業知識，不甚瞭解，而我們亦很難使旅客立即瞭解，所以最好之方法為班機要飛多少小時才能到達，如此說明起來最為簡單明瞭。在計算飛行時數以前，也要先瞭解該國家除了當地有標準時間（Standard Time）外，還有所謂夏令時間，如美國每年的四月第一個周日開始，一直到十月最後一周的周日止，就是美國的夏令時間，其時差是一小時。

　　計算班機飛行時間的步驟如下：

1.先找出起飛城市與格林威治時間的時差。

2.再找出到達城市與格林威治時間的時差。

3.將預定起飛的時間（Estimated Time of Departure，簡稱ETD）換算成GMT時間。若與GMT的時差為負（－）數時，應將該時差加上。若與GMT的時差為正（＋）數時，應將該時差減下。

4.將預定到達時間（Estimated Time of Arrival，簡稱ETA）如同上述換算成GMT時間。

5.以預定到達（ETA）之GMT時間減去預定起飛（ETD）之

GMT時間，所得即爲該班機飛行的時間。但此班機如有停留地時，應將其停留地之停留時間扣除，才是眞正的飛行時間。

■計算飛行的時間應注意的事項

1.ETA如果爲第二天時（航空公司的時刻表列明到達時間以＋1表示），應先加二十四小時，如果＋2即表示爲第三天，演算時應加四十八小時。

2.ETA如果爲前一天，亦即航空公司將到達時間表列－1時，應先減24小時，不過這種情況很少碰到，只有在實施夏令時間的南太平洋國際子午線東西兩方附近的城市，才可能有此現象發生。

3.如果在演算時，被減數小於減數，被減數可先加二十四小時，待求出答案後再減二十四小時以求平衡。

■實例演算

例如，某航空公司班機每日12：30由台北起飛，16：10抵達東京，其飛行時間爲（按計算飛行時間步驟演算）：

1.以找出起飛城市與GMT的時差爲：台北＋8。

2.再找出到達城市與GMT的時差爲：東京＋9。

3.EDT換成GMT爲：12：30－8＝4：30（GMT）。
EDT換成GMT爲：16：10－9＝7：10（GMT）。

4.ETA之GMT減ETD之GMT爲：7：10－4：30＝2：40，正確的飛行時間爲二小時又四十分。

英國於三月底開始實施日光節約時間，十月底結束；美國則於四月初開始，十月底結束；澳洲因位居南半球，夏季時分與北半球

相反，因此實施日光節約時間開始於十月底，於次年三月底結束。即使一國有實施日光節約時間，也可能其國內某些地區不實施，例如美國的夏威夷、亞利桑那兩州及印第安那州的東邊則不實施日光節約時間；加拿大的薩克其萬省（Saskatchewan）也沒實施。因此在計算時間時必須注意兩地之間的差距，及是否有實施日光節約時間，何時開始及結束。

第二節　機票的定義、種類及基本認知

一、機票之定義

　　機票（Ticket）是指航空公司承諾提供旅客及其免費或支付過重行李費之收據。機票為運輸契約的有價證券，也就是約束提供某區域間的一人份座位及運輸行李的服務憑證。機票以英文方式表達，各國可自行於附頁中以本國文字說明。機票上須載明發票地點、日期、有效期限、等級、行程、旅客姓名、票價稅捐及計算、免費行李量及實際行李重量、起訖點、航空公司代理人姓名住址及運送責任。旅客所攜帶之行李，除小件由旅客自行看管者外，航空公司應發給行李票。行李票有兩聯，旅客及航空公司各執其一。行李票上應載明發票地點、日期、起訖點、航空公司及運輸責任。[5]

二、機票的構成

　　機票應稱為一本機票，而非一張。每本機票主要由四個不同聯（Coupon）所組成，審計票根（Auditor's Coupon）、公司存根（Agent's Coupon）、搭乘票根（Flight Coupon）及旅客存根（Passenger's Coupon）。每一聯顏色不一，各有其功能與用途，分

述如下 [6]：

(一)審計票根

開完票之後，將此聯撕下，作報表時，以審計票根為根據，依規定之期限作成月報表，連同應付之支票一併送繳航空公司。

(二)公司存根

公司存根應於填妥機票後撕下，交公司會計歸檔保管，以備日後與航空公司對帳或旅客查詢機票資料時使用。

(三)搭乘票根

搭乘聯分為一張、二張（以國內線居多）及四張搭乘聯三種。搭乘聯交由旅客，以供旅客搭機用，旅客在機場辦理登機手續時，應將旅客存根及搭乘票根一起提交給航空公司，航空公司即將旅客搭乘其班機的搭乘票根撕下，並將剩下之搭乘票根與旅客存根發還給旅客。

(四)旅客存根

只做報帳或存查用，不能搭乘。購票時此聯連同搭乘票根一併交給旅客，旅客搭機時交由機場櫃台人員驗畢後，歸還於旅客。

一本機票，審計聯、公司聯、旅客存根聯均只有一張，但搭乘票根可分為一張搭乘票根、二張搭乘票根及四張搭乘票根。旅客只到一個城市時，使用一張搭乘票根的機票來填寫。二個城市時即使用有二張搭乘票根之機票，三個城市即使用有四張搭乘票根之機票，但最後一張搭乘票根會多出來，此票根應寫上"VOID"使之作廢，並撕下與審計票根一併交回航空公司。若旅客之行程有五個以上的城市時，一本有四張搭乘票根之機票無法開完全部行程，則使用第二本有相同搭乘聯的機票且必須連號，即另加一本票號相連

的另一張搭乘票根的機票來運用，多餘之票根皆作廢。

三、機票之分類

航空機票種類繁多，可依使用者年齡、使用時機、運輸限制等而有不同的待遇及價格，大體上可依各種不同條件作區別，分為普通票（Normal Fare）、折扣票（Discounted Fare）和特別票（Special Fare）三種[7]：

(一)普通票

又稱為標準的全票（Full Fare or Adult Fare），不論搭乘任何艙等，均為一年有效期限之機票。年滿十二歲以上的旅客，必須支付適用於其旅行票價之全額。

(二)折扣票

以普通票為準而打折扣的票價，依使用者身分不同而有不同折扣優惠。

■半票或兒童票（Half or Children Fare，簡稱CH或CHD）

就國際航線而言，凡是滿二歲未滿十二歲的旅客，與其購買全票之父、母或監護人搭乘同一班機，同等艙位陪伴照顧其旅行者，即可購買兒童票。兒童票價格為全票價格之50％或66.7％，並如全票佔有一座位，享有與全票同樣的免費託運行李。就國內航線而言，各國規定不一，歲數與百分比不盡相同，應特別注意。旅客在買票前最好事先詢問該航空公司針對兒童收費的標準。兒童票的基準是以護照上之出生年月日及使用第一張搭乘票根來決定收費年齡，但如兒童在搭乘第一段行程未滿十二歲，但搭乘第二段行程已滿十二歲時，不另行補票。另外如果兒童獨自旅行，必須付全額的機票費用。

■嬰兒（Infant Fare，簡稱IN或INF）

　　所謂嬰兒乃是指出生後未滿二歲的嬰兒，由其父母或監護人搭乘同一班機、同等艙位、不佔座位旅行時，即可購買全票價的10%的嬰兒票。其年齡以旅行日為準，旅行日如果滿二歲，則需付兒童票，如果於旅途中超過二週歲時，則不需補票。嬰兒無免費行李，僅可攜帶搖籃及嬰兒用品，航空公司在機上可供應嬰兒用品、免費紙尿布、不同品牌奶粉、免費提供固定的搖籃（每班飛機視機型大小有二至四個）。但旅客必須在開始旅行前一星期到十天提出申請，請其準備。一個旅客只可以帶一個嬰兒，且如果帶二個嬰兒時，第二個嬰兒則需購買半票（兒童票）。嬰兒若獨自旅行，必須有送機或接機者，且必須付費請空服員陪伴照應。三個月以下嬰兒，各航空公司均不接受獨自旅行。

■老人票（Senior Citizen Fare，簡稱CD）

　　各國對老人之年齡限制不同，優惠票價各異，我國針對六十五歲以上中華民國國民，國內線可提供全票50%的優惠票價。

■領隊優惠票（Tour Conductor's Fare）

　　航空公司為了協助旅行代理商向大眾招攬團體能順利進行，對旅行社帶團的領隊提供優惠票，根據IATA規定：

　　1.十至十四人的團體，可享有半票一張。

　　2.十五至二十四人的團體，可享有免費票一張。

　　3.二十五至二十九人的團體，可享有免費票一張、半票一張。

　　4.三十至三十九人的團體，可享有免費票二張。

■代理商優惠票（Agent Discount Fare，簡稱AD）

　　針對有販售機票之旅行代理商服務滿一年以上的職員，可視情況申請75%折扣的優惠票，亦即僅付全票的25%，一般稱1/4票或Quarter Fare。根據IATA規定，每個代理營業所每年只能購買二張，

效期自發行日起三個月有效，其目的是協助業者出國考察增加業務知識。

(三)特別票

指航空公司在淡季或針對特定航線、特定日期、人數，爲鼓勵度假旅行或基於其他理由所提出的機票優惠，如旅遊票（Excursion Fare）、團體全備旅遊票（Group Inclusive Tour Fare）、Apex fare。

■旅遊票

航空公司所推出之旅遊票都會有一些旅遊上的限制，可能包含：1.最低、最高停留天數；2.限制使用季節及時間；3.必須提前一段時間購票，有停留城市的限制；4.不可退票，如果要退票須付退票費。基本上旅遊票有效期限依票而異，但必須是購買來回票。例如：YHE1Y：Y艙，旺季使用，旅遊票有效期限一年。BLE3M：B艙，淡季使用，旅遊票有效期限三個月。

■團體全備旅遊票

團體包辦式旅遊，必須達到特定人數，每人才能享受特定程度的團體優惠票價。例如GV25、GV10。GV表示團體全備旅遊票，「25」表示至少需二十五人以上。

■Apex Fare

這是所有機票中票價最便宜的一種，同時使用限制最多，必須在出發前提早購票，中途不可以停留，必須買來回票，由出發日開始算起有效期限爲三至六個月。在機票的Fare Basis欄有時以AP來表示。例如，YLAP21代表搭乘經濟艙，淡季使用，必須在二十一天前提早購買。

四、有關機票之認知

(一)相關基本資料

機票上載明發票地點、日期、有效期限、行程、等級、旅客姓名、票價、稅捐、實際行李重量、起訖點、航空公司代理人姓名、住址、位子確定狀況和運送契約。

(二)搭乘票根號碼（Flight Coupon Number）

搭乘票根本身即有其票根先後順序之號碼，第一張搭乘票根為Coupon 1，第二張搭乘票根為Coupon 2，如此類推。使用搭乘票根時，應依照其票根號碼之先後順序使用，不得顛倒使用，如先使用後面票根再擬使用前面票根時，航空公司可拒絕搭載此旅客，如該票根尚有退票價值時，即可申請退票。

(三)機票號碼（Ticket Number）

一本機票皆有其本身之機票號碼，共十三位數，頭三位數是航空公司本身的代號，叫做Carrier Number。例如中華航空公司之機票頭三位數字代碼為297，長榮航空公司為695。第四位數是其來源號碼，表示代理公司人工開票或總公司開票之區分。第五位數即表示搭乘票根之數字，如為1即表示一張搭乘票根之機票，如為2即表示有二張搭乘票根之機票，依此類推。第六位數到第十三位數叫做Serial Number，亦即為機票本身的號碼，有時另加一位數即第十四位數，通常為公司會計部門檢查用，叫做檢查數字（Check Digit）。

(四)飛機艙等

航空公司為了服務旅客，將機艙內劃分數個不同等級的客艙，以滿足不同旅客的需求，一般來說可以分成三個等級，但依各家航

空公司之不同而各有差異。

■頭等艙（First Class）

即所謂的R.P.F等級。頭等艙設在飛機最前面，在駕駛艙之後，因離飛機引擎較遠故較安靜，它的價格最高，約為經濟艙票價的二倍，但最受航空公司禮遇，無論在服務、餐飲、艙內座椅尺寸及擺設方面均是最好的。例如貴賓室的使用、優先上下飛機服務、精緻高級且無限供應的餐飲、使用瓷盤等較高級器皿、座位寬敞舒適、前後座間距離較大且是坐臥兩用的座椅、行李重量的上限較高（約四十公斤）等。

■商務艙（Business Class）

即指C.J等級。在頭等艙之後則是商務艙，其設置目的則是提供商務人士搭機時有個舒適、安靜、能放鬆又能思考工作的空間，其價格低於頭等艙，約為經濟艙的一倍，有時比照經濟艙原價，目前最受航空公司重視，設備、服務及行李重量限制（約三十公斤）介於頭等艙與經濟艙之間，有多種主食可任選一種，使用高級餐巾、餐具，座位寬敞、舒適，有較大的座椅斜度。

■經濟艙（Economy Class）

這是大家都熟悉的Y.B.M等級。商務艙接著是經濟艙，座位數最多，享受的待遇不如頭等艙及商務艙，但費用最低，不過由於市場的競爭壓力，目前經濟艙的旅客所能享受的服務也愈來愈好。經濟艙食物選擇性低，使用美耐皿一人一份的餐盒，座位排列較擠，空服員與乘客比率約1：30至1：40。

五、機票票價之計算

(一)依行程區分機票

航空公司售出的機票乃依據旅客的行程來區分，有單程票

（One Way Trip，簡稱O或OW）、來回票（Round Trip，簡稱R或RT）、環遊票（Circle Trip，簡稱C或CT）、行程有斷開的開口票（Open Jan，簡稱OJ），以及環繞地球一圈的環遊世界票（Round World，簡稱RD）……等。

以計算票價的立場而言，「單程票」即為一個不完整的來回票或環遊票，例如：由台北出發往香港，或繼續往曼谷以後就中止航程。而「來回票」是旅客行程中其出發點與目的地相同，其折回點也相同，或折回的中間點雖不同，但是其回程的票價與去程段之票價相同時，都可以稱為來回票。

「環球票」是一個非來回的旅行，包括環遊世界在內，它是由出發地啟程，連續作環狀的旅行再回到原出發地。如台北－東京－舊金山－洛杉磯－夏威夷－台北。同時，如因行程上遇到兩地間無適當的班機直接航行而中斷時，該段行程若藉由其他交通工具繼續往前行，如此也不失環遊票的意義。

(二)票價計算原則

■直接票價

凡是印在票價書上的價格稱為「公佈票價」（Published Fare）或稱為「直接票價」（Through Fare），通常兩地之間應有公佈票價或直接票價的存在，如果兩地之間無票價存在時，即可以分段的總和來計算。同時，兩地已有直接票價時，若分段之總和比直接票價為低時，仍以直接票價為準，其分段總和的票價不予採用。

一般而言，航空公司票價表的票價都會列在「航空票價書」內。目前票價書分為兩種：

* Air Tariff

簡稱AT，是由加航、英航、日航、澳航、環球等五家航空公司刊印，另外有七十九家航空公司加入，為目前旅行業多數使用的票

價書。

* Air Passenger Tariff

簡稱ART，是由北歐及歐洲航空公司刊印。

■分段計算票價

當無直接票價時須分段計算，得依下列的原則來計算：

* 應收最低票價原則（Lowest Combination of Fare Principle）

1. 一般情況： 兩地之間如無直接票價時，即可依行程上所經之城市，分段計算後相加，取其最低者。

2. 假設城市計算票價（Fictitious Construction Point，簡稱FCP）：將行程拉到旅客實際不去的城市，而求得較低的票價。

* 哩程計算方法（Mileage System）

在一個行程中，兩地之間若未標明此行程爲票價上所訂的特定行程（Specified Routing）時，而有最高哩數（MPM）標明時，即可以哩程計算的方法計算。哩程計算方法的基本要素（Basic Elements Of The Mileage System）如下：

表3-3　超出哩數加收票價比例表

MMS = TPM / MPM 的結果		
大於 1.00≤1.05	取5M	表放大Construct Fare的5%
大於 1.05≤1.10	取10M	表放大Construct Fare的10%
大於 1.10≤1.15	取15M	表放大Construct Fare的15%
大於 1.15≤1.20	取20M	表放大Construct Fare的20%
大於 1.20≤1.25	取25M	表放大Construct Fare的25%

1.最高哩程數（Maximum Permitted Mileage，簡稱MPM）：在兩地間的直接票價上，列明的最高可旅行的哩數，也是旅客在這個票價中可旅行最大的距離。在票價書上以MPM標明之。

2.機票城市間哩程數（Ticketed Point Mileage，簡稱TPM）：機票城市間哩程數是兩個城市之間直接飛行哩程數，是用來計算旅客旅行總哩數的依據，在票價書上皆以TPM標明。

3.超出哩數加收票價（Excess Mileage Surcharge，簡稱EMS）：當某一行程若TPM總和超出MPM 時，即必須加收票價，並依據超出哩數的百分比加收附加費用，其百分比是由5%至25%不等。

4.哩程計算之規定（Rule of Mileage System）：如果結果大於1.25最大限制時，本計算方法不能適用。票價不可以從頭到尾計算，必須分成幾段來計算。

5.「額外哩程數寬減額」（Extra Mileage Allowance，簡稱EMA）：經過某些特定的地區，其哩程數可以減少。遇有此情形時，先由TPM 總和減EMA後，再與MPM相比。

六、機票填發

　　一本合法的機票就代表一份契約，裡面載明的資料，是買受人與運送契約人的合約關係，是一份有價證券，所以上面的架構就是其基本條款，機票範例詳如圖3-2。填發機票在旅行業作業中佔有相當重要的地位，因為一旦不慎出錯所造成之後果，不但影響客人之權益，也相對的給公司帶來莫大之困擾。根據航空公司之規定，機票僅能署名者使用，而航空公司僅對原客負起責任，因此一旦機票有名字不符或塗改過，機票往往就失效，而不為航空公司所接受。因此，下列之機票填發之正確程序就相當重要了。

(一)填發機票時應注意之事項

1.機票爲有價證券，必須妥善保管。

2.填發機票時所有英文字母必須用大寫字體，字跡不可潦草。

3.避免塗改，因塗改會使機票變成無效。

4.填寫姓名時，姓在先，然後加一撇（/），接著寫名字，或名字縮寫（Initial）。

5.在撕下審計票根與公司存根時，應注意避免將搭乘票根一併撕下，如有搭乘票根必須作廢時，應一併撕下，與審計票根一起送航空公司。

6.開立機票時，應按機票號碼順序填發，避免跳號。

7.一本機票只能一人使用，且限制只能由本人使用，不可轉讓給他人使用，否則航空公司有權拒絕理賠。

8.如一城市有兩個以上之機場，而到達與離開之機場不是同一機場時，應在城市名稱下面填寫到達機場名稱／離開之機場名稱。

9.機票空白地方應填入「VOID」使之作廢。

(二)機票上所記載的內容

機票的格式可能因不同地區、不同航空公司發行而有不同的排列方式，但大體上機票四聯中每聯的格式及內容均不致變化太大。茲將機票所記載的主要內容說明如下：

■Issued By：發行此本機票之航空公司

必須填寫航空公司英文全名。

■Endorsements/Restrictions：背書欄與限制

此欄可用於背書或具其他必須之特別註明。此欄若有記載則表示有其他限制，例如：

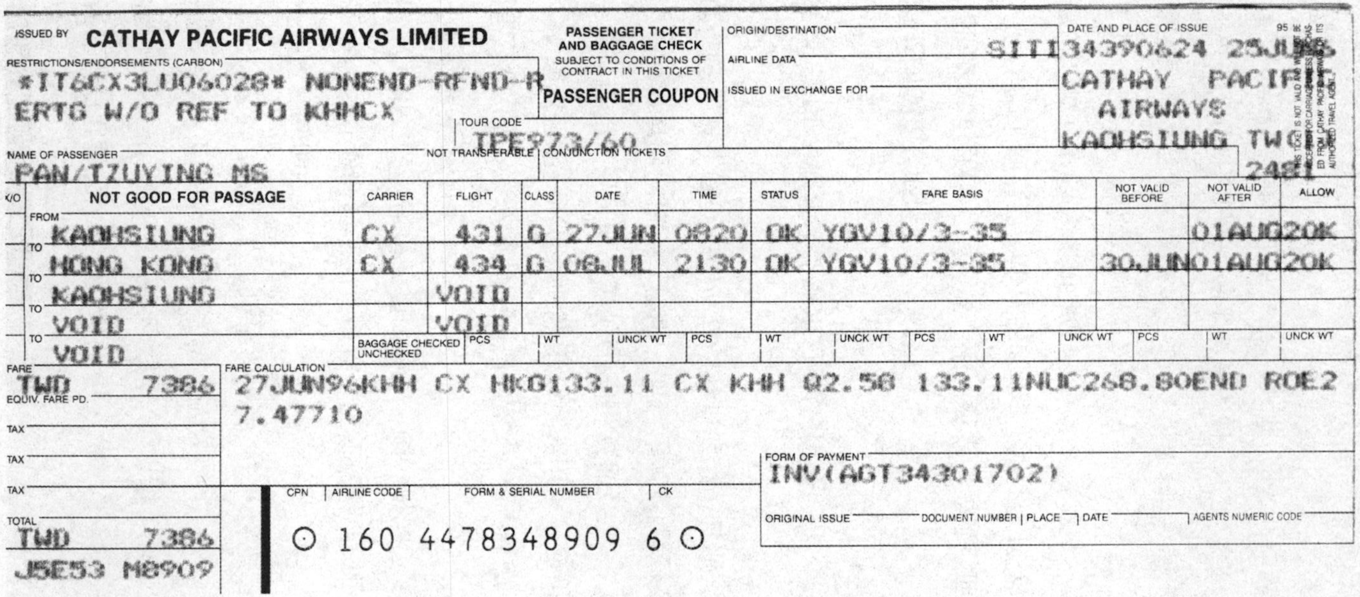

ISSUED BY CATHAY PACIFIC AIRWAYS LIMITED

PASSENGER TICKET AND BAGGAGE CHECK
SUBJECT TO CONDITIONS OF CONTRACT IN THIS TICKET
PASSENGER COUPON

RESTRICTIONS/ENDORSEMENTS (CARBON)
IT6CX3LU06028 NONEND-RFND-R
ERTG W/O REF TO KHHCX

TOUR CODE TPE973/60

ORIGIN/DESTINATION

AIRLINE DATA

ISSUED IN EXCHANGE FOR

DATE AND PLACE OF ISSUE
SITI34390624 25JUN96
CATHAY PACIFIC
AIRWAYS
KAOHSIUNG TWO
2481

THIS TICKET IS NOT VALID AND WILL NOT BE ACCEPTED FOR CARRIAGE UNLESS PURCHASED FROM CATHAY PACIFIC AIRWAYS OR ITS AUTHORIZED TRAVEL AGENT.

NAME OF PASSENGER PAN/TZUYING MS

NOT TRANSFERABLE | CONJUNCTION TICKETS

X/O	NOT GOOD FOR PASSAGE	CARRIER	FLIGHT	CLASS	DATE	TIME	STATUS	FARE BASIS	NOT VALID BEFORE	NOT VALID AFTER	ALLOW
FROM	KAOHSIUNG	CX	431	G	27JUN	0820	OK	YGV10/3-35		01AUG	20K
TO	HONG KONG	CX	434	G	08JUL	2130	OK	YGV10/3-35	30JUN	01AUG	20K
TO	KAOHSIUNG		VOID								
TO	VOID		VOID								
TO	VOID										

BAGGAGE CHECKED UNCHECKED | PCS | WT | UNCK WT | PCS | WT | UNCK WT | PCS | WT | UNCK WT | PCS | WT | UNCK WT

FARE TWD 7386

EQUIV. FARE PD.

TAX

TAX

TAX

TOTAL TWD 7386

J5E53 M8909

FARE CALCULATION
27JUN96KHH CX HKG133.11 CX KHH Q2.50 133.11NUC268.80END ROE2
7.47710

FORM OF PAYMENT
INV(AGT34301702)

ORIGINAL ISSUE | DOCUMENT NUMBER | PLACE | DATE | AGENTS NUMERIC CODE

CPN | AIRLINE CODE | FORM & SERIAL NUMBER | CK
⊙ 160 4478348909 6 ⊙

圖3-2　機票範本

Non-Endorsable：不可背書轉讓搭乘另一家航空公司。

Non-Reroutable：不可改變行程。

Non-Refundable：不可以退票，否則會科罰金或作廢。

Non-Transferable：不可將機票轉讓給他人使用。

Valid On ×× Only：僅可搭乘 ××航空。

For ×× Carrier Only：是指限定搭乘某家航空公司

Valid On Date/Flight Shown：限當日當班飛機。

Embargo From：限時段搭乘。

■Name of Passenger：旅客姓名

　　填寫旅客之姓名及尊稱，姓在前，姓與名字以「/」分開，最後加上此人之稱謂，名字有時也可以縮寫（Initial）方式來表示。以大寫字母填寫，無論中國人、外國人均必須先寫其「姓」（Last Name），再寫其名字（First Name），並註明PTC（MR./MRS. /CHD/INF），例如：TSAYE/BIHCHUNG MR。十二歲以下之購票者（CHD/INF）必須載明出生年月日，以便區分是否適宜購買半票。

■From/To：旅客路程表

　　填寫旅客的行程，含出發城市、中途轉機或停留城市，以及目的地城市，必須以英文大寫填寫城市的全名，不可以填城市代號。如果此欄空格沒有填滿，則在未填的空格打入「VOID」，指明作廢，如果位置不夠則再開立一本機票（必須連號），第一本機票的最後城市需寫在第二本機票的第一個位置，除非有中斷旅行可以不寫。若為轉機點須在城市前面註明X，城市後面可加註機場代號。註明×或○會影響到機票之價格，填寫在機票上的城市如果是轉機城市（非旅客原本計劃要停留之城市，之所以會暫停乃因航空公司飛行路線因素）則填入「×」，如果是停留城市（stopover city），亦即旅客計劃停留的城市，則打「○」，通常「○」也可不寫，不寫即表明是停留城市，就必須計算其價格，但「×」則不可省略。

當一個城市不只一個機場時，必須註明是哪一個機場。當旅客抵達一個機場，但由同一個城市另一個機場離開時，均必須註明抵達的機場及離開的機場，可合併寫在一起或分開填寫，但城市名字不可省略。當一個城市名字在另一州或另一個國家也有時，必須註明該城市的州名或國名，或特別註明其城市或機場代號，如Springfield在美國許多州均有。當旅客行程涉及使用地面交通工具時，該城市仍須填號，但在其他資料欄寫上「VOID」，並將該無效之搭乘聯撕下與審計聯一起繳。例如，旅客由舊金山到拉斯維加斯是使用巴士，但由拉斯維加斯到洛杉磯是搭飛機。

■Fare：表不含稅的票價

係指這本機票不含稅的票價。依出發城市之當地幣值計算之。雖然你能以低於此價購買，但是當你在做法律上之權利主張時，是以此記載做為根據，所以本章前提之價格均表公定價，而公定價（明定）即根據各種艙等、時效、使用人種類而有不同，至於在公定價之下，因市場競爭而產生不同的折價或減價，則我們當賣價討論。

■Fare Basis：票價基礎

因為基於價格不同、限制條件不同、季節不同、旅遊日期不同，也因此產生不同票價。譬如最常見的就是前往香港的旅遊票，在業界就叫做YE90，Y表經濟艙，E表示來回旅遊票，90表示最少停留兩夜，最多停留不能超過九十天，假如你的旅行區間適合這個時段，則可用此種較一般價格便宜的旅遊票。Fare Basis由一系列縮寫組成，內容包括六項要素，除第一項「機票票價的依據」一定會顯示外，其他五項則不一定均會同時出現於此欄內，當出現時必須按順序顯示，prime code永遠排在第一位。

■Total：票面價

填寫機票票價及稅金之總計，指機票含所有稅捐後的總價格，

亦即Fare加上Taxes，金額前必須有貨幣代號。

■Conjunction Tickets：連接機票的號碼

　　填寫機票票號欄，兩本機票票號必須是連號的且按順序，將第一本機票票號填入後，再加上第二本機票的票號最後兩個數字。例如1603109234238/39/40，同樣的號碼也要寫在第二本及第三本機票此欄上。

■Origin/Destination：起點／目的地

　　填寫起點城市代號及目的地城市代號，填入旅客此行程的出發地城市及目的地城市。行程的最後一個城市稱為目的地。

■Booking Reference：航空公司訂位記錄電腦代號

　　填寫航空公司訂位記錄電腦代號。當旅行社透過電腦為旅客完成一個訂位記錄（PNR）時，CRS（電腦訂位系統）在檢查無誤後會回應給此PNR一個電腦代號，一個PNR可以包含數個人或一個旅遊團。當旅客在海外作回程機位確認時，可告知此電腦代號，航空公司職員即可透過此電腦代號很容易地知道旅客訂位記錄，便於確認或修改行程內容、此代號有六位數，通常由英文字母及數字所組成。

■Isued in Exchange for：指此本機票的來源

　　將原始的憑證號碼填入此欄，例如當旅客的原始機票遺失，向航空公司申請補發後，在新補發的機票此欄填入被遺失的機票票號。

■Date and Place of Issue：指開票日期及開票單位

　　此欄是由開立此張機票之航空公司或旅行社蓋鋼印，以證明有效，內容含公司名稱、地點及編號，由電腦開出之機票無須蓋鋼印或簽名，可由刷機票機直接印出，但人工開票則需由出票人直接簽名，並蓋鋼印。

■Carrier：航空公司的代號

　　填寫旅客飛行使用之航空公司英文兩碼字母的代號，例如 CI/CX、KL、UA、KA、BR……等，表示由哪家航空公司來負責載送客人，一般機票分為指定及不指定兩種。「指定」的機票，則機票折扣較大，「不指定的」一般價格與票面價一樣或只給正常的折扣，因此旅客可以隨時轉搭其他家航空公司。由於市場競爭，航空公司紛紛採取合作聯盟策略，在航空公司同意下，旅客可拿別家所發行之機票搭乘另一家航空公司的飛機，航空公司之間會自己去拆帳，所以旅客可使用一家航空公司的機票而能搭乘其他數家航空公司，行李也可直接轉運，減少旅客許多不便。

■Flight：班機號碼

　　填寫班機號碼，班機號碼表示您已預訂妥當要搭的班次，假若是 "Open" 的話，可以隨到隨搭，或者表示買受人還未決定。一般來說，有預訂的較有保障，所以旅客若原是 "Open" 而要增加訂位，則可前往航空公司或購買代理旅行社訂位，並要求貼上一份訂位記錄貼紙（一般術語稱做Sticker）。固定的航線，航空公司會給予固定的班機號碼，由於航空公司合作聯營關係，許多航空公司會使用共同班機號碼。

■Class：機艙艙等代號

　　填寫所訂艙等，表示旅客所使用的機艙位置等級。一般飛機座位因付費的不同，而分為頭等艙、商務艙及經濟艙，而各類機票可訂位的艙等也跟著不同，必須依搭乘航空公司之規定去訂位。以下所列是各艙等不同的代號：

1.頭等艙：P——First Class Premium，價格較昂貴的頭等艙。
　　　　　F——一般的頭等艙（P與F艙位一般設在機身最前段）。

A——First Class Discounted，有折扣的頭等艙。

R——Supersonic，只限於協和號超音速班機，目前
僅大西洋航線才有，票價比頭等艙還高，比
頭等艙票價多出一半。

2.商務艙：J——Business Class Premium，價格較昂貴的商務
艙。

C———一般的商務艙。

D.L——Business Class Discounted，有折扣的商務
艙。

3.經濟艙：W——Economy Class Premium，價格較貴的經濟
艙。

S.Y———一般的經經艙。

B.H.K.L.M.Q.T.V.X——有折扣的經濟艙。

■Date：出發日期

填寫所訂出發當地的日期及月份。日期先寫，月份在後，以阿
拉伯兩碼數字代表日，若為個位數則前面加0，日期後寫以英文三
碼縮寫代表月，如11月13日以13NOV表示，如07月22日以22JUL表
示。

■Time：起飛時間

以四位數字方式，二十四小時制，填寫該班班機起飛時間，例
如0830、0900……等。起飛時間都以當地時間來標示。

■Status：訂位狀況

填寫訂位狀況代號。在預訂班機上可能會產生許多種狀況：

1.OK——表示機位已訂妥。

2.RQ——已去電要求訂位，但尚未訂妥，正在等候中。

3.SA——Seat Avalible，不能預先訂位的票，限空位搭乘。亦

即必須等到該班機的旅客都登機了，尚有空位，才能補位登
機，因此此種機票有極大的折扣。

4.NS──infant no seat，指嬰兒無座位。有不佔座位的NS（二
歲以下兒童，僅付10%的票額，所以不能佔座位）。

若由「班機代碼」到「Status」均未填寫，只以"Open"表
示，則指旅客在這段航程尚未決定啓程日期，一旦旅客決定出發日
期後，再向航空公司訂位，OK後只需再貼上一張Sticker即可。

■Not Valid Before：返程機票效期之最早生效日

開始可以使用此張搭乘聯之日期，在這個日期之前不可以使用
此搭乘聯，大部分針對特惠價格之機票，如旅遊票（YE）、特惠票
（YAPB）、團體票（GV）、折扣票（ADD）……等，都給予限制最
短停留天數及最長停留天數，超過這個期間想要提早或延後回程時
間都不適用，所以商務旅客常常因為急事必須提前返回，卻因為買
了較便宜的旅遊來回票，無法變更，因此選擇適用票類格外重要。

■Not Valid After：返程機票最晚之有效日

填寫有關各段最慢能返回之日期（一年期之普通票此欄不
填）。規範來源同上說明，只是過期了就無效。航空公司發行之優
惠票往往會有許多限制，價格愈低限制愈多。航空公司在淡季時，
機位過剩，會提出促銷企劃。

■Baggage Allowance：免費行李託運量

此欄表示你可攜帶隨機運送之免費行李之重量（不是手攜上機
之行李，而是同機飛行之大件託運行李，一般稱做託運行李）。行
李託運之限制大致分為兩類。航空公司對於搭乘飛機乘客兩足歲以
上，無論小孩或成年均有免費託運行李及免費隨身行李之規定。

■Fare Calculation：票價之計算

計算票價，含城市之間所搭乘之航空公司、分段票價以及匯換

比率。

■Form of Payment：付款方式

　　填寫的付款方式，如Check、Cash。若是旅行社自行出票者，通常必須註明AGTxxxxxxxx表示付信用卡。Cash表示付現或旅行支票。Check/AGT表示以支票付款，若加上AGT表示由旅行社開票。

■Tour Code：旅遊團體代號

　　若干字樣填入表示這是團體票，又受團體行動之限制。

(三)機票限期填發與訂位

1. 一般情況，均規定起飛前三天必須開出機票，已有機票必須向航空公司報票號，但在旺季或特殊票種，航空公司會要求提早開出機票。

2. 在七十二小時內訂位票時，應於機位訂妥後一小時內填機票。如逾時未來付款填發機票時，即自動取消其訂妥機位，至於其他優待票，例如旅遊票、遊覽票等等，各有規定，如班機出發時間十四天前付款填發機票等，逾時未能付款填發機票時，即自動取消其已訂妥之全部班機機位。

七、機票的效期及使用規定

　　旅客購買機票旅行是一種合同行為，買機票亦即與航空公司訂了合同，雙方均有一定的權益與應遵守的義務。而航空公司的售出機票，無論票價或機票有效期的標準等之調整，以不與各國政府的有關法令、規定或需求相違背的原則下，可隨時不另通知而調整，或更改票價與規定。茲將航空公司對機票有效期限的規定敘述如下[8]：

(一)機票之生效日期（Date of Effectiveness）

　　有關機票上所載明之票價、規則及規定，應以機票上第一張搭乘票所示旅客開始旅行之日期爲生效日期，一直到機票本身有效期限的最後一天午夜爲止。旅客於使用了第一張搭乘票根以後，不管機票票價調整、漲減，皆不受其影響，但如於購票後尚未開始旅行前，票價調整時，漲減皆必須將票價依據新票價調整後，方可啓程旅行。

　　例如：旅客於三月一日購買一張由台北到東京，再到舊金山的機票，於三月二十日啓程到達東京，四月一日要赴舊金山，但是票價由四月一日起調整，此時旅客可不受票價調整之影響而補票。但如上例，票價之調整在三月十九日，亦即旅客尚未使用第一張搭乘票根時，此時應照調整之新票價補票方可成行。一般情況是調整票價之消息在前，但票價之調整須經各國有關政府同意，故往往航空公司要求旅客依新調整票價旅行，如屆時有關政府不同意時，則旅客可在事後向航空公司申請退票。例如，台北到舊金山，國際航運協會決定調整票價，美國政府已經批准，中華民國政府尚未批准，此時，航空公司可要求旅客依新票價購買機票旅行，如中華民國政府沒有批准時，旅客在回到台北後，可向航空公司申請退票，此時，旅客應繳出旅客存根方可退票，要求退還差額。

　　兒童票及嬰兒票亦然，嬰兒及兒童於開始旅行之後，亦即使用了第一張搭乘票根以後，在路途中變成滿兩歲或滿十二歲以上時，亦不補票。

(二)飛機票的有效期限（Date of Maximum Validity）

　　普通票價（Normal Fare）機票之效期，行程無論是單程、來回或環遊機票，其有效期限是由開始旅行之次日（開始旅行的當天不算）起算，一年之內有效。未經使用的機票即以填發機票之當日起

算，及自塡發日起一年之內有效，但如於此有效期限內開始旅行時，其返程機票之效期即以開始旅行之次日起算，一年之內有效，如上述計算。

優待票（Special Fare）之有效期限計算方法亦相同，通常優待票的有效期限較普通票爲短。例如十五天有效之旅遊票，在十月一日開始旅行，十月一日不算，由十月二日起爲第一天，故其有效期限至十月十六日止，但若機票未經使用時，即以塡發機票日算起，其第一段機票仍是一年有效，待搭乘後由搭乘之隔日算起十五天內要用完回程段機票。

一般情況下，普通票不可與優待票合開在一套機票上，如規定許可二者可合開在同一套機票上時，應注意是否可將不同的有效期限分開寫明，或者應以其最短之有效期限爲此全套機票之有效期限。一般優待票的種類較多，有效期限有四十五天、六十天或九十天不等，各依其票價的不同標準而另有規定，大部分均在票上會註明期限。

(三)機票有效期限期滿（Expiration of Validity）

所有機票的有效期滿皆以其最後一天的午夜十二時爲止。但於未滿者如在午夜十二時以前搭上飛機，亦即使用最後一張搭乘票根，即可直達此班機到這張票根所示的城市爲止，而不管到達該城市爲第二天或第三天，但不可在途中轉接其他班機。例如，有一旅客於有效期滿的最後一天搭乘晚上十一時五十九分起飛的班機，由紐約到東京，於第二天不管何時到達東京，都與旅客無關，此時旅客可不另外補票或辦任何手續。如其終點爲台北時，而其搭乘之班機不到台北，必須在東京換接其他班機時，即東京至台北的搭乘票根已逾期，必須另外購買東京到台北的機票方可成行，而逾期的東京至台北票根如尚有退票價值時，即可向航空公司申請退票。

(四)有效期限的延期（Extention of Ticketing Validity）

一般而言，機票必須在規定日期內搭完，否則只能退票或放棄，但在下列幾種情況下，機票可延長期限而不必另外付費：

■非因病而延長其有效期限

1.航空公司在下列情況可酌量延長機票的有效期限，一般狀況下皆以七天爲限：

(1)機票上Show OK，而航空公司因故無機位時。

(2)航空公司因故不停旅客機票上最後一張搭乘票根所示二城市中任何一城市時。

(3)航空公司班機因故誤點。

(4)班機因故取消等位，而旅客堅持其等位時。

(5)班機因故無法使客人順利轉機時，例如前段誤點使客人搭不上後段時，可延期到有空位爲止。

(6)航空公司因故無法提供先前經訂妥之機位。

2.機位客滿時：例如期限已到而航空公司班機一直客滿時，可以延長到有位子那一天爲止，但最長不得超過七日（此規定僅可適於一年有效之普通票及優待票）。

■因病延長其有效期限（團體票不可適用此規定，同時懷孕不算生病）

1.有效期限爲一年的機票（Normal Fare）

(1)旅客於開始旅行後，因病無法繼續旅行而機票有效期限滿時，航空公司可延長其機票之有效期限，至旅客所提出之醫生診斷書所示康復而可開始旅行之日期爲止。

(2)旅客於康復後，擬旅行而班機客滿時，機票得順延到有機位之日期爲止。

(3)旅客未旅行之部分如有二段以上時，其有效期限可由診斷
　　書註明康復日期起延長三個月。

(4)有效期限之延期，可不受因票價而產生之規定的約束。

2.優待票（Special Fare）：

(1)除非在優待票有關規定上註明，旅客如因病不克旅行，應
　　根據其醫生診斷證明延長到康復可旅行之日期為止。

(2)在任何情況下，僅能延長到康復後可旅行之日期後七天，
　　此為最高期限。

(3)與此旅客同伴旅行之直系眷屬可享受同樣之權利，亦可適
　　用於普通票與其他優待票。

■旅途中因故死亡時

　　旅客於旅途中死亡時，與其同伴旅行之旅客機票可延期到手續
與傳統葬禮完畢之日為止，但不可超過由死亡日起四十五天之期
限。與其同伴旅行之直系眷屬機票亦可延期到手續與傳統葬禮完畢
之日為止，但仍然不可超過由死亡日起四十五天之期限。於更改機
票之行程時，應有由死亡地被授權發給死亡證明單位出具之死亡證
明書，方可更改機票。對航空公司而言，該身亡證明書副本必須保
留兩年。

■機票轉讓（Transfesability）

　　有權延長其機票之航空公司，可背書轉讓此機票給其他航空公
司，由被轉讓之航空公司搭載此旅客。

■背書（Endorsable）

　　機票有效期限之延期可在背書欄註明如下：

1.Validity Extended Until Due to〔有效期限延至×年×月×日由
　　於其（親戚關係）（死亡人姓名）之死亡〕。

2.加蓋該航空公司之關防或鋼印。

(五)最少停留天數規定之取消

1. 旅客於旅途中死亡時，與其同伴旅行之旅客，或其直系眷屬，如持有優待票時，可不必遵守最少停留天數之規定。
2. 其機票上應註明Earlier Return Account Death（死亡旅客姓名），並加蓋關防或鋼印。
3. 死亡證明書（或副本）應於更改機票時交給航空公司。
4. 旅客在旅途中，由於其直系眷屬之死亡，致使其因持有優待票之最少停留天數規定之關係，另購機票旅行時，可於事後憑死亡證明書申請退還其多付之機票款，但如該旅客無法提繳直系眷屬之死亡證明書時，即不准退票。
5. 航空公司應保留一份死亡證明書至少兩年。
6. 以上親屬可包含配偶、兒女（包括養子女）、父母、兄弟、姊妹，同時亦包括公婆、岳父母、姻親兄弟姊妹及祖父母。
7. 不可因生病而不遵守最少停留天數。
8. 上述各規定會因航空公司本身之規定而有出入，應與該有關航空公司聯繫方可。

(六)機票有效期限對天數的定義（Definitions of Days）[9]

天數（Days）是指日曆上的整天日子，並包含星期假日與法定節日。

1. 如特殊情況，機票的有效期限是以通知方式轉告時，發通知之當天不應計算。
2. 如機票本身已註明有效期限時，填發機票當天或開始旅行的當天，不予計算。
3. 如果機票上有註明最少停留天數時，應適用於以下之情況：
   (1)最少停留天數如果與開始旅行之日有關時，其開始旅行當

日不予計算。如果最少停留表明為三天時，旅客的回程應為開始旅行後的第三天，方可安排回程，絕對不可以安排在三天之內。

(2)最少停留天數如果與行程中某一部分有關時，開始旅行此部分之第一段天數不予計算，而最少停留若表明為三天時，此部分之最後一段的搭乘票根，必須在旅行期第一段之第三天之後，方可使用。

(3)最少停留天數若與到達的城市有關時，其到達日不予計算，如果停留天數表明為三天時，離開該城市日期必須為到期日期的三天以後。

(七)機票有效期限對月數的定義（Definitions of Months）[10]

月（Months）用於決定其有效期限時，即為指該月中旅客開始旅行日期以後之各月中的同一日期。例如一個月有效期限，一月一日至二月一日；兩個月有效期限，一月十五日至三月十五日；三個月有效期限，一月三十日至四月三十日。如在月份中無相同日期時，即以該月之最後一日為準。例如，一個月有效期限，一月三十一日至二月二十八日或二十九日。如標明之日期為一個月份之最後一天，即往後各月中之最後一天為準。例如，一個月有效期限，一月三十一日至二月二十八日或二十九日。兩個月有效期限，二月二十八日或二十九日至四月三十日。三個月有效期限，四月三十日至七月三十一日。

(八)機票有效期限對年數的定義（Definitions of Year）

年（Year）用於決定其有效期限時，係指與填發機票日或開始旅行日期以後之次年的同一日期。例如，某年九月一日開始旅行，有效期限為次年九月一日止。

(九)機票使用應注意事項

機票使用有許多限制，必須注意其使用規定，以免遭到損害，基本上機票越價廉，限制條件越多。

■塗改及無旅客存根聯

航空公司有權拒絕搭載使用塗改過之機票或僅出示搭乘聯而無旅客存根聯之旅客（團體劃位時，爲方便起見，航空公司通常會接受只出示搭乘聯）。

■機票票價調整

航空公司在不違反政府相關規定下，可隨時不另行通知而調價，其調價規定一般交通運輸事業略有不同。所謂生效日期，除非航空公司另有說明，旅客在使用機票之第一張搭乘聯開始旅行之日期即爲機票生效日期，生效日期影響到機票價格之調整。

1. 一九九八年二月一日開始旅行，同年二月一日前機票漲價，旅客必須補漲價之差額。
2. 一九九八年二月一日開始旅行，三月一日回程，同年二月十五日機票漲價，旅客可以不必補漲價之差額。

■機票遺失

旅客遺失機票或搭乘聯，如能提出充分之證據，並簽署保證書，保證該遺失之機票或搭乘聯未被使用，可申請退票或免費補發新機票以代替所遺失之機票，航空公司對申請遺失機票之退票或補發會收取手續費二十至五十美元不等，其費用依各家航空公司而定。若旅客無法提出失落機票之證據，則必須以該段的票價另購新機票，否則航空公司可拒絕搭載。有些航空公司對遺失機票之乘客會要求先付款購買一張新機票，待經過三至六個月不等，確認無人使用所遺失機票後會將新票價款退回。

■機票之退票

未使用之票根如有退票價值，可於規定內申請退票，退票可分自願退票及非自願退票。

＊自願退票

指依旅客之意願不使用機票。各家航空公司對不同票種所收手續費之規定略有出入，原則上對無折扣之年票不收退費手續費。至於退票之金額依情況而定，如果是屬於特惠機票，因票價低廉，扣除已使用的航段後，票值可能所留無幾。

＊非自願退票

指因航空公司因素或因安全、法律之需求，旅客未能使用其機票之全部或部分者，此種不收退票手續費，如果機票已使用部分時，可退未使用之部分票價，或以其全部機票票價減已使用部分票價之差額，二者比較取其較高之金額退給旅客。

■機位之再確認

除非該航空公司有聲明不需作再確認手續，如國泰航空公司，旅客於旅途中，在一個城市停留七十二小時以上，應於其所訂妥下一班飛機預定起飛前七十二小時前向該航空公司報到，以電話再確認要搭乘該班機，如果旅客未作此手續，航空公司可取消已訂妥之機位，並建議後面之航空公司取消已訂妥之機位，至於旅客停留一城市在七十二小時以內，則可以不必作再確認手續。

■機票不可轉讓

機票不可轉讓給任何第二者使用，航空公司對於被他人假用之機票以及被他人申請而被假領票不負責，航空公司對因假用他人機票，對其行李之遺失、損壞或延誤以及因假用而引起其私人財物之損失，概不負責。

第三節　航空公司電腦訂位與空運行李

一、航空公司電腦訂位

　　航空公司電腦訂位簡稱CRS（Computer Reservation System），最早起源於一九七〇年左右，當時航空公司開始將完全人工操作的航空訂位記錄轉換由電腦來儲存管理，但旅客與旅行社要訂位時，仍必須透過電話與航空公司訂位人員連繫來完成。由於美國國內航線業務迅速發展，加上美國政府對國內航線的開放天空政策，使航空公司家數與班次大量增加，航空公司就算擴充訂位人員與電話線亦無法解決旅行的需求，故當時美國航空公司與聯合航空公司，首先開始將其訂位網絡延伸至旅行社，以供各旅行社自行操作訂位，為開啟CRS之濫觴。之後航空公司陸續改進其系統，而逐漸演變成為今日之CRS。另為因應旅行社多元化的作業需求，CRS除了航空訂位作業外也加入訂房、租車、訂火車票、訂團等各種Non-Air作業，近年來全球CRS之Non-Air訂位量每年成長迅速。

　　一九八〇年左右，美國國內各航空公司所屬的CRS（特別是Sabre與Apollo系統），為因應美國國內CRS市場飽和，並為拓展其國際航線之需求，開始向國外市場發展。他國之航空公司為節省支付CRS之費用，起而對抗美國CRS之入侵，紛紛共同合作成立新的CRS（如Amadeus、Galileo、Fantasia、Abacus），各CRS之間為使系統使用率能達經濟規模，以節省經營CRS之成本，經由合併、市場聯盟、技術合作開發、股權交換與持有等方式，進行各種整合，而逐漸演變成有全球性合作的Global Distribution System（GDS）。

　　隨著科技的進步，各CRS除了充分利用新科技提升其系統本身

的各項功能及推出新功能外，並且在用戶端方面，亦投入更多的人力物力，以整合CRS與旅行社內部自動化系統，提升工作效率。二十世紀是科技的世紀，唯有充分應用科技的力量，才能在各行各業中繼續生存，CRS的領域更要掌握住科技的脈動與業者的需求，隨時更新改進以服務旅遊業。為因應CRS高投資、高成本與高風險的特性，各CRS間正在進行各種合縱連橫，未來可能存留的CRS將只剩少數幾家。[11]

二、預約訂位（Reservation）的作業流程

目前航空公司訂位管制，也多採用電腦作業，只須將旅客行程資料送入電腦，隨即可顯示各班機之訂位情形。電腦資訊通常顯示日期、旅客姓名、行程、限制與訂位等級、報價、付款方式、何人訂位、電訊號碼，以及訂位資料修正、確認或取消，對旅客提供迅速而正確完美的服務。

(一)個人訂位須知[12]

個人訂位可用電話與預定搭乘的航空公司訂位組聯絡，或使用航空電腦訂位系統訂位，目前有引進Abacus、Galileo及Amadeus等航空電腦訂位系統。預約訂位的作業流程，依欲購買之票種有不同的訂位艙等代號，將下列資料告知航空公司訂位人員，相關的資料不可訂錯，且英文姓名必須與護照相同。

1.旅客的中英文姓名、稱謂、出生日期，及身分證或旅遊證件號碼。
2.前往目的地的日期。
3.預定前往的行程。
4.班機號碼。
5.確定「預定起飛時間」。

6.選擇的機位等級。

7.旅客要求之特別服務。

訂位組會提供旅客一個電腦代號（Code. No.）以證明其訂位情況，並要求承訂人之聯絡電話。對方接受訂位後，會告訴你訂位的狀態。

(二)團體訂位須知

凡十人以上搭乘同一航班至同一目的地且預購團體票價者，不可以自行以電腦訂位，均需向航空公司團體部門或業務部以團體方式訂位。其所需資料如下：

1.團體名稱或有確實旅客英文全名之名單。

2.旅客聯絡電話（或代訂之旅行社電話）。

3.行程及日期。

4.團體之人數。

5.旅客要求之特別服務。

(三)再確定（Reconfirm）

航空公司為確實掌握訂位之情況，每班航次於起飛前三天都必須經過訂位清艙過濾的作業，一則統計該班機載客的詳細人數，另則整理出尚有多少餘額，是否有候補的旅客，尤其在旺季期間，對機位的控制，使訂位中心增加許多業務的忙碌。因此乃要求旅客必須主動與航空公司實施「再確定訂位」的配合作業，以保障旅客與航空公司共同的權益。

訂位再確定的作業方式如下：

1.報明已訂妥機位（Confirm）的電腦代號（Code）。

2.報明機票的機票號碼。

3.詳告旅客的出生年月日以及身分證編號，或旅行證件號碼，以便航空公司辦理申請出境。

4.航空公司訂位組所給予旅客的電腦代號，是以英文字母及阿拉伯數字表示，旅客承訂機位或再確定時，直接報出電腦代號即可找出訂位資料。

三、空運行李

(一)一般指引[13]

1.選擇旅行箱時，應採購堅硬而耐用的，以便保護內裝物不致被損壞。

2.在行李的內部與外面均應放置寫上你的中英文姓名及地址的標籤，以便識別；此類行李標籤，可向航空公司索取。

3.不要在託運行李內放置藥物或貴重物品，例如照相機、首飾、金錢、文件等。

4.易碎的物品應包裝在適當的容器內，以免遭擠壓而受損；易腐壞的食物請勿放置在行李中。

5.不要過分擠壓行李，且避免將細小物件放在行李外側沒有上鎖的口袋裡。

6.請只攜帶一件手提行李，大小應適合放置於客艙座位下。有些機場（如香港）對手提行李的大小限制更嚴，尺寸不得超過22×14×9吋（56×36×23cm）。

7.剪刀、刀、劍或其他攻擊性武器，因對飛機的其他客人有潛在危險，禁止隨身攜進客艙。

(二)旅途當中應注意事項[14]

1.確定行李在檢查完畢後已經上鎖。抵達目的地後，立即領取

及確定所寄運的行李及件數，以免錯領他人物件，如發現行李遺失或損壞，須在辦理當地海關檢查手續前，立即通知航空公司。

2.當轉換班機時，如機場在不同的地點，則旅客須提取行李及辦理報關手續，然後攜帶行李到接駁班機的航空公司接待處，重新辦理報到手續。

3.在旅途中，如要更換班機或目的地，必須通知有關航空公司職員辦理轉換行李標籤事宜。

4.因各地機場情況不同，通常行李只可運送到入境國家的第一個城市，而不能直接運抵目的地，旅客必須在入境時領取行李，經海關檢查後，再攜帶行李向內陸接駁班機的航空公司職員辦理報到手續。

(三)禁帶危險物品 [15]

下列危險物品，可能對飛機安全構成威脅，因而受國際航空條例管制或禁止攜帶，但部分小量的治療性藥物或化粧用品，如化妝用古龍香水、噴霧性藥品如殺蟲劑等，則可限量攜帶。禁止放在行李內的物品包括下列：

1.裝有警報器的手提公事包或小型公文袋。

2.壓縮氣體或液體（包括易燃或非易燃物或毒氣）。

3.腐蝕性物質（如鹼性電池等）。

4.濾過性病菌。

5.危險性物體（如槍械、爆竹、照明彈等）。

6.易燃物體或液體（如打火機、油、火柴及所有易燃物品）。

7.刺激性物體。

8.磁性物體。

9.氧化物（如漂白劑、防腐劑、染髮劑等）。

10.毒藥。

11.放射性或輻射性物體或其他禁止攜帶物品,如水銀、血壓計或有毒性物質(詳情請參閱國際危險物品種類條款)。試圖攜帶以上物品,會違犯法律或構成被起訴等嚴重罪行。然而此等物品如加以適當包裝及出示有效證明文件,可以貨物託運。

12.體育比賽用之槍械及子彈,必須向航空公司申報並附有關文件,如獲同意承運亦只可放置在行李艙中,而彈須與槍身分開。電子儀器,如電腦、電視等,因非常容易損壞,不能當作一般行李處理,必須妥善包裝,以貨物寄運。

(四)託運行李

免費託運行李可分論重及論件計算方式,分述如下:

■國際重量計算系統

此計算法適用於國際航線上,TC-2及TC-3境內及TC-2與TC-3之間的航線。每單件行李不得超過三十二公斤以上。

＊成人可免費享有的行李重量

頭等艙位:不限件數,總和限四十公斤以下或八十八磅以下。

商務艙位:不限件數,總和限三十公斤以下或六十六磅以下。

經濟艙位:不限件數,總和限二十公斤以下或四十四磅以下。

＊兒童

可免費享有與成人相同的行李重量。

＊嬰兒

沒有免費託運行李的優待。

＊行李超重計算法

以相當於頭等單程機票1％的票價為超重行李每公斤的計價單位。或經濟艙正常票價(單程)的1.5％為超重行李每公斤的計價單

位（目前以後者計算方式較多）。

■計件系統

此計算法適用於TC-1境內或TC-1與TC-2之間、TC-1與TC-3之間的航線。

＊成人

允許攜帶兩件寄艙行李，但重量及尺寸限制如下：

1.頭等艙及商務艙：二件，每件長、寬、高三圍總和不超過六十二吋或一百五十八公分，每件行李重量不可超過三十二公斤。

2.經濟艙：二件，每件長、寬、高三圍總和不超過六十二吋或一百五十八公分，二件行李三圍總和不得超過一百零六吋或二百七十公分，每件行李重量不可超過三十二公斤。

＊兒童

允許攜帶兩件寄艙行李，其重量及尺寸限制與大人相同。

＊嬰兒

可攜帶一件小型行李（其尺寸不超過一百一十五公分）及一件可摺起的嬰兒車或推車。

＊超重、件計算方式

1.每超帶一件行李，不超過二百三十公分，加收一個計算單位（約二千至三千元新台幣）。

2.行李超帶一件，超過二百三十公分，或重量超過三十二公斤，則按行李重量計費。

(五)隨身行李（Hand-Carry Baggage，Accompanied Baggage 或Unchecked Baggage）

除上述託運行李外，旅客可免費攜帶以下物品：

1.一個手袋、記事簿或錢包。

2.一件外衣、圍巾或毛毯。

3.一把雨傘或手杖。

4.一個照相機或一個望遠鏡。

5.少量在飛機上閱讀的書本或雜誌。

6.嬰兒在飛機上需要的食物。

7.手提的嬰兒籃。

8.旅客必須倚賴的可摺起輪椅，或柺杖、扶杖，或其他彌補身
  體缺陷的裝置。

9.一件手提行李，大小必須可存放在客艙頂的行李櫃或座位下
  的空間，而重量不得超過五公斤。此限制是以客艙的容量來
  決定，因客艙內能容納的行李空間相當有限，且架上不能放
  置大型或過重的物品，所以必要時將行李放在前座的椅子下
  或自己的座位下，才不會使雙腳無法伸展。

(六)賠償、保險及安全問題

■最高賠償金額

　　航空公司最高的手提行李賠償金額是四百美元，而寄運行李則
每公斤二十美元。至於存放行李內的易碎物品、易壞食品、藥物、
文件、現金、首飾及其他貴重物品所涉及的損壞、延誤或遺失，航
空公司概不負責。

■行李保險

　　如旅客想獲得額外的行李保障或賠償，可透過保險經紀或旅行
社購買私人旅遊或行李保險。

■行李安全設施

1.不要同意或接受與陌生人共同辦理登機手續或一起寄運存艙
  行李，更不要將不明物體放於個人的寄艙或手提行李內。

2.具攻擊性物品，例如剪刀、刀、劍等，如必須攜帶，只可放在寄運行李內，不可放置於手提行李中。

3.旅客必須檢查所攜帶的行李，確定沒有不明物體存放在內。

4.如攜帶電子儀器，例如收音機、錄音機等，須通知航空公司，以作例行檢查。

第四節　航空業務常用的代號與縮寫

一、有關預約（Reservation）的術語[16]

1.Boarding Card或Shorepass：旅客登機證，辦妥乘機手續，航空公司所發給旅客的乘坐艙位的憑證。

2.Bump：指將旅客自飛機乘客名單中剔除。被擠出之旅客可依當時情況決定是否有權要求「被拒登機補償」（Deny boarding compensation）。

3.Cancel Booking：取消訂位，在二十四小時內未搭乘，航空公司即自動取消該訂位。

4.CFM：Confirm的縮寫，表示機位確定。

5.CXL：Cancel的縮寫，表示取消（包含訂位取消或航班取消）。

6.Downgrade：指降等，如頭等客艙旅客改乘經濟客艙者。

7.Interline：指在兩家以上航空公司之間的關係。

8.NOSUB：Not Subject to Load的簡稱，指可以預約座位的意思。一般票價購買機票的旅客，隨時都可以預約座位，但免費或購用打折扣機票的旅客，則根據其機票性質分為能預約

座位（Nosub）及不能預約座位（Sublo）兩種。

9.NS：No Seat的縮寫，表示嬰兒無座位。

10.No Show：在航空公司方面，指辦妥預預約手續的旅客，既
　　未通知取消或改期，又未見其前來搭乘預約過的班次飛機。

11.OK：在機票「預約狀況」（Reservation Status）欄中，填寫
　　"OK"時，則表示已辦妥預約的意思。但旅客抵達國外航線
　　的第一站後，仍應依照規定辦理再確認的手續。

12.OPEN：在機票的「預約」欄中，填寫"OPEN"時，表示
　　未辦預約機位的意思。

13.OW：One Way的簡稱，表示單程。

14.Revalidation Sticker：貼於機票搭乘聯上之小紙標，證明原
　　有訂位業經改變。

15.RQ：Request的縮寫，表示在機票上註明的「候補」，並正
　　要求遞補。

16.RT：Round Trip的簡稱，表示來回。

17.Stand-By：指不能預約座位的旅客，在辦理登機手續的場所
　　（航空公司的機場櫃台）等候飛機的空座位，一旦有人取消
　　機位（Cancellation）或No-Show，即可依序遞補。

18.Go-Show：這種待機的旅客，稱為Stand-By Passenger，通常
　　是使用免費票或購用打折機票的旅客。

19.Up Grade（UPGRD）：指升等讓旅客購持有效機票或旅行
　　服務憑證（Coupon），而其預約亦經業者所確認，但該旅客
　　所獲得的服務等級，較其應得的服務等級為高（如由二等升
　　為頭等）。

20.Waitlist：候補旅客名單。有些乘客欲搭乘某一次班機，而該
　　班機座位已全部售出，航空公司乃將其列入候補名單。

二、有關航線方向（Global Indicator：Direction of Travel）的術語

1. AF：Via Africa，航線經由非洲。
2. AP：Via Atlantic and Pacific，航線無論先後的經過大西洋與太平洋。
3. AT：Via Atlantic，航線橫渡大西洋。
4. EH：Within the Eastern Hemisphere，在東半球的境內。
5. EM：Via Europe to Middle East，航線經由歐洲至中東。
6. EU：Via Europe，航線經由歐洲。
7. ME：Middle East，中東航線。
8. NP：Via North or Central Pacific，航線經由北太平洋或中太平洋。
9. PA：Via South, Central or North Pacific，經由北、中或南太平洋。
10. PO：Polar Flight，北極航線，不經AREA 1北緯六十度以南城市之AREA 2與AREA 3日本、韓國之北極航線。
11. SA：Via South Atlantic Only，僅可經由南太平洋。
12. .SP：Via South Polar，航線經由南極。
13. MA：Middle Atlantic，旅程可經由北或中大西洋之一個方向。
14. TS：From Europe to Japan, Korea, Travel Via Direct Service between Russia and Japan, Korea，歐洲飛往日本或韓國的航線中，由俄羅斯至日本／韓國段須搭乘直飛班機。
15. WH：Within the Western Hemisphere，在西半球境內。

三、有關機票（Ticket）的術語

1.AD：Agent Discount Fare，旅行業同業人員優待票。

2.AB：Advance Purchase Fare-lower Level，需提早某一期限購買之較低廉之優待票。

3.AF：Area Fare，區域性票價。

4.AP：Advance Purchase Fare，需提早購買之優待票，為特別票的一種。

5.Conjunction Ticket：連接機票。

6.CHD：Children Fare，表示兒童票。

7.E：Excursion Fare，表示旅遊票。

8.FOC：Free of Charge，免費機票。

9.GV：Group Inclusive Tour Fare的縮寫，表示團體旅遊票。

10.ID：Industry Discount，航空公司同業優待票。

11.INF或IN：Infant Fare，表示嬰兒票。

12.OAG：Official Airline Guide的縮寫，為美國版印製的「世界航空時間表」。

13.Non-endorsable：指機票不得轉讓。

14.Non-reroutable：指不可改變行程，包含增減停留點。

15.Non-refoundable：指不准退票。

16.Off-Line：使用在有關城市時，即指該航空公司班機不到該地，如Off-Line Station。

17.Validation：在航空公司機票上加蓋印鑑，使之成為有效機票。

18.Open Ticket：未註明使用日期之機票，在有效期內任由旅客隨時訂位，但航空公司並不保證一定可以訂得到。

19.PTA：Prepaid Ticket Advice的縮寫，表示對方已為特定人購

妥機票的通知。

20.RG：General Sales Agent，總代理機票（亦可稱GSA）。

21.Resident：居民，即為居住在某一個國家或地區境內之人民，而不論其國籍。

22.Security Charge：安全費用。美國航空公司將會於機票中附加五至十美元之安全費用。

23.Through Fare or Direct Fare：直接票價。

24.YE60：Economy Class Excursion Fare for 60 Days Maximum Stay，旅遊票經濟艙，最多期限為六十天。

25.Ticket Fare：計算票價結構中常用專有名詞：

(1)International Sale Indicator（ISI）國際票價計算之指示：

　　a.SITI：Sale Inside and Ticket Issued Inside的縮寫。由出發地購票，機票於出發地開立。

　　b.SITO：Sale Inside and Ticket Issued Outside的縮寫。由出發地購票，機票於外地開立。

　　c.SOTI：Sale Outside and Ticekt Issued Inside的縮寫。由外地購票，機票於出發地開立。

　　d.SOTO：Sale Outside and Ticket Issued Outside的縮寫。由外地購票，機票於外地開立。

(2)NUC：Neutral Unit of Construction，中性的造價單位。

(3)ROE：Rate of Exchange，兌換率。

四、有關航空業務的術語

1.Check-in：旅客報到。旅客至機場航空公司所設櫃台，辦理行李交運及將機票搭乘聯交公司人員辦理登記劃位等手續。

2.Check-in Time：報到時間。每一航空公司均有其自定之報到時限，務須事先查詢確實。

3.Connecting Flight：旅客旅行途中須轉接之班機。

4.Charters：包機。

5.Destination：旅客之目的地。

6.Departure Times：出發時間，並不是辦理登機手續（Check-in）時間，也不是飛機離地或起飛時間，而是飛機在跑道滑出的時間。

7.Direct Flight：直達班機旅客無須中途換機之班次。

8.ETA（Estimated Time of Arrival）：飛機預定抵達時間。

9.ETD（Estimated Time of Departure）：飛機預定出發時間。

10.Extra Section：加班機。

11.Flight Number：飛行班次。

12.Interline Connection：指該航空公司班機銜接其他航空公司班機，前往目的地。

13.In Transit：過境、經由。

14.Minimum Connecting Time（M.C.T.）：各個不同機場所規定在其機場內轉接飛機所需之最少時間，接運旅客之航空公司對轉機乘客並無等待之義務。

15.Non-Stop Flight；No-Stop Flight：直飛班機，在二地之間直飛，不停任何其他城市的班機。

16.Off-line：指該航空公司無航線飛往該地。

17.OK Board：旅客簽證放置國外之機場，由國外機場通知出發地之航空公司之電報。

18.On-line：在使用上有幾種不同的意義。使用在有關城市時，即指該航空公司有班機到達該地，如On-line Station。使用在有關票價時，即指搭乘該航空公司班機時，該公司所刊印的當地票價，如On-line Fare或Local Selling Fare。

19.On-line Connection：搭乘該航空公司班機，再換乘該航空公

司之班機前往目的地。

20.Origin：出發地。爲旅客之啓程地。

21.Taxes：稅捐，大部分的國家在機票上皆加收稅捐。

22.Stopover：停留，旅程中地面停留供旅客遊覽或休息。

23.Turn Around Point：行程中的折回點。

24.UPGRD：Up Grade的縮寫，表示提升座位的等級。

25.DNGRD：Down Grade的縮寫，表示降低座位的等級。

五、其他的術語名詞

1.Aircraft：航空器，指在地球大氣層中活動的飛行器。

2.Aerial Sports：航空運動，是航空事業的淵源。

3.Airplane（Aeroplane）：飛機，指用螺旋槳或高速噴射發動機推進和藉空氣升力支持的各種重於空氣、有固定機翼之航空器。

4.Airport：航空站，亦稱Air Terminal、Aerodrome或Airfield，指飛機起飛和著陸的場地和地面設施。

5.Air Traffic Control：飛航管制，指以無線電與雷達導航系統網絡，指揮控制一架飛機由某站飛行至另一站。

6.Air Safety：飛航安全，空中飛行相當特殊，飛機須維持前進或活動才可對抗地心引力，它不像火車、輪船、汽車等能緊急煞車，停止後即安然無事。

7.Aerospace Industry：航空太空工業，各種航空和太空飛行器的製造工業。

8.Aviationlaw；Airlaw：航空法，指直接或間接與民用航空有關的法律的總稱。

9.Air Navigation：航空學，空中航行學簡稱航空學，內容是指一架飛機從地面上一個地點起飛，經由空中而飛到另外一個

地點降落，其正確航行的方法。

10.Aerospace Medicine：航空太空醫學，研究內容是飛行期間所遇到的各種環境因素，如氧分壓、外界壓力、運動、振動、噪音、輻射、作息週期改變、人機關係不合理等對人體生理、病理及心理影響。

11.Flight Dispatch：簽派，航空公司之航機派遣及飛行計畫，係由航空器簽派員（Operations Dispatcher，簡稱OD）擬訂。

第五節　機場手續

一、聯檢程序

凡旅客進入任何的國家或離開該國，都必須依照當地政府的法令或規章，來辦理其出入該國國境的合法手續。而各國對來自不同的國家或地區的旅客，所實施的各項檢查也略有不同之處。按照國際慣例的C.I.Q.檢查卻有一定的程序。C.I.Q.的檢查也就是出入國境聯檢程序的統稱。

(一)C代表海關（Customs）

主要負責出入境旅客託運行李及貨品之掃描檢測、禁品的檢查、手提行李與個人隨身檢查、課稅用品與攜帶金銀幣券之檢查，以及執行飛機（船舶）之清艙任務。

(二) I代表證照查驗（Immigration）

主要負責查驗出入本國國境旅客的個人護照、身分證明，以及核准進出本國國境之簽證，以及清查飛機、船舶到離境旅客的人

數。

(三)Q代表檢疫（Quarantine）

主要負責檢查入境旅客是否來自疫區，或前往疫區旅客之接種證明，並對進出本國國境動植物之檢疫或申報檢疫與隔離檢疫的工作。[17]

旅客在航空站辦理出入境程序，出境旅客必須先到航空公司櫃台辦理登機劃位手續，經過行李檢查、證照查驗、檢疫證明等手續後，再到登機室登機。入境旅客下飛機後必須經過證照檢驗、檢疫證明、海關檢查行李等手續（圖3-3）。[18]

二、我國出境手續

自從民國六十八年一月一日政府開放國人出國觀光以來，已經二十多年，目前出國旅行已經相當普遍，以民國八十九年為例，即有六百五十五萬人次出國，平均不到四人即有一人出國，國人多半利用參加觀光團體以達旅遊目的。參加團體的好處是，不必浪費寶貴的時間去計劃、安排行程，處理複雜的聯絡事宜，更不必擔心在陌生的國度裡，可能遭遇的種種困難和事故，旅行社以專業的知識和人力為旅客提供最理想經濟的假期，一路上並有經驗豐富的領隊隨團照料、解說，使旅客能夠無憂無慮地盡情享受一次愉快的假期。的確，旅行社的團體旅遊給了大家不少的方便，也因為如此，大部分的旅客出國時，並不覺得有多大的困難。若是個人出國探親、洽商時，則必須熟悉當地地理狀況，了解搭機、轉機以及出入境的手續，以便順利抵達目的地，茲將各種手續介紹於後。

(一)辦理登機手續[19]

■Check-in

所謂Check-in是指辦理出境登機手續。旅客如果是參加旅行團

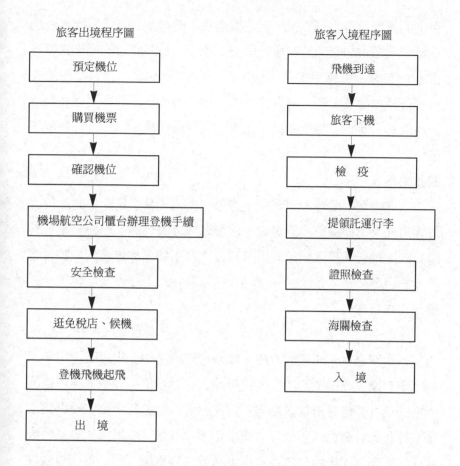

旅客出境程序圖

```
┌─────────────┐
│  預定機位    │
└──────┬──────┘
       ↓
┌─────────────┐
│  購買機票    │
└──────┬──────┘
       ↓
┌─────────────┐
│  確認機位    │
└──────┬──────┘
       ↓
┌──────────────────────┐
│ 機場航空公司櫃台辦理登機手續 │
└──────────┬───────────┘
           ↓
┌─────────────┐
│  安全檢查    │
└──────┬──────┘
       ↓
┌─────────────┐
│ 逛免稅店、候機 │
└──────┬──────┘
       ↓
┌─────────────┐
│ 登機飛機起飛  │
└──────┬──────┘
       ↓
┌─────────────┐
│   出　境     │
└─────────────┘
```

旅客入境程序圖

```
┌─────────────┐
│  飛機到達    │
└──────┬──────┘
       ↓
┌─────────────┐
│  旅客下機    │
└──────┬──────┘
       ↓
┌─────────────┐
│  檢　疫      │
└──────┬──────┘
       ↓
┌─────────────┐
│  提領託運行李 │
└──────┬──────┘
       ↓
┌─────────────┐
│  證照檢查    │
└──────┬──────┘
       ↓
┌─────────────┐
│  海關檢查    │
└──────┬──────┘
       ↓
┌─────────────┐
│   入　境     │
└─────────────┘
```

圖3-3　旅客出入境程序圖

出國旅遊，一切手續有旅行社人員辦妥，旅客只要準時到機場向領隊報到即可。一般是在出發前兩個小時到所搭乘航空公司的Check-in櫃台前集合，由旅行社送機人員或領隊辦理一切團體登機手續。首先將行李託運、掛上行李牌，由旅行社人員發給護照、簽證及登機證，就算完成手續了。若是個人出國，旅客得提早到機場辦理登機手續，大致上，搭乘國際航線者，一般手續都是在登機前兩個小時便著手辦理，最遲也要在登機前一個小時完成。旅客應事先檢查

手上的機票是否記載無誤，抵達機場後，將護照、簽證及機票一起交給所欲搭乘的航空公司櫃台檢查、劃位，並將託運的行李過磅後掛上行李牌。所有手續完成後，即可領取登機證，並將發還的護照、簽證、機票收妥。特別注意若持用分段機票，最好再檢查航空公司服務人員有否將票撕錯，如果錯撕後段機票，後段行程便無法搭機。

■指定座位

辦理登機手續時，便可向航空公司服務人員指定希望的座位；旅客可任意選擇靠窗或靠走道，吸煙區或非吸煙區。一般來說，若是長時間飛行，爲了便於取用飲料及上洗手間，靠走道的位置會是較佳的選擇。

■行李自動轉機[20]

旅客將行李提交航空公司託運，取得行李牌後，手續即告完成。行李牌是行李託運的收據，領取行李時必須提出以資證明。萬一行李有遺失或損壞的情形，也要據此申請賠償，故應妥爲保存。通常託運行李是有重量限制的，經濟艙是二十公斤，商務艙則爲三十公斤，頭等艙爲四十公斤；而橫越太平洋航線之班機，是以每人兩件，行李三邊總和在二百六十九公分以內爲限。頭等艙亦以兩件爲限，每件三邊總和在一百五十八公分以內。待承辦員確認後，才去秤量行李，秤台位於櫃台下方，所有行李都須過磅，過磅後檢查行李，然後將隨身行李和普通行李依個人的申請分開處理，承辦員將檢查完畢的行李依件數和重量登記在機票上，確認的手續便算完成。行李檢查完畢後，承辦員會在行李上綁上標示目的地代碼的牌子，並附有領回行李的收據，爲了避免收據遺失，通常都將其訂在機票的封面上，以利保管。

(二)證照檢查

　　辦完登機手續後，即可至出境大廳準備出境，同時先行確認登機門為幾號，以免走錯方向，延誤登機。向審查官提出護照簽證、登機證等證件後等候審查，因使用MRP系統，若在護照上套有保護膠套應事先褪去，以免造成現場之困擾。當出國審查通過後，可以在免稅商店裡購物，不過要注意每個國家的免稅項目均不同，可別買到將前往的國家需要課稅的物品。

(三)海關申報

■申報手續

　　旅客出國時，攜帶下列物品時應向海關申報：

1.攜帶超過海關規定數量的外幣現鈔、新台幣及金銀飾者。
2.原自國外入境旅客，於入境時將所攜外幣向海關申報有案，在六個月內出境時預備再將用剩外幣攜帶出境者。
3.如攜帶有貨樣或其他隨身自用物品，如照相機、錄音機及電子計算機等，日後預備再由國外帶回者。
4.攜帶有電腦媒體，包括磁帶、磁碟、磁片、卡片、穿孔帶等，必須填單申報。申報以在「出境旅客申請單」上申請為原則，無能力填寫者，可在檢查前請求申報。凡未填單申報，經查出所帶金銀飾、外幣及新台幣超出規定者，除將超過部分沒收外，並依法論處。

■金銀、外幣及新台幣之限額

1.外幣：超過等值美金五千元現金者，應報明海關登記。
2.新台幣：四萬元為限。如所帶之新台幣超過上述限額時，應在出境前事先向中央銀行申請核准，持憑查驗放行。
3.黃金：攜帶黃金出口不予限制，但不論數量多寡，均必須向

海關申報，如所攜黃金總值超過美金一萬元者，應向經濟部國際貿易局申請輸出許可證，並辦理報關驗收手續。

4.攜帶超量黃金、外幣或新台幣之出境旅客，應至出境海關服務檯辦理登記。

■管制違禁品

1.未經合法授權之翻印書籍（不包括本人自用者在內）、翻印書籍之底版。

2.未經合法授權之翻製唱片（不包括本人自用者在內）、翻製唱片之母模及裝用翻製唱片之圓標及封套。

3.未經合法授權之翻製錄音帶及錄影帶（不包括本人自用者在內）。

4.古董、古幣、古畫等。

5.槍械（包括獵槍、空氣槍、魚槍）、子彈、炸藥、毒氣及其他兵器。

6.宣傳共產主義或其他違反國策之書籍、圖片、文件及其他物品。

7.偽造或變造之各種幣券、有價證券、郵票、印花稅票及其他稅務單照憑證。

8.鴉片類（包括罌粟種子）、大麻類、高根類、化學合成麻醉藥品類，及以上各類物品之各種製劑。

9.依其他法律禁止出口之物品（如：違禁藥、黃金、動物標本、果樹苗等）。保育類野生動物及其產製品者，未經中央主管機關之許可，不得出口。對旅客出入國境申報手續及所攜行李物品，如仍有疑問請洽詢財政部海關。

(四)安全檢查

通過出國審查，爲防止劫機者登機，在登機前必須接受安全檢查，將隨身的行李放在輸送台上，所有物品均必須透過X光檢查，特別是隨身之腰包、女士之手提袋。相機、銅板、打火機等金屬配件或飾品則置於雜物盒交檢查人員目視。另獵刀或剪刀類易引起誤會的東西，最好事先收在置於貨艙的行李中，這樣就可以輕鬆通過檢查。如果你攜帶有高感度（ASA1600以上）的軟片，最好放在防輻射保護套中，以免曝光，而一般ASA100或400的軟片則較不會有問題。接下來就是個人通過金屬測試的時刻，檢查的機器十分靈敏，裝有假牙或身體受傷而有之金屬支架、生鐵飾物，最好主動向檢查人員提示，以免造成重複檢查之困擾。

(五)候機及登機

通過一切檢查後，若時間充裕，可在機場內之商店購買免稅物品，或利用公共電話與親友聯絡，做出國前最後一次的道別。於免稅店購物，必須出示護照及登機證，因此於購置後請注意護照及登機證隨手收妥。僅需憑有效登機證登機，其他證件如護照則可事先收妥。很多國際機場已使用登機證判別機器，登機證不可摺疊或污損，並請各人自行保管。

注意登機時間，及早前往候機室，以免耽誤登機時間。由候機室的登機門進入機艙，依機場和班次的不同可分爲走天橋、徒步登航梯、搭乘巴士至航梯等三種方式。抵達候機室靜候航空公司宣佈登機開始。

爲維持秩序，航空公司人員通常依下列次序宣告登機，頭等艙及商務艙旅客，行動不便人士，陪伴老人、攜有幼兒之家庭，座位在後排者，由後至前逐段宣告登機。持登機證排隊依序登機。登機時將機票交給服務員，確認班次後，一半由服務員撕走，另一半自

己留存。進入機艙後，在尋找機票上劃好的座位時，最好向空服員詢問，並一邊出示機票，空服員會協助指示方向。到了座位以後，將輕便物品放在座位上方的置物架上；較重的隨身行李，則應擺在座位底下。接著，繫好安全帶，等候起飛。

三、在國外辦理入境手續

(一)機上

　　飛機內就要開始準備辦理入境手續。通常在接近目的地時，空服人員便會發下入境登記表（Disembarkation Card），有時候會連同出境旅客申請單一起拿到。出入境時都需要有出入境證，這正是E/D Card（Embarkation/Disembarkation Card），須和護照同時遞給各出入境管理窗口的官員察看。除了歐洲部分國家和其他特定國家外，都必須出示出入境證，證件大小和手冊差不多，日本和香港為一式二張，一張是出境證，一張則為入境證。英國和澳洲等國，出、入境證分別以厚、薄卡片表示。不管是哪一國的出入境表格，填寫時務必字體端正，若是二聯式的，則書寫時需用力點，以免模糊不清。另外，卡上寫著For Offical Use Only字樣的一欄內，注意不要寫上任何文字。確實而詳細地把表格填妥，若有任何不明瞭之地方，務必請空服員協助，雖然可能搭乘外國籍飛機，但多數從台灣飛出之班機均備有中文翻譯員以資協助，唯需注意禮儀，可按鈴請其前來協助，不可因是自己一個人而大呼小叫。

(二)飛機抵機場

　　在目的地的機場降落抵達時，有許多大機場，當旅客步下航梯時，會將抵達旅客和過境旅客（Transit）分別以巴士載至入境室。國外任何一個國際機場，為了方便各國旅客之出入，到處都有明確的抵達AR（Arrival）這個標誌，沿此標前行，即可辦理入境手續。

別走到轉機"Transit"的地方去了。入境手續分為檢疫（Quarantine）、入境審查（Immigration）、海關（Customs）三個部分，由個別的官員檢查，簡稱CIQ。

(三)檢疫（Quarantine）

檢疫是為了預防傳染病，檢查內容因國而異，即使是同一個國家的旅客，也依目的地和過境地區的不同而有所差異。例如，從台灣飛北回歸線到歐洲時，可免受檢疫，但若飛南回歸線，到達目的地，除一般必要的檢查外，還必須檢查霍亂預防接種證明。現在已經鮮少國家需要檢疫，只有在特定地區如中南美、非洲等地區國家才需要。出發之前最好確認一下，前往的目的地有哪些預防注射及檢疫項目，並提早做好準備。

(四)證照檢查（Immigration）

有的國家不稱"Immigration"，而稱做"Passport Control"。此關乃是核對護照及簽證，並審查入境者的身分，是否是在黑名單中的不受歡迎分子，同時決定旅客停留時間的長短。旅客先辨別符合自己身分之窗口或櫃台按序排隊，可以一家族齊赴窗口，很多國家對於持有不同性質護照之旅客有不同櫃台辦理，最常見的是本國籍及非本國籍，在歐洲則有歐市護照及非歐市護照，美國則有移民及非移民之區別，有些國家則各自排隊。在這裡要將證件：機票、護照、入境簽證及E/D Card等證件出示給檢查人員，審查完了蓋上章之後就算通過。有的國家甚至不需要入境登記表，只要看看護照便可通過。一般入境審查時的承辦員都會問你要留幾天及入境的原因，若有特殊問題發生時，也可以延長滯留的時間，因此停留時間不確定的話，說個大概便行了，而目的則明說是「觀光」即可。有時候檢查人員還會詢問攜帶入境的現金數額，因此身上有多少現金最好先數一數。回答問題時有問有答，切勿自言自語，外文不懂不

要裝懂，外文略懂則要大膽講出。

(五)領取行李（Baggage Claim）

依照寫有Baggage Claim或畫有行李標籤之指示前進。進入
Baggage Claim後，在標示有搭乘的班次旋轉台前，取下託運行李，
到海關的檢查台受檢。託運行李有時要等很久才出現，萬一沒有
時，可帶著行李收據（Baggage Claim）向航空公司有關人員洽詢處
理。

行李遺失時處理步驟如下：

1.行李未到達時，可到行李領取處附近的失物招領處（Lost and
Found）申報。在失物報告書上填寫姓名、班次、登機地、行
李領取證號碼、行李形狀及內裝物等內容。在找回失物前小
心保管收據。

2.託運行李遺失，航空公司最高賠償金額只有四百美元（一公
斤二十美元），一路上須妥善保管行李領取單（Baggage
Claim）。填好失物申報書後可暫時到旅館休息。離開機場前
再度到行李領取處看看，是否有其他旅客拿錯後又放回原
地。

3.一找到遺失的行李，航空公司便會立刻和旅館聯絡，因遺失
原因不同，可能當天找回，也可能需要兩天甚至一個禮拜以
上。在一般情況下通常一定可以找回。可以先把行李鑰匙交
給航空公司保管，請他們將行李送到旅館。如果急著趕往下
個目的地，要先聯絡下一站辦理遺失說明，交代清楚才離
開。

(六)海關檢查（Custom）

海關檢查其目的在限制違禁品之輸入，以及決定旅客攜入物品

應否課稅。檢查的程度與範圍因國而異。一般免課稅的原則以個人之日常用品為範圍，免稅煙、酒也有定額的限制。檢查寬嚴的標準大致有下列三種：

1. 分級制：如英、法等國將旅客攜入品分為必須課稅（Something to Declare）和不須課稅（Nothing to Declare）兩級，旅客可視其所帶之物品，以決定通關時應走課稅之門或不課稅之門。
2. 抽樣制：如埃及、挪威等國，海關人員在所有入境旅客中抽樣檢查。
3. 綜合制：如香港，每位旅客都要檢查。

有些國家則會有些特殊的規定，以美國為例，禁止攜帶肉類製品、罐頭、水果、種子等入境。另外，隨身攜帶金錢超過美金五千元以上者必須申報，這筆款額包括現金、旅行支票、匯票和私人支票之總和。如未經申報而遭海關查獲時則沒收處分。這種申報對於旅客可說是毫無影響，其目的只在於明瞭旅客費用之來源，請據實申報無妨，以免遭受不必要之麻煩與損失。

到了海關便將在飛機上填妥的出境旅客申請單出示給承辦員。但歐洲某些國家甚至可以不用申報便可通行。有些國家的海關十分輕鬆，打開行李箱後，稍微翻看一下就過關了，甚至只看一下護照和申報單，並不要求開箱檢查，就讓你通行了。如果是移民或探親的熱門地區，海關可能會詢問是否帶了禮物之類的事。有些國家則十分嚴格，特別是走私毒品較嚴重的地區，多半每一件行李都要求打開檢查，甚至裡外夾層都摸索一番。一般說來，美國檢查得十分嚴，而歐洲國家則較馬虎。在海關，對承辦員的問題最好是有問必答，支支吾吾或言辭閃爍，都會令人懷疑。若攜帶貨品太多時，可以將不必要的東西留在海關一陣子，這樣就可以節省不少稅金。

通過海關之後便可入境。但注意一般出口皆爲自動門，且一踏出去則算完成入境不可再折回。必須注意的是個人旅客出口和團體旅客出口不同。個人旅行便可自由行動，若是團體旅遊，則大廳內早就有旅行社的人員及導遊接待。

四、國外出境手續

(一)登機手續（Check-in）
出發前兩小時帶著護照和機票，前往航空公司櫃台Check-in，並託運行李。Check-in後，航空公司的服務員會發給你登機證及行李條；另外有些國家規定必須在航空公司的櫃台或指定的窗口繳交機場稅。

(二)海關
很多國家的出境手續都比入境簡單，出境時，海關會檢查你在免稅店購買的物品，免稅品應放在欲攜往機上的手提袋內，不可置於託運的行李中。航空公司的櫃台皆備有出國表格、入境表格，在接近著陸或入港時由服務員發給填寫，若不懂得填寫的方法，則應大方地向服務員或鄰座的人詢問，填寫完畢後放護照內，就可安心等待入境了。

(三)出境審查
將護照、簽證和登機證交給海關檢查，蓋上准許出境的印章（有些國家省略不蓋），只要持有目的地國和過境國的簽證，便可通關了。

(四)隨身行李檢查
爲嚴防劫機事件，行李必須接受Ｘ光偵測機的檢查。有的國家只簡單察看一下手上的行李，有的比較仔細，甚至要搜身，依國情

而異。你越是合作，越能快速通過檢查。

(五)候機

候機室內通常有免稅店和供應簡餐的餐廳，旅客在候機時可以享受一下購物的樂趣。免稅店通常使用美元或當地的貨幣，用不完的外幣可在機場的銀行兌換下一個目的地的貨幣。某些國家的貨幣可於回國後在國內銀行兌換。

五、本國入境手續

(一)機上

在回國的機上，空服人員會發給每位旅客入境登記表和海關申報單，此時，應詳細填寫格上的項目，以便入境的登記。應把隨身攜帶品和託運的行李分別填寫申報單。即使沒有託運行李，而所攜帶的物品也沒有超過免稅範圍時，為了海關檢查的方便，還是要填申報單。

(二)台灣入境手續的流程

本國的入境大致上和外國並沒有很大的差別。入境手續包括檢疫、入境審查、領取託運行李、動植物檢疫（攜帶動植物入境者才需檢查）、海關檢查。若攜帶物品在免稅範圍內，可經由快速通關口出關。只要注意准予免稅物品的標準，即可順利完成入境手續。

(三)檢疫

檢疫即檢查預防注射證明書，這是為了防止傳染病蔓延，每個國家對入境旅客所實施的一項檢查措施，通常排在入境手續的第一項辦理。如來自疫區，外國人必須有國際預防接種證明書。目前進出我國均不需填具，因為我國為免疫區，但是因應環境變遷，有些地區會臨時的、短期的被宣佈為疫區，則必須填寫，譬如一九九六

年泰國曾有霍亂，一九九七年我國流行豬隻口蹄疫之情況。入境時身體不適，必須塡健康證明書：有時是不適長途飛行，有時是旅途勞累，但基於追蹤的必要，旅客應主動提出。

如果攜帶動植物入關，應自動到檢疫機構提出申報。如屬明文禁止輸入項目者，一定會被沒收銷毀；如爲有條件輸入者，應檢附輸出國動植物檢疫機構所發的檢疫說明書，並加附符合我國檢疫條件的內容文件。國內之管理機關爲經濟部商品檢驗局動植物檢疫科。

(四)入境審查

進入證照查驗處排隊等候審查，護照上之塑膠護套應事先褪出，以便MRP掃描，節省查驗時間。檢查時的文件包括：護照、入境登記表。由查照人員在入境登記表和護照蓋上入境章，表示一切無誤後，核准入境。接著應至標有所搭乘飛航班次標誌的行李出口處，等候領取行李。

(五)海關

持隨身提領的行李以及海關申報單，一起接受海關檢查。若攜帶的物品超過免稅額度，必須先到海關旁的銀行窗口繳交應付稅額，再把單據交給海關人員檢查才能過關。除此之外，還應注意所攜帶的物品內容。

■申報

旅客入境時應塡寫「入境旅客申報單」向海關申報，每人塡寫一份，但有家屬隨行者或來台觀光旅遊團體，得由家長或領隊彙總申報，下列事項均應於申報單中報明：

1.所攜帶隨身行李有應稅物品、新品、貨樣、機器零件、原料物料、儀器工具者。

2.另有不隨身行李隨後運入者。

3.另有不擬攜帶入境之隨身行李者（可暫存關棧，俟出境時攜帶出境）。

4.攜帶有金銀與外幣、新台幣者。

5.攜帶有武器、槍械（包括獵槍、空氣槍、魚槍）、彈藥及其他違禁物品者。

6.攜帶有放射性物質或X光機者。

7.攜帶有藥品者。

8.攜帶有大陸物品者。

■准予免稅物品之範圍及數量

旅客攜帶行李物品（禁止或管制進口物品除外）如係自用、家用者，其免稅物品範圍如下：

1.雪茄二十五支，或捲煙兩百支，或煙絲一磅；酒類一公升（不限瓶數）或小樣品酒十瓶（限每瓶零點一公升以下），但限滿二十歲之成年人始得適用。

2.少量罐頭及食品。

3.上列1.2項以外已使用過之行李物品，其單件或一組之完稅價格在新台幣一萬元以下者。

4.上列1.2.3項以外之物品，其完稅價格總值在新台幣兩萬元以下者，但未成年人減半計算。

5.貨樣，其完稅價格在新台幣一萬兩千元以下者。

■應稅物品

旅客攜帶進口隨身及不隨身行李物品合計如已超出免稅物品之範圍及數量者，均應課徵稅捐，其每一項目，並以不超過旅客自用及家用所需合理數量。

＊應稅物品之限值與限量

1.入境旅客攜帶進口隨身及不隨身行李物品，其中應稅部分之完稅價格總和以不超過每人美金五千元為限，未成年人減半。

2.前項限值中屬於貨樣、機器零件、原料、物料、儀器、工具等之總值不得超過美金五千元，但不得包括禁止進口物品及違禁品在內。

3.入境旅客隨身攜帶之單件自用行李，如屬於准許進口類者，雖超過上列限值，仍得免辦輸入許可證。

4.經常出入境（係指於三十日內出入兩次以上或半年內出入境六次以上）及非居住旅客，其所攜帶行李物品之數量及價值，得依規定標準從嚴密核，折半計算。

5.以過境方式入境之旅客，除因旅行必須隨身攜帶之自用衣物及其他日常生活用品得免稅攜帶外，其餘所攜之行李物品依上開第四項之規定辦理稅收。

6.入境旅客攜帶之行李物品，超過上列限值及限量者，如已據實申報，應於入境日起四十五日內繳驗輸入許可證稅或辦理退運，不依規定退運者，得由貨主聲明放棄後，依關稅法第五十五條之一之規定，申請照價購回並完稅。

＊不隨身行李

1.不隨身行李應在入境時即於入境旅客申報單上報明件數及主要品目，並應自入境之日起六個月內進口。

2.違反上述進口期限或入境時未報明有後送行李者，除有正當理由（例如船期延誤）外，均應於四十五日內退運國外，逾期依關稅法第五十五條之一之規定處理。

3.行李物品應於裝載行李之運輸工具到達後十五日內報關，逾期依關稅法第四十八條之規定辦理。

4.旅客之不隨身行李進口，應由旅客本人或以委託書委託代理人或報關行按普通貨物進口報關手續填具進口報單，逕自向海關報驗，除應詳細填報應稅物品名稱、數量及價值外，並應註明該旅客入境日期、護照或入境證字號及在華地址。

5.附註：(1)自用小汽車並非行李用品。私人進口自用小汽車不論新舊，概應先向經濟部國際貿易局申請核發輸入許可證，否則不准進口，並應按一般進口貨物向進口地海關辦理報關納稅手續。(2)旅客攜入行動電話機（以一部為限）時，應憑「交通部電信器材進口護照」向海關辦理通運手續，再持憑海關核發之「稅款繳納證」或「免稅證明」，至交通部各地區電信管理局辦理申租手續。

■黃金、外幣及新台幣之限額

1.黃金：旅客攜帶黃金進口不予限制，但不論數量多寡均必須向海關申報，如所攜帶金銀總值超過美金一萬元者，應向經濟部國際貿易局申請輸入許可證，並辦理報關驗收手續。

2.外幣：旅客攜帶外幣入境者不予限制，但應於入境時向海關申報，如攜帶超過美金五千元或等值外幣，經海關發給憑證者，得於入境日起六個月內再由本人攜帶出境，否則應照一般旅客出國之規定，每人以外幣總值美金五千元為限。入境時未經申報者，其超過部分應予沒收。

3.新台幣：入境旅客攜帶新台幣入境以四萬元為限，如所帶之新台幣超過該項限額時，應在入境前先向中央銀行申請核准，持憑驗收放行。

■藥品

1.旅客自用藥品准予攜帶入境者，以六種為限。

2.大陸中藥材及中藥成藥合計十二種（中藥材每種零點六公斤，中藥成藥每種兩瓶／盒），其完稅價格合計不超過新台幣一萬元。

■違禁物品

下列物品禁止攜帶入境（持有、使用、販售均將受嚴罰）：

1.偽造之貨幣、證券、銀行鈔券及印製偽幣印模。

2.賭具及外國發行之獎券、彩票或其他類似之票券。

3.有傷風化之書刊、畫片及淫穢物品。

4.宣傳共產主義之書刊及物品。

5.合於大陸土產限量表以外之大陸區生產、製造或加工物品（外籍旅客及華僑攜帶上開物品入境者，須將該類物品事先分開包裝，在入境旅客申報單上列明，並得免費存於民用航空局庫內，直到離境時再行攜帶出境，其保管期限為四十五日）。

6.槍械（包括獵槍、空氣槍、魚槍）、子彈、炸藥、毒氣，以及其他兵器。

7.鴉片、罌粟種子、大麻、高根、化學合成麻醉藥等及其製劑，以及其他危險之物。

8.所有非醫師處方、非醫療性之管制物品及藥物（包括大麻煙）。

9.槍型玩具及用品。

10.侵害專利權、圖案權、商標權及著作權之物品。

11.其他法律規定之違禁品。例如：土壤、未經檢疫或從疫區進口之動植物及產品等。

12.保育類野生動物及其製產品者，未經中央主管機關之許可，
不得進口。

■注意事項

如果對某一物品應否申報無法確定時，請在申報單上報明，如
無填報能力者，可在檢查開始之前以口頭申報，以免因觸犯法令規
定而受罰或被移送法辦。如非海關關員意見，請勿輕易聽信。旅客
行李之品目、數量及價值，除應符合合理且合乎自用、家用範圍
外，亦不得出售圖利，或受酬替人帶貨。如攜有錄音帶、錄影帶、
唱片、八釐米影片、書刊文件等入出境者，請於行李檢查時取出另
驗，以免影響通關時效。請特別注意禁止攜入、出境之物品。仔細
閱讀金銀、外幣及新台幣等有關規定。

■相關單位

旅客出入國境申報手續及所攜帶行李物品，如有疑問，可洽詢
下列機關：

1.財政部關稅總局。

2.財政部基隆關稅局。

3.財政部台北關稅局。

4.財政部台中關稅局。

5.財政部高雄關稅局。

6.中正機場服務櫃台。

7.航站出境服務台。

8.觀光局入境服務。

9.海關服務台。

第六節　過境、轉機及確認機位

一、過境（Stop-over）

　　無論是直航機還是轉機，有些直達（Non-stop），有些在途中提供停站，供加油或部分乘客上下之用。這一點對有些初次出門的朋友來說，很容易混淆。其實道理和搭乘巴士一樣；巴士停站，有人上下車，有人繼續坐在車上，到了目的地才會下車。但飛機的所謂「停站」還是有點不同，有些機票是容許乘客在中途站停留幾天的，而大部分只能在機場範圍內停半個小時左右。乘客必須注意所購機票的性質。

二、轉機（Transit）

　　倘若行程中一班飛機無法直達您的目的地時，中途銜接的過程即稱爲轉機。通常遇到這種情形，旅行社都會爲您安排足夠的時間轉機。一般國際線約需兩個小時，而國內線則需一個小時。轉機之類別依其型態大致可分爲下列三大類：

1. 經過第三國之過境轉機。例如：台北（西北航空）→東京（法國航空）→巴黎。此行程乃是由兩家不同的航空公司串連起來之國際航線，旅客在過境東京時不須辦理入境、海關查驗等手續，下機後在過境室中找尋法航的轉機櫃台，在班機起飛前一個小時，憑機票、護照到櫃台辦理報到手續後，按登機門登機即可。至於行李則從台北直接掛牌運往巴黎。
2. 國內線之銜接：例如：洛杉磯（西北航空）→明尼亞波利斯

（西北航空）→芝加哥。行李處理一如前例，自出發地掛到終點。旅客轉機時可以不必理會它。手續方面，在明尼亞波利斯下機時，到候機室的電視螢幕上找尋你轉機的登機門，在起飛前一小時憑機票辦理報到手續即可。

3. 國際線接國內線：例如：台北（西北航空）→洛杉磯（西北航空）→聖地牙哥，行李亦同前項，掛至終點站。手續方面，旅客必須在洛杉磯下機，辦理入境手續及海關檢查，然後再找登機門，到西北櫃台辦理報到手續即可。

隨著各國國際性交流活動的增加，國人個別出國探親、洽商、旅遊的機會越來越多，對各種必要的手續多一份了解，就多一份自信。

三、七十二小時前確認回程機位

在國外做個人旅遊時，千萬別忘了在回國預定飛機班次起飛前七十二小時，以電話向航空公司再度確認機票的訂位。否則，航空公司將自動取消所預訂的機位。

四、港口、陸路仍需簽證

其實所有國際機場還是能找出共通點與大同小異的入出境程序，例如出境、入境的指標幾乎全世界一樣，只要順著箭頭走多半錯不了；再者，只要你擁有合法而又有效的證照，大概移民官方也不會太刁難你。進出各國，大部分的旅客都是以國際機場為主，另也可以從港口或者陸路國界間的關卡。

港口通常經由輪船抵達港口，入境的證照查驗及行李安全檢查都比較寬鬆，比如有些國家的城市像挪威的奧斯陸、丹麥的哥本哈根都不須查驗，團體進入港口的行李甚至裝在小貨櫃，便直接運送

到遊覽車旁，根本沒有查驗。不過，萬一必須由港口改爲搭機時，如果沒有簽證就相當麻煩，所以不管港口查不查、需不需要用到簽證，最好還是先簽妥才安心。

經由陸路的關卡，有下列四種查驗方式：

1. 遊覽車排列過關，快到關卡時，由領隊把全體團員的護照及簽證拿到移民局櫃台蓋章，旅客不須下車。但如果有旅客購買可以退稅的貨品，必須在關卡處出示貨品及退稅單。

2. 遊覽車抵達關卡後，全體團員都必須下車，排列經過海關及移民局，通常十分鐘左右即可辦理完畢。另外，通過美加邊境關卡必須特別注意：如爲兩次入境，於第一次進入時就必須向移民局官員講明第二次進入的日期；團體離開時，必須將團體簽證表交還加拿大移民局。至於進出加拿大的地點及方式，則必須在提出申請之際，就加以註明。

3. 有些國家之間沒有明顯國界之分，如羅馬市區內的梵蒂岡、義大利境內的Sanmarino、法國南部的摩納哥等，往返之間不必特別查驗，但還是得先擁有大國（如義大利、法國）的簽證。

4. 經由火車進入另外一國國境者，火車上就會有警察前來查驗證照。

問題與討論

1.國際航空運輸協會（IATA）的緣起與宗旨及貢獻爲何？

2.旅行社加入IATA的條款爲何？

3.IATA實施銀行清帳計畫（BSP）對旅行社有何優點？

4.定期與不定期航空公司的特色爲何？

5.航空公司一般任用空服員的條件如何？

6.航空公司內部的組織架構如何？

7.航空公司能提供什麼服務？

8.旅行社與航空公司如何配合以達成有效的作業？

9.試列出目前我國旅行社所使用的CRS系統。

10.試述CRS及BSP帶給旅行業的震撼有多大。

11.請將飛航台北（桃園機場）的民航公司，以代號（Code）方式列出。

12.請將目前飛航台灣地區國際航線的航空公司以Airline Code方式列出。

13.請寫出下列機場之代號之英文全名，並指出在哪一個國家。

　　(1)NRT；(2)SEL；(3)HKT；(4)YVR；(5)LAX；(6)CPT；
　　(7)SFO；(8)AMS；(9)CAI；(10)DEL。

14.寫出以下十個航空據點：台北、台中、高雄、東京、大阪、香港、曼谷、北京、上海、檀香山的城市代號。

15.寫出華航、長榮、國泰、日亞航、荷蘭、美利堅、西北、飛遞、達美、菲律賓等航空公司的英文代號。

16.寫出飛航時間計算方法的三步驟。

17.OAG班機時間表之解讀要點爲何？

18.如何閱讀PNR？如何看懂機票？

19. 機票出售面對旅客有哪些事情要了解與釋明的？

20. 旅行社開立標準機票的作業程序為何？

21. 開立機票的注意事項與開票方法為何？

22. 團體機票組成的架構及使用為何？

23. 航空機票的構成與拒絕旅客搭載的情形為何？

24. 航空旅客預約再確認的重要規定為何？

25. 試述ABACUS常用查詢的指令。

　　(1)空餘機位；(2)氣候；(3)班機時刻；(4)轉機點；(5)各國資料。

26. 航空旅客訂位服務的注意事項為何？

27. 某航空公司006班機，台北時間16：10直飛洛杉磯，抵達當地的時間為11：50，其飛行時間有多久？（提示：台北＋8，洛杉磯－8。）

28. 某航空公司066班機，由阿姆斯特丹飛回台北，起飛時間為星期三的14：30，抵達台北之時間為當天13：00。請問這一班066共飛了多久時間？〔阿姆斯特丹為＋2（有DST），台北之GMT為＋8〕

29. 敘述正確計算票價的步驟。

30. 敘述聯檢程序（CIQ）各單位主要的任務。

31. 目前檢疫總所在何處設立分所？

32. 敘述進出口動物其隔離檢疫的期限。

33. 我國對出境攜帶金銀飾及現金之額度限制為何？

34. 我國對入境攜帶金銀飾及現金之額度限制？

35. 國外移民局對查驗證照有何分類？

36. 通關的程序如何？

37. 進出國境的管道有哪些？

38. 進出我國境時，管制及違禁物品有哪些？

39. 上網查詢財政部海關關稅總署之資料。

註　釋

〔1〕台北旅行商業同業公會，《旅行業航空票務基本常識》，頁1-2。

〔2〕同註〔1〕，頁1。

〔3〕同註〔1〕，頁2-3。

〔4〕同註〔1〕，頁6-8。

〔5〕《旅行家雜誌》，第2期，1991年2月，頁43。

〔6〕同註〔5〕。

〔7〕同註〔5〕。

〔8〕同註〔1〕，頁7。

〔9〕同註〔1〕，頁9。

〔10〕同註〔1〕，頁7。

〔11〕同註〔1〕，頁9。

〔12〕謝淑芬，《空運學》，台北：五南出版社有限公司，頁197-201。

〔13〕同註〔12〕，頁197-201。

〔14〕同註〔12〕，頁35。

〔15〕同註〔1〕，頁1-3。

〔16〕同註〔1〕，頁42。

〔17〕余俊崇，《旅遊實務》（上），台北：龍騰出版公司，1987年，頁109。

〔18〕林信得及凌鳳儀，《航空運輸學》，台北：文笙書局，1993年10月，頁206。

〔19〕財政部關稅總局，《中華民國出入境旅客報關須知》，1999年10月。

〔20〕先啓資訊公司余劍博先生提供。

第四章

旅行業之產品

第一節　團體旅遊

團體旅遊是由旅行社以其本身的關係、經驗、能力所及、本身觀點等各有利因素所擬訂出來的一定行程。因各種因素雷同，因此各旅行團的行程安排大同小異，也有由幾家中小型旅行社合作組團的情況。團體旅遊安排的原則是：要顧慮到消費者的需求、要顧慮到對自己的行程誠實負責、要讓消費者認識自己的行程及安排的等級享受。如此，則不但價格高的團體有人喜愛，就是價格低的團體也會得到消費者的諒解和喜愛。茲將團體旅遊的特色及優缺點分述如下：

一、特色 [1]

1.參加旅行團，享受團體價格，食住行樂全包，並有領隊全程服務。
2.由旅行社負責企劃、促銷的團體旅行，行程固定。
3.人數約十人至四十人之間。

二、優點

1.輕鬆愉快，不需花時間去辦手續與訂計畫。
2.內容豐富，行程緊湊且豐富。
3.產品成熟，品質穩定。
4.物超所值，短時間內可享受旅遊手冊所述的觀光行程。
5.價格經濟實惠，更易掌控預算。
6.食住行樂各方面，都有專業導遊與領隊打理妥切。
7.一到機場便有專車接送，可省去不少時間。

8.全程皆有領隊及導遊隨團，即使在國外有什麼意外狀況都不用擔心。

9.不須擔心語言的障礙。

10.在機場或飯店都以整團的小費給付給搬運行李的服務人員，可不必自己搬運行李。

三、缺點

1.必須團體行動，同團旅客水準影響遊興，只能走馬看花，玩的時間受限制，住時二人一房。

2.必須遵守個人對團體的義務，包括合群、配合度高、不遲到、不早退……等。

3.必須犧牲個人部分自由或需要，而產生拘束感。

4.旅行團全是既定行程，三餐也是固定的菜單，無法自己選擇。

5.因為是團體行動，若是和自己合不來的人在飯店同房而居，那就悲慘了。

6.海外旅遊感受漸淡，全團說的都是國語，吃中國餐，吃不到當地特色餐，和外國人接觸少。

四、適合的地點

1.語言不通、治安不好等會引起內心不安的地區。

2.遊覽史蹟、名勝古蹟時，有專業領隊在旁說明會更加了解，如中東、歐洲、南美、俄國等地。

五、適合的對象

1.初次出國者。

2.無法單獨出國者。

3.怕麻煩者，不喜歡自己安排。

4.年紀較大、體弱、語言能力差者。

六、團體行程的分類

(一)一般團體

　　一般團體在行程設計出來以後，即已決定了成敗，因為消費者也相當精明，會知道安排行程的好壞。因此，各旅行社在安排行程時，幾乎各有特色，也是各旅行社利用其多年的經驗、過去眾多消費者的建議，很慎重地把一年一度的新行程推出。一般團體行程的設計和特別團體有所不同。

　　旅行社本身是推動一般團體的原動力，旅客處在被動的地位，行程安排的好壞，往往是決定旅客是否參加的因素。因此，有經驗的旅行社會將多年的籌辦經驗融入新的旅程之中，行程做合理的改變，去掉無意義的行程，加入有趣味、有意義的行程，儘量替消費者著想──使其不浪費金錢、時間等，而且能使消費者接受。近年來，有些旅行社生意興盛，有的旅行社卻一蹶不振，其原因就在不能使本身的產品有所改進及使消費者了解。各旅行社在深思熟慮之後，應儘量改進各部門的缺點以迎合消費者的要求，以招徠大量的消費者參加自己所籌辦的團體。

(二)特別團體

　　國內各界人民團體有時因在國外有展覽、會議或其他旅行目的而自行招募團員，再交給旅行社安排行程及一切相關事項。此種團體都有一定的行程、一定的目的。特別團體往往都有一個固定的承辦人，在發出通知之前，即已和各參加團員之間取得聯繫，且往往都已將條件開好，所開出的條件即消費者的要求事項，約有下列幾項：

1.時間。

2.前往地點。

3.享受等級,包括交通、食、宿等各有關事宜。

4.對隨團導遊的要求。

5.對額外服務的要求,如要求做團徽、團旗、旅遊手冊等等。

6.要訂契約的要求。

7.團員的人數。

旅行社對特別團體的安排,最主要的還是要依據該特別團體所提出的條件,而特別團體的需求,和一般團體消費者的需求也是大同小異。旅行社本身須以經驗及善意的建議,替消費者設計最經濟的行程,安排最合理的食、宿、交通,收取最公道的價格。因為特別團體成員在其參加特別團體之後,可能就是該承辦旅行社爾後最主要的客戶來源之一。因此,特別團體就旅行社來講必須花費更多精神和力量在上面才行。

第二節　個別旅遊

所謂的個別旅遊(F.I.T.)指的是"Foreign Individual Tour"。有人稱為「自由行」,也有人稱為「個人行」,現今一般指自助旅行及半自助旅行,茲詳述如下:

一、自助旅行

過去,對許多人來說,旅遊是夢想的實現,尤其是自助旅行。現在旅遊已不僅有圓夢的功能,而且可讓自己休閒、充電、開開眼界。經過多年國內的推廣,愈來愈多出國旅遊者選擇自助旅行的方

式，而不再完全依賴旅行社所編排的行程。可是一般人誤解自助旅行比參加旅行團更划算，因此蒐集了一堆對自己無效的資料。其實自助旅行的目的是依照個人的喜好來規劃行程，其目的是更深入了解當地風土人情，故其彈性很大。

(一)特色 [2]

1. 出發日期、回國日期、目的地、日數、行程等完全由自己決定的旅行。
2. 無法享受團體優惠價。
3. 不限人數，一人成行，自己決定。

(二)優點

1. 完全依自己的意思旅遊。
2. 可有和旅行團或半自助旅行完全不同的行程安排。
3. 有多樣的體驗。當然，也包括了失敗的經驗。
4. 停留時間、行程等都可自由變更。
5. 同行人數也可自由決定。
6. 依自己的意思安排旅遊，體會異國情調文化。
7. 價格有可能較高，可依自己喜好而安排自己的行程，可深入異國文化，只要我喜歡，有什麼不可以。

(三)缺點

1. 無法比照團體的優惠費用。即使行程內容相同，價格仍然高出許多。
2. 若不熟悉各種手續的辦理，則需要花費許多時間。
3. 要有很明確的目的及規劃，且必須具備不錯的語言能力。
4. 安全上的考量可能比旅行團或半自助旅行差一點。

5.事先、事中、事後均花費大量時間安排及處理，需考慮安全。

(四)適合的地點

1.適合深度的旅遊的地區，擁有不同的風俗文化、歷史背景、社會狀況者。
2.安全的地區。
3.香港、新加坡、日本、歐洲、美國、紐西蘭、澳洲、夏威夷……等地。若是決心冒險，則世界各地皆適宜。

(五)適合的對象

1.海外旅遊經驗豐富者。
2.有獨立自主的精神，對自己的體力、能力有自信者。
3.想做一次個性化的旅遊者。

(六)自助旅行出發前的各項準備工作

■籌劃旅行事宜

1.資料蒐集：出國應了解當地氣候、觀光點、食宿、交通等資訊。一般可參考旅遊書或雜誌，或向旅行社及觀光局索取資料。
2.旅費預算：出國旅行的花費包括衣、食、住、行、育樂及辦理各項證照規費，且與出國時間長短與目的地有密切關係。
3.季節選擇：注意當地氣候屬性，記得地球的另一邊是截然不同的。

■申請護照及簽證

受理國人申請護照的單位為外交部，簽證辦理單位為各國大使

館或駐台辦事處。如要避免麻煩亦可交由旅行社代爲辦理。

■訂購機票

在證件、旅程、日期確定後,可向航空公司或旅行社訂機位,機票的訂購宜提早兩、三個月。

■申請國際駕照

在國外自助旅行會開車將更爲方便,因此必須申請國際駕照。其申請手續方便,護照、駕照、身分證、二吋相片兩張,向各屬監理所申請,當天可領,效期爲三年(可找委託人代辦)。

■投保旅遊保險

出國旅遊時因意外導致傷害而需要醫療是可能發生的,因此投保旅遊平安保險是必要的,且手續簡單,可委託旅行社代辦或到機場再投保。保單應儘量留在家裡,讓家人知道,以免意外發生,找不到保單或家人不曉得有投保一事,而蒙受損失。

■申請外幣

1.現金:持身分證向指定銀行兌換,若出發前不及辦理,亦可到機場的銀行櫃台辦理。

2.信用卡:現在各國使用信用卡都很普遍,因此出國帶卡很方便,且帶一張以上較爲保險,因爲有時候卡上磁帶會發生故障。

3.旅行支票:旅行支票在國外也很通用,且能兌換成現金。兌換旅行支票時一般銀行收1%的手續費。

■確認機位

飛機起飛前七十二小時之內向航空公司再確認訂位,應詳細告知訂位電腦代號或中英文姓名、出發日期及班機號碼。

■出發當天

千萬記得攜帶護照、簽證、機票、金錢等重要物品,並且提早

兩個小時到達機場辦理登機手續。

■開始充實、快樂、自在的自助之旅

　　開始一段難忘的旅程，但是切莫因為過於快樂而忘了保持適度警覺性，異國一切事物固然新奇，旅遊的安全可也要注意。

二、半自助旅行

　　一般旅行團因受到時間、交通及場地的限制，所以在每一個觀光點都非常趕。而且一般人心態認為多去幾個地點參觀才值得，也達到出國觀光的目的。因此旅行社都把行程排得滿滿的，這種處處受到束縛的活動，實在太不適合那些想擁有自己活動的消費者。因此旅遊業者為了滿足這一類消費者，設計的套裝行程多是天數不長的產品，短程的有三至五天，長程的有八天，只要在機位許可之下，旅客均可任意延長天數。近年來由於國際線的開發及多家航空公司聯航的作法，而有雙城或多點的組合，讓自助或半自助旅客有多重的選擇。一般套裝行程的費用均包含機票、酒店、接送機、早餐、半天或一天的市區觀光，有時還有華語旅遊諮詢。如果你嚮往自由的旅遊方式，具備獨立自主的性格，並有基本的外語溝通能力，那麼參加此種半自助之旅遊，絕對有令你意想不到的樂趣。

(一)特色[3]

　　1.企劃、促銷仍由旅行社或航空公司執行。

　　2.出發日期固定，行程內容由自己決定。

　　3.價格可享受30％以上團體價格折扣。

　　4.目的地有人駐守協助。

　　5.基本上包含機票、酒店，依產品的不同有早餐、City Tours、
　　　機場接送……等。

　　6.兩人即可成行。

(二)優點

1. 來回的班機及飯店都已確定，故可安心遊玩。
2. 有自由活動的時間，可以去自己想去的地方、做自己想做的事。
3. 出國手續已由旅行社代辦妥當。
4. 來回班機、飯店都享受團體價格，但不受團體限制。
5. 行程自己安排，不受團體限制，海外旅遊感較深刻，可體會異國文化。
6. 內容已敲定，故可安心，有自由活動時間可以自己安排。

(三)缺點

1. 自由行動時，必須要具備相當程度的語言能力、獨立能力、應變能力、企劃能力。
2. 無人講解，必須花時間蒐集資料，以了解當地風俗文化。

(四)適合的地點

1. 習慣台灣觀光客的地區。
2. 東南亞、香港、韓國、日本等地。

(五)適合的對象

常出國者或雖是第一次出國，但具備良好語言能力及豐富旅遊知識，且對前往的國家十分了解者。

(六)半自助旅行出發前的各項準備工作[4]

自由行是目前市場上的主流行程，面對各旅行社及航空公司所推出的產品，從事半自助旅行消費者應注意以下問題：

■確定旅遊地點

對自由行的旅客來說，因為所有的行程可以自己規劃和組合，因此一個明確的目的對自由行旅客來說是最重要的。首先你得相當清楚知道自己想去什麼地方、想做什麼。問問自己此趟旅遊的目的，是想規劃一趟海島之旅、古文明探索，還是享受美食呢？以旅遊目的為中心來規劃自己的旅程，將季節、時間、旅遊地條件加入考量，並加入飯店、天數的搭配，並試著估計大約的旅費，在規劃設計安排中，你將能初次體會自由行的樂趣。

■選擇產品

產品內容是旅客選擇自由行首先要考慮的重點。同樣是六天五夜倫敦遊程，價格都相差不多，但甲公司所提供的內容有機場接送、住宿、早餐、保險、半天市區觀光及觀光導覽手冊，乙公司則只有機場接送、住宿和保險，消費者當然是選內容較齊全的行程。優先考慮行程組合具彈性的產品。每家航空公司在全球的飛航點都不一樣，因此所推出的產品也不盡相同，航點較多的航空公司在行程組合上就比較具變化，以歐洲地區為例，甲航空公司所提供的行程，從阿姆斯特丹，再將行程延伸到法國、德國、西班牙、義大利等地，乙公司則只能提供法國進出的走法，旅客在行程安排上就非常不方便。

■考慮班機及飛行時間

飛航時間也是經常被消費者忽略的關鍵問題。不同航空公司的班機起飛和飛航時間都不盡相同，因此消費者在選擇旅行產品時，應該考慮該航空公司的班機是早去晚回還是晚去早回，對旅客在當地旅遊時間會有很大的影響。直飛或轉機也是考慮因素之一。直飛班機飛行時間較短，且可節省等待轉機的麻煩，可以有更多時間在旅遊點觀光、遊玩；轉機行程的缺點是飛行時間較長，又必須費許多時間和體力在轉機上，因此非不得已，還是以選擇早去晚回、直

飛的產品為主。

■**做好確認的工作**[5]

除了機票和飯店的確認外，您想看的秀、歌劇等，也可透過旅行社先行預約。此外，有關護照、簽證、旅遊平安保險您都要一一確認。由於個人旅遊所牽涉到的手續繁多，只有透過經驗豐富的旅行社才能以嚴密的規劃經驗，做到最符合顧客要求的行程。

第三節　旅遊銷售

隨著時代的改變，交通工具的發達，人民物質生活的提升，不管是國內或國外的旅遊休閒活動，都已經變成國人日常生活的一部分。國人在經歷了一九五〇至六〇年代的艱苦奮鬥生涯，至今天的富裕繁榮，休閒旅遊的方式在主客觀條件的配合之下，更是推陳出新，行程千變萬化，從短程到遠程，從團體旅遊到個別旅遊、自助旅遊、定點旅遊、郵輪旅遊……等，出現了許多特有的風貌。尤其在目前，以市場為導向的活動空間及在廣告、傳播媒體大量出現的催化作用之下，讓我們有目不暇給之感。

旅行業在從五〇年代的少數幾家，以接待外國人來華旅遊業務開始，到二〇〇〇年二千四百多家旅行社，以安排國人出國旅遊為主要業務，成長可說是驚人，競爭可想而知，所以這可說是競爭激烈的行業，也是挑戰性最高的行業，尤其台灣社會環境奇特，更增加其複雜性，擁有世界，不是夢想，是旅行業的目標，但從業人員想要佔有一席之地，必須保有正確之觀念、敬業精神及堅忍的毅力，去接受高難度的挑戰。茲將旅行業銷售人員應具備的條件、工作優點及銷售技巧敘述如下：

一、從事旅遊銷售工作的優點[6]

(一)具挑戰性

假如你喜歡接受挑戰，那麼旅遊銷售工作無疑地將最適合你。你的挑戰將全由客戶們挑起，你不僅要熟悉你自己公司的旅遊產品，而且還要了解同業產品的優缺點，該產品的市場狀況及顧客的需求。顧客都是很精明的，他們十分了解自己需要的是什麼，而且比較各家的產品之後他們才會做決定。身為一個旅遊銷售人員，唯有奮力不懈，才能有相當的回報！一個勤奮的人一定能在旅行業中成功。在銷售這工作當中，只有你，而且僅僅是你，才能決定你自己收入的多寡。

(二)個人成長

一個旅行業人員要能上通天文，下知地理。從事旅遊產品銷售工作之後，你就會發現還有很多需要再學習的東西，每一天，你都能充實自己的專業知識。切記！每個人都必須為自己所選的專業領域而汲取新知。除了公司提供給你的訓練課程以外，你也可以去參加和你工作有關的其他講習課程，例如銷售技巧、談判技巧、酒類常識、珠寶鑑定，都會對你在銷售工作及帶團業務上有很大的幫助。

(三)自我掌控

在銷售旅遊商品及服務旅客時，雖有一定的章法及技巧可依據遵循，但一切只能仰賴你自己，將旅遊產品以最吸引人的方式呈現出來銷售給客戶。身為一個銷售人員，工作時間極富彈性，可以自我規劃。在銷售線上，你將從主管那裡得到較少的監督與干預，只要你能將產品賣出，達到公司要求的業績就可以了。身為銷售人

員，你還可以依自己進度行事，你可以獨自設定自己的工作目標，但至於如何達成，就只能靠你自己了。銷售工作容許個人發揮高度創意，而且工作十分富於彈性，你可擁有自由選擇自己認為最管用的銷售途徑及方式，且最不會受到老闆直接的監督。

(四)建立人脈

當一個旅行業銷售人員，可以讓你有機會和社會各階層的人士打交道；你的客源來自四面八方、各行各業，有高級知識分子，也有來自基層的勞工朋友，不同的人們，對旅遊產品的要求不同，做生意的方式也不同。且身為旅遊銷售人員，天性應對人群深感興趣，能在最短的時間讓客人感覺像朋友一樣親切，然後以自然的方式接近客戶，真正了解客戶的需求，安排合適的行程，提供最佳服務。要銘記在心的是，我們是經由客戶才能賺取到我們自己的薪水。

(五)報酬優渥

對於旅遊銷售人員來說，只要你願意加倍努力，就一定能享有豐富的回報。成功地運用旅遊的專業知識，可讓你擁有許多的機會去幫助人們得到快樂。如果所安排的產品及服務讓客人滿意，你就會有一種成就感或滿足感。銷售人員可依自設的進度行事，且自行決定自己要獲取多少的業績獎金，且一般公司通常給業務人員較多帶團的機會，所以你的報酬是相當優渥的。

二、傑出的業務人員應該具備的條件 [7]

(一)勤以律己

古人說「勤是務國之本」，我們應該學習之。從事旅行業務，不可分工作，不可分事情，無論現在什麼時間、什麼地點，客人需

要服務時，一定儘量馬上過去，不可心裡存著現在快下班了或地方太遠等理由推託，一切事情等明天再說，這實在是個錯誤的觀念。所以，旅行社人員所須遵守的原則是勤跑，開拓客戶爭取訂單，如此才可學到寶貴的經驗，這是相當重要的一件事。只要比別人多一份認眞、多一份努力，就會比別人多一份收穫，多一份成功的機會，成功就是屬於你的。

(二)儀容、儀表、內涵

旅行業者最忌諱一開口就讓人看破沒內涵。見面的第一印象是相當重要的，佛要金裝、人要衣裝，而端莊的服裝儀容應大方、清潔，令客人感到清新、爽朗，千萬不可奇裝異服，因爲給人的第一印象是最重要的，適合自己的穿著，表現出端莊的儀態，高格調的形象，不卑不亢的態度，要能展現出自己的風格，發出自己的氣質，放出自己的光芒，給予客人強而有力的信心，讓顧客留下良好的印象。

(三)豐富的專業知識

充實自己成爲一個旅遊顧問師，而非高壓強迫推銷或價格取勝的推銷者。旅行社從業人員要成爲一個眞正的旅行業者，必須時時充實自己，博覽群書，多吸取新的知識，並學習前輩的經驗，使自己有豐富的專業知識，如此不但可提升旅行業者之水準，機會來了才能把握住。從國內的辦理出國手續、護照、簽證、票務最基本常識開始；有關於世界地理、文化、歷史、生態環境……等，也要有所涉獵，使自己具有國際觀與世界觀，進而對於自己公司及競爭者的旅遊產品的優缺點能徹底分析，面對客戶時才能講出所以然來。

(四)訓練自己的口才

口才訓練相當重要，說話就是技巧，對待客人要投其所好，講

話要能控制整個場面，接近客戶，能和客人一見如故，和客人達成共識，講話能讓人心動、感動，進而採取行動，購買產品。旅行社賣的只是一張紙、一張行程表，其他就是靠嘴巴，不但要清清楚楚地告訴客戶，講得出一套東西，適當地加油添醋，善意的謊言是必要的，適當誇大自己的優點，攻擊別人的缺點，並且說出屬於你自己的一套產品。所以無論外表或內涵都必須隨時多加訓練，才能讓客戶留下良好的印象而得到生意。

(五)誠實、踏實、真實

雖說旅行社有時用美麗的謊言銷售產品，但也不可過於誇大不實。不管是帶團或接洽顧客，都要與客戶溝通清楚，生意才會日漸興隆，有時說話技巧不是很好，但誠實、踏實、真實，即使偶爾講錯，人家也會原諒。不論有什麼事情，跟客人講清楚，不要欺騙隱瞞，否則等事情爆發就會一發不可收拾。而誠實、踏實、真實也可當做旅行社對待顧客的三個座右銘。實實在在、坦坦白白但很有技巧地告訴客人，彼此建立共識，盡心盡力服務客人。

(六)突破自己，求新求變

行銷人員要能自我管理，有效率地進行銷售，有效運用時間，分秒必爭，不要偷懶，多拜訪幾家客戶。塑造個人的魅力，從服裝、儀容、談吐到服務態度，給客人印象深刻，讓客戶能相信你的服務，讓客戶想出國旅遊的時候就想到你。敏銳的觀察，了解顧客的需求才能掌握客人，吸引客源。旅行業人員要了解整個社會現狀及整個國際局勢，唯有平時多注意國內外消息和新聞，才會有國際觀、世界觀，以了解整個國際狀況。所以，要多加了解周遭的情況，隨時接近新知，欲從「卒」變成「帥」或「將」，也只有靠自己。保持現狀就是落伍，應時時求新求變，與自己競爭。

三、如何開發市場[8]

　　旅行業競爭激烈，要創造好的業績，必須要有良好的銷售技巧。銷售產品先要找到市場，市場確立後，便要顧慮到其他旅行社可能也會來競爭，搶顧客。應隨時掌握市場動態及旅遊趨勢，充分利用市場區隔與產品差異性主動出擊，以便搶佔市場有利地位。旅遊市場很大，有國民旅遊、出國旅遊、外人來華旅遊等三大類。尤其是出國旅遊的市場更是佔大部分，業務人員必須持續不斷地開發客戶，開拓新市場，若沒有持續開拓新市場，將會失去客戶，唯有多開拓新客戶才能維持足夠的客戶量。

(一)認識產品

　　業務人員對於本公司產品的熟悉度與銷售能力也有相當程度的關聯。如果你熟悉你的產品，自然你就會對你的產品擁有信心，一旦你認清產品的種種優點之後，你也就能讓你的客戶對你的商品產生信心。充分掌握商品的特性，你就會信任你的商品，結合個人的魅力、產品的魅力及公司的魅力，使產品賣得出去。因此，在訓練當中，適當地讓業務人員有機會出國，並熟悉整個操作過程，是十分必要的。

(二)研究市場

　　研究和你的產品有切身關係的影響消費行為的種種趨勢和態度，所謂「知己知彼，百戰百勝」。你的商品必須和同類其他商品競爭，充分了解自己的產品還不夠，要知道，你的產品並非市場上唯一的品牌，你的產品總有諸多競爭者，必須了解其他產品的特色及優缺點。你的潛在客戶有權選擇，也有太多的原因讓他到頭來選擇購買或是不購買你的產品，如果，你能分析競爭對手的能力，不說競爭廠牌或同行的壞話，便可在顧客心裡建立良好的印象。對於

自己的產品要充分了解其優缺點，改善缺點而增強優點。品質良好，口碑相傳——這是各行各業長久之計，也是旅行業生存之道。

(三)分析顧客

除了解自己的產品及研究市場外，更重要的是，分析你的顧客，捉住旅客的心理，建立顧客卡，針對他的需要予以推銷，例如，客人去過哪些國家，每年出國幾次。進而眞正地有效運用及管理客戶資料，針對客戶推銷旅遊產品，使你日常推銷行動能有計畫地發揮並隨時改善，避免浪費時間。銷售活動要重點明確化，以期在銷售活動當中創造出更有效的商談成果。訪問客戶前，調查決定權掌握在誰的手裡，客人決策者是誰，預防浪費時間在效果較少的客戶身上，而忽略了主要客戶。

(四)市場開拓法

在旅遊業中最普遍的行銷方式包括業務員的拜訪、直接的郵寄、新聞媒體的廣告、傳眞廣告函、旅客自動上門等方式，藉此來散發產品的訊息，打響公司的名氣，讓客戶知道此家公司的規模。茲分述如下：

■地毯式訪問

旅行業是個競爭激烈的行業，擁有固定的客戶是先決條件，可先從拜訪公司大樓、自己住家附近、航空公司所在地附近開始促銷，可發傳單或直接拜訪著手，打開知名度，促銷產品。旅行業只要肯服務，一定有客人，告訴你身邊的每一個人，你在從事旅行業，如果他們要出國，你可以幫他們安排行程，提供服務。天下無難事，只怕有心人，當旅遊行銷人員必須要培養膽量和堅強的戰鬥意志。

■重複銷售法

拜訪曾經參加過我們團體的重要客戶，有空到處坐坐聊聊，維

持彼此的關係，但不要一見面就談生意，僅可順口帶過產品信息。業務員不管走到何處，遇到相關的客戶，應該抓住機會進行拜訪，雖然沒有事前約定，但懇求商談的機會應該較為容易。這也是培養業務員膽識的最好方法。當商談順利進行，或是固定的客戶，在雙方商誼進行得非常愉快時，業務員可以緊跟著提出要求，請客戶順便介紹一兩個熟悉的客戶，其成功機率相當的高，這樣的客戶開拓方法，若能善加活用，將使你的客戶源源不斷。

■產品發表會

近年來有不少旅行社使用觀光局旅遊服務中心，對同業或直接客人舉辦旅遊講座或產品發表會。此種推廣方式雖然需要較大的人力資源及籌備時間，但前來參加者均是適合從事有關產品的講解推銷的人。此種方法可以減少挨家挨戶訪問的時間，將全部力量集中在可能的銷售對象身上，通常會有豐富的收穫。

■電話訪問

利用各種名錄依定時或定量之電話訪問法來開拓客戶。所謂定時即是業務員每天利用固定的時間打電話訪問，介紹你的產品資料等；而定量即是每天打電話訪問，此種開拓方法可節省許多拜訪的時間，同時可增加新客戶的開拓能力。若將電話訪問法運用於潛在的客戶，更可以與顧客保持非常密切的商誼溝通。另外對於固定的客戶的拜訪，亦可以配合用電話方式聯繫，以節省時間。

■信函開拓

寄信推廣是最直接的方法，以激發旅客對旅遊的興趣。設計出一套完整的推廣信函內容，以郵寄或直接投遞的方式，將產品訊息傳達到客戶的手中，並取得客戶的回覆，以做為繼續拜訪的參考。雖然回收的比例不高，但也是目前經常採用的客戶開拓方法之一。DM可配合各種季節及節慶寄發。例如母親節、父親節、春節等，都有不錯的效果。目前有些大旅行社也有發行季刊或月刊，定時寄

贈給客人。

■刊物開拓法

利用各種報紙、雜誌等適合自己本身產品的媒體,刊登產品或企業廣告,藉以提高公司的形象及產品的知名度,讓客戶由媒體中獲悉產品的資訊繼而查詢,業務員利用此廣告的機會可開拓出很多潛在的客戶。目前旅行社經常利用各種報章、雜誌等媒體刊登廣告,加強顧客或潛在顧客的印象,例如《博覽家》、《旅報》、《旅遊界》等雜誌,均有相當的效果。

四、如何維護鞏固市場?

既有的客戶及市場需要有效地去維護管理,客戶才不會流失,別的業者才搶不走你的客戶,才不會瓜分掉你的市場。鞏固市場的方法有以下幾點:

(一)加強售後服務

事前的服務和售後的服務都很重要。事前幫客人辦護照、簽證、訂機位、安排行程……等,講究的是時間的觀念及辦事效率,千萬不能耽誤到顧客的行程。雖然旅遊的產品較難掌握其品質,但如果在售後也能提供感性的服務,則旅客再參加的比例相當高,例如客人參加團體回國時,我們可以派人接機,並詢問旅客旅遊的情形,這會使客人感動萬分。團體結束後寄發團體照、旅客參團意見書、感謝函、生日卡……等,讓客人對這家旅行社留下美好印象。維持客戶關係亦可舉辦各種活動,例如聚餐、作文比賽、攝影比賽……等,讓客人將他們此次出國的經驗寫出來,一方面可以和人分享,一方面可使客人對旅行社的印象加深,客人覺得這家旅行社很好,下次要出國時,自然而然會再度光顧同一家旅行社。

(二)隨時把消息讓客人知道

成功的人創造機會，而不是等待機會。例如，我們有了新的行程、新的產品，應將傳單或行程表寄給客人，讓客人記得我們這家旅行社。從顧客的檔案記錄中，依客戶的種類分析，再將不同的行程寄去客戶家。分析顧客資料了解客戶出國的次數，去過什麼地方，針對客戶可能需要隨時提供新資訊，這樣你的客戶才會覺得受重視。

(三)融入客人的生活圈

旅行社從業人員應與顧客以交朋友方式相待，彼此保持聯絡關心，進而要能融入他們的生活圈，深入他們的親戚群中，例如，客人如有結婚喜慶，適當送份小禮。做生意帶一點感情，不要太商業化，犧牲一點。客人搬家、升遷可考慮送花、送水果等。如此他們家族中，若有人想出國，一定會找你商討，這樣一來又多了項業績。讓客人找你辦理出國業務，而不是找某某旅行社。

(四)多參加活動，提升公司形象

旅行社本身應融入整體社會中，多參加各種社團，以提升公司的知名度，例如參加獅子會、青商會、扶輪社、美食俱樂部……等，讓自己具備足夠的專業知識來服務客人，更可藉此提升社會形象，能讓客戶肯定自己，增加機會。把握社會上所舉辦的各種公益活動，參與贊助，增加旅行社曝光的機會，增加客人對旅行社的印象。另外，亦可從觀光局評定或相關競賽活動，來讓客戶知道我們的成績，建立一個好的形象。

五、如何擴展市場？

客人並非永遠是你的，沒有所謂我的客人、你的客人，做到了就是你的。隨時去侵佔別人的客人，也要面對同業的搶奪客人。

(一)價格競爭[9]

翻開報紙,隨時都有殺價的行程,這是殺傷力最大、也是最有效的方式。其他旅行社也會來搶我們的生意,通常從價錢方面著手,壓低價格競爭,例如泰國旅遊七日行程,費用往往低於一萬元以下。和競爭者爭生意的方法如下:當客戶尚未決定哪一家旅行社時,每家旅行社都可去爭取,亦即去搶客戶。好比一家客戶欲前往歐洲十二日遊,已有幾家旅行社先向他推銷了,我們便可先打聽那家的內容、價錢,再告訴這位客戶,我們旅行社的品質、價格、服務態度,使客戶的心向著我們。削價可以搶別人的客人,但最重要的是如何在削價下不影響品質,又能把團體做好,需要公司全體員工高度發揮團隊精神,從成本估價、行程設計、推銷產品、帶團全面做起。

(二)產品比較

客戶在決定旅行社時,不一定最低價得標。如能比較產品內容,強調我們產品的優點,讓旅客了解我們的行程比別人好的地方,那旅客就不得不參加你的團體。當客戶和兩家旅行社談過了,就可以從兩家的產品來做比較,例如行程、停留地點、玩的景點、是否包含門票、餐點、住的旅館等級、搭乘的工具,再依價格來區分,便可使客人決定何家較好,這亦是我們應注意的地方。示範說明旅行業的產品,可以將平面說明轉為立體實景,激發他的購買欲。

(三)建立關係

中國人講究關係,所謂「見面三分情」。在爭取客戶方面,有時亦可利用關係來拉客人,如親戚朋友等,經由他們協助,客戶通常較不好意思拒絕。團體旅遊時,最常見的便是親朋好友湊成一團,再由其他旅行社來競標,如果有認識的人,有了內幕消息,你

便可贏得此次的標價,增加客人。所以要隨時了解你的親朋好友的動向,是否有組團旅遊的計畫。你要搶人家的客戶,人家也會搶你的生意,除了全力爭取團體以外,最重要的是儘早跟客人收訂金、簽合約,以免有變。

(四)廣告魅力[10]

目前旅遊業正在轉型,以整體行銷企劃廣告方式取代傳統銷售方式。現在打開各大報紙,可看到好幾頁的旅遊廣告,各旅行社無不以各種魅力廣告捉住消費者,而且歐、美、日本都是靠廣告企劃來銷售設計新行程。行程經由廣告推廣可以刺激消費者的需求,提高旅行社的知名度,建立公司形象。如果與航空公司、廠商、雜誌或旅遊局相互搭配廣告促銷,更能打開市場,更會增加效益,更能受到消費者肯定。

(五)聯合作戰

今日旅行社經營型態有幾個大的改變。蔓售業者應以量取勝,達到以量制價的目標。直售業者最好顯示其服務品質及內容,儘量避免與蔓售業者在行程及價位上衝突。不要怕同行了解自己的情報,而是儘量和同行討論,可從研討當中得到新的知識、新的訊息。同行要互相合作,不能相忌彼此攻擊。同行可以合團併團,相互有利,更能降低成本,尋求更大的空間。相互之間,如有殺價的行為,則最為不智。

問題與討論

1.敘述團體旅遊的特色。

2.敘述團體旅遊的優缺點。

3.敘述團體旅遊適合的地區及國家。

4.敘述自助旅遊及半自助旅遊的特色。

5.敘述自助旅遊及半自助旅遊的優缺點。

6.敘述自助旅遊及半自助旅遊適合的地區及國家。

7.試述傑出的業務人員應該具備的條件。

8.試述從事旅遊銷售工作的優點。

9.試述業務人員如何開發市場。

10.試述業務人員如何維護鞏固市場。

註　釋

〔1〕《女性出國旅遊》，台北：成智出版社，1997年，頁25。

〔2〕同註〔1〕，頁45。

〔3〕同註〔1〕，頁97。

〔4〕《長安旅行社同業手冊》，1996年，頁46。

〔5〕《大鵬旅行社同業手冊》，1997年，頁55。

〔6〕游枚琦譯，《如何成爲超級行銷戰將》，台北：成智出版社，1997年，頁
　　120。

〔7〕蘇志賢，《旅行業銷售技巧》，高雄旅行業同業公會新進人員訓練班專題
　　講座，1993年。

〔8〕同註〔7〕。

〔9〕王文傑，《雄獅旅行社新進人員訓練教材》，1996年。

〔10〕Carl L. Bryant, *Travel Selling Skills,* South-Western Publishing Co., 1992.
　　　p.120.

第五章

旅行業內部作業

第一節　旅程設計作業

一、遊程的定義與分類

(一)遊程的定義

　　旅行業銷售的主要商品就是遊程。美洲旅遊協會（American Society of Travel Agents，簡稱ASTA）對遊程定義的解釋爲：「遊程是事先計劃安當之旅行節目，通常以遊程爲目的，它包括交通、旅館、遊覽及其他相關的服務。」旅客購買的遊程，既要安全，也要精緻，既要經濟，又要實惠，但因旅遊產品不能預先看貨，旅客自然存有許多疑慮心態，旅行業者在安排遊程設計時，必須了解旅遊產品的特性、旅客的需求及市場的走向，極盡周詳及多方考量才能設計出優良旅遊產品。[1]

(二)遊程的種類

　　旅行業爲了能適應市場需求，策劃遊程不斷地在求新求變，以滿足顧客的需求。遊程種類極其繁多，其種類大致區分如下：

■依照安排之方式區分

＊現成的行程

　　旅行社以其本身的關係、經驗、能力、本身觀點及市場需要等各有利因素，所擬訂出來一定的旅行行程。因各種因素雷同，因此目前各旅行社所安排的行程，其內容均大同小異，行程以大量生產、大量銷售爲原則，價格較爲低廉，以符合大眾需求。

＊訂製遊程

　　即國內各界人士或機關團體因展覽、會議或旅行之目的，自行

招募團員而交給旅行社策劃設計的特別旅遊團體。此種團體多有特定的行程或特定的目的。現成遊程是由旅行社本身所籌辦出來的旅行團，而特別訂製行程是由消費者提出需求，再由旅行社安排及決定價格的旅行團。

■依地域來區分 [2]

*國民旅遊

指國人在本國境內所作的旅遊活動。

*國際旅遊

指國人越過國界到國外的旅遊活動。

■依是否有領隊隨團照料區分

*專人照料之遊程

從出發到旅行結束，全程都有旅行社派遣領隊沿途照料之遊程，領隊費用均由客人分擔，所以大都是團體性質。

*個別和無領隊之小團體

不一定有領隊，只由當地旅行社代爲安排服務。行程安排依照旅客的需求，其費用較高。

■依遊程時間長短區分

*市區觀光

大都花費短暫的時間，作市區文化古蹟之觀光；在這一段時間內，讓旅客對其觀光地區有大概的一個初步印象，作爲對當地參觀的引導基石。

*夜間觀光

同樣是利用短暫的時間去參觀與日間不同的風貌，使觀光客對該地能有更多的了解，且同一地點在日間和夜間會有其不同的景象。

*郊區遊覽

此種遊程安排的時間會較長，因爲通常會到屬於離市區較遠的

地方參觀。

＊其他

依時間的長短，安排出不同地區的行程，有所謂當天往返的一日旅遊行程，或是必須要住宿過夜的多日旅遊行程。

■依遊程特殊區分[3]

＊特殊興趣之遊程

根據旅客特殊喜好與興趣而設計的遊程，如以登山、舞蹈、浮潛、跳傘、美容……等為旅遊主要安排，來吸引其消費者的行程。

＊貿易和會議行程

因為從事貿易活動或參加商務會議，而想順道參觀其觀光點的特殊安排行程。

＊其他

其他因交通工具發達，遂有聯合式之行程出現，如所謂的Fly/Cruise、Fly/Driver、Fly/Cruise/Driver/Land……等不同組合型態的旅遊方式出現。

二、行程的策劃設計原則

近年來隨著旅遊型態的轉變，旅行方式已起了明顯的變化。由傳統多國長天數路線轉變為輕薄短小、短天數、價格較低、範圍小、國家少或是採定點的旅遊。講究文化及精緻、追求深度及知性之旅，漸漸替代了走馬看花式、蜻蜓點水的旅遊觀念。一個旅遊團體無論其行程之遠近、天數之長短，均需要有事前周詳之設計與安排，同時所需要考慮的因素也非常錯綜複雜，但大體上可分為下列幾點：

(一)觀光地點與天數

一個行程所應包括的觀光地點，不但要考慮其知名度，同時要

考慮其可看性，理由很簡單，因為知名度低的觀光景點，必然減少行程本身對旅客的吸引力；可看性不夠時又會影響旅客參加後的旅遊興趣。至於天數之長短則須視旅客之需求以及市場的狀況而決定。此項實為整個內部作業之基礎，也是最難的一步。例如歐洲團香港到倫敦機票價不會因天數而增加，因此利用機票的優勢創造出最好的產品。

(二)航空公司及班次的選擇

選擇航空公司一定要慎重考慮，它飛的這條航線是否和你的行程配合得很好。再來就是考慮這條航線是這家航空公司的冷門線，還是熱門線。應儘量配合航空公司在各不同航線推廣的需求，爭取合理的票價，或以特定的數量求取特惠的票價，及配合淡、旺季機位的考量。除了考慮機票的成本外，還要注意班機起飛、到達時間是否最有利行程的進行，其次機上的服務以及地勤作業人員的配合，往往也是行程設計時所要考慮的事項。

(三)時間的安排

時間的安排對消費者或旅行社本身來講都是非常重要的問題。如果旅行社在安排的時候不注意時間的問題，必定會碰到不能補救的難題。以歐洲團為例：西班牙的鬥牛要每逢星期日才舉行，荷蘭的鬱金香要四、五月才開花，羅浮宮也有關閉的時候，如果旅行社不注意類似上面的問題，一定有和旅客發生爭執的情況。而一般旅行社比較注重另外一種時間安排，即淡季、旺季的問題，事實上對旅行社團體的安排比較沒有影響，只是在出發團數上有多寡之分而已。對旅客來講，他們所注意的時間方面問題是班機的時間、膳食的時間及觀光的時間。消費者最忌將吃飯時間安排在飛機上，或將休息睡覺的時間安排在交通上。只有在萬不得已時，才能不按這一原則，但也要給旅客一個滿意的解釋。

(四)行程的內容

出國最大的目的在於參觀國外的名勝古蹟，以及欣賞當地的風俗民情，然而在有限的天數裡要滿足旅客無限的欲望，想把所有的名勝古蹟一覽無遺，那幾乎是不可能的事情。當旅行團到達一個地方之後，人生地不熟，到哪裡去參觀，才能達到觀光的目的？旅行社的責任在引導旅客去體會最值得的地方、事、物，如何在眾多的觀光地中間挑出有意義的，或在各類遊樂項目中挑最高尚的，是旅行社籌辦旅行團最主要的任務。

(五)交通問題

對旅遊而言，事前周全的準備，是確保旅遊順利的最佳利器，而交通的安排可影響一個行程的成敗。一個旅行團出發之後，在交通方面，除了搭飛機之外就是搭觀光專車，尤其在大城市中，陸上交通可以說是達成觀光目的的主要聯絡工具，是相當重要的一環。因此旅客下飛機之後，一定要有專車在機場等候，送旅客到旅館休息，或到各觀光景點去參觀。因此，對於地面交通的要求是務必準時。如果行程中有以汽車或火車代替空中交通的情況時，必須安排公路或鐵路兩旁景觀絕佳的地段。交通工具的安排除了應配合團體機票的使用條件外，應該特別注意以何種交通工具最能達到旅遊的目的。

(六)食宿問題

良好的食宿安排不但影響旅遊進行，同時也是旅客判斷整個行程水準的重要指標，一般說來國人因為較難適應西菜，所以往往在吃的方面比較難以適應，可是出國的目在於體驗國外的一切，因此應該儘可能以中菜為主，並輔以當地名餚。但是，一個行程下來，總有幾個地方沒有中國餐廳，不能安排中國菜，在此情況下，應該說服旅客嚐嚐當地的口味，增廣見識，開開洋葷，究竟觀光是必定

要「入境隨俗」，才能玩得盡興。

旅館的選擇位置最爲重要，一般而言最好方便旅客購物，同時注意安全問題。一般處理原則是：二人一室爲原則，如有客戶要求單獨一室，則另加費用。對旅客本身較有關係的是住宿旅館的地點。旅館的安排以能靠近市中心爲佳，旅客在空閒時可以出去逛逛，而且購物方面也比較方便，如果距市中心太遠，則會覺得相當不方便，一定要避免。

(七)領隊

領隊對消費者而言，可以說是團體的靈魂。一個好的領隊，對突發事件的處理，定能和旅客取得妥協，不會造成對立的情況。飛機、食宿安排、交通安排、觀光行程安排皆屬上乘，但隨團領隊不好，這個旅行團也沒有成功的可能。所以，培養優良的領隊是目前各旅行社主要的工作之一。有經驗的領隊能和客人打成一片，也最容易取得客人信任。要想辦好團體，一定要安排好的領隊。領隊要了解各地的國情、民俗風情、當地情況、有哪些特色、有哪些觀光點可參觀、如何解說才能使旅客能夠真正了解他所觀光的地方。

海外旅遊團的安排是一項很有趣的工作。對一個團體的安排，即使再妥當的團體，也難保在旅途中沒有突發事件，旅客的生活起居、對團體的褒貶或在途中發生的任何一件小事情，都深深地影響團體的成敗。旅行社流行一句話：「服務是沒有滿分的。」旅行社講究服務，如果是光辦出國手續，那旅行社人員只要把旅客手續辦好，買好機票，送上飛機之後即已完成服務，但是海外旅行團體除上述服務之外，還得派一個人和客人共處數日，若非處理得宜，必定有一些小問題產生，小問題的產生對完美的服務而言，那就是終點了。海外旅行的安排只是旅行社業務的一環，但光這一環也需具備機票、國外歷史、國外地理、時間觀念、外文等知識及能力才能

勝任。

第二節　出國手續

　　國際間旅行手續相當複雜而且經常變動，是每個旅行業新進人員都應該熟悉的基本作業。按照國際慣例，凡出入其國境旅行之觀光客，必須具備下列三種基本之文件，即護照、簽證和預防接種證明。茲將出國應辦理之相關手續分述如**表5-1**，並將流程列於**表5-2**。

表5-1　出國應辦理之相關手續

辦理項目	旅遊方式		辦理單位
	參加團體客人	個別旅客（商務或自助旅行）	
申請護照	由旅行社辦理	旅行社或自辦	外交部
辦理簽證	依各國之規定辦理團體或個別簽證	個別簽證	各國大使館或商務辦事處
訂機位、買機票	團體機位	個別訂位	航空公司
結匯	說明會時辦理	客人自行辦理	各大銀行
保險	旅行社投保200萬元責任險	客人自行決定投保平安險	保險公司
黃皮書	視國家而定	視國家而定	檢疫所、衛生所
旅館	X（由旅行社安排一切）	O（視客人的需要）	各訂房中心或航空訂位系統
國際駕照	X	O（視客人的需要）	監理所
國際青年學生證	X	O（視客人的需要）	特定旅行社或國際青年學生機構

＊X代表不必辦理此項手續或由旅行社代爲安排。
　O代表必須要辦理此項手續。

表5-2　出國作業及收送件流程單

一、聯繫內容：　　　　　　　　　　填表日期_____

旅客姓名：(中)_____(英)_____

　　　　　生日：_____身分證字號_____

旅客姓名：(中)_____(英)_____

　　　　　生日：_____身分證字號_____

旅客姓名：(中)_____(英)_____

　　　　　生日：_____身分證字號_____

聯絡地址：_____介紹人：_____

聯絡電話：(O)_____(H)_____

此次旅行的目的：□(1)FIT　□(2)參團行程_____天數_____

　　　　　　　　□(3)預定出發日期_____

二、承辦項目：

□□ 1.護照　　□□ 護照（新辦、延期、條碼、加別名）　□□____出境證

□□ 2.簽證（國家）_____

□□ 3.機票：行程及日期_____

　　　　　　航空公司_____等級_____報價 $_____

□□ 4.台胞證_____

三、送收／交給客戶證件：　　　收件日期_____

送	收	交		送	收	交	
□	□	□	1.身分證正本（影本）	□	□	□	8圖章
□	□	□	2.護照_____	□	□	□	9.機票
□	□	□	3..照片（底片）	□	□	□	10.退伍令
□	□	□	4.簽證_____	□	□	□	11.訂金_____
□	□	□	5.戶籍謄本（或戶口名簿）	□	□	□	12.報價_____
□	□	□	6.公文	□	□	□	13其他_____
□	□	□	7.台胞證				

四、辦理進度及狀況：

收(送)件人_____　　　承辦人_____

資料來源：康德旅行社股份有限公司

一、護照

(一)護照的定義

　　護照（Passport）是指通過各國國境（機場、港口或邊界）的一種合法證件。一般是由一國的主管單位（外交部）所發給的一種証明文件，予以證明持有人的國籍與身分，並享有國家、法律的保護，且准許通過其國境，而前往指定的一些國家，以互惠平等之原則，請各國給與持護照者必要之協助。因此，凡欲出國旅行者，必須先取得本國有效之護照，始能出國。

(二)護照的種類

　　依據我國法令規定，按護照持有人的身分區分為以下三種[2]：

■外交護照（Diplomatic Passport）

　　是指發給具有外交官身分之外交官或因公赴國外辦理與外交有關事宜的人員及其眷屬。其有效期為三年。

■公務護照（Official Passport）

　　是指發給政府的公務人員或各級民意代表，因公赴國外開會、考察或接洽公務之護照。其有效期為三年。

■普通護照（Ordinary Passport）

　　是指一般人民申請出國所發給之護照。其有效期為十年。

(三)申請普通護照

■所需資料

1.普通護照申請書一式（如**表5-3**）。

2.二吋照片二張。

　　(1)相片必須六個月內拍攝，且不可與身分證之相片相同，除

表5-3　普通護照申請書（正面）

中華民國普通護照申請書
（供有戶籍國民在國內填用）※紅線粗框內申請人免填

| 照片淨貼處 | | 送件旅行社專用欄 | 處理意見 | 收件日期： |
| | | | | 收據號碼： |

附注：
一、最近六個月內拍攝之彩色二吋半身、脫帽、光面、露耳、正面照片，白色或淺色背景二張（不著軍警制服及眼鏡不得反光）不得使用合成照片。
二、間有配件頭飾者其臉部下半不得少於2.5公分及超過3.6公分。
三、不得使用合成照片。

陳蓋某公司名稱、地址、電話、負責人及經辦人名章。

| 收 | 審 | 登 | 歸 | 配 | 校 | 裝 | 品 |
| | | | | | | | |

護照號碼
發照日期
故期截止日期

| 兵役戳記 | 0.□無　1.□國軍人員　2.□服替代役人員　3.□役男　4.□備民役男　5.□接近役齡男子 |

請於虛線框內黏貼國民身分證影本
並請繳驗正本 (驗畢退還)

(正面)　　　　　　　　　　　(背面)

十四歲以下未請領身分證者，須填寫本欄，並附户口名簿（驗畢退還）及其影本或戶籍謄本乙份

| 中文姓名 | | 性別 | □男　　□女 |
| 出生日期 | 民國　　年　　月　　日 | 身分證統一編號 | |

姓名	中文		身分	□一般人民　□國軍人員（含文、教職、學生及聘顧人員）□僑居身分（須附證明文件）
	外文		役別	□後備軍人　□國民兵　□役男　□除役或無　□替代役　□禁役　□免役　□接近役齡男子　□緩辦役政　□停役
	外文別名			是否受禁止出國處分　□是　　□否
出生地		省市		曾否領有中華民國護照　□是　　□否　為是者，倘護照尚未逾期，請續填下欄，並附繳護照。
聯絡電話	(公)　　　　(宅)(行動)		最近護照資料	護照號碼
緊急連絡人	姓名：　　　　關係：電話：(公)　　　　(宅)(行動)			發照日期 公元　　　年　　月　　日
				故期截止日期 公元　　　年　　月　　日
戶籍地址	縣市　　市鄉區鎮　　村里　　鄰　　路街　　段　　巷　　號之　　樓室			
現在住址	□□□			
備註				

申請人請續填背面資料

（續）表5-3　普通護照申請書（背面）

委任書

本人因故未能親往送件，委任＿＿＿＿＿＿＿＿持本人身分證代向外交部領事事務局申辦護照。

委任人簽名：＿＿＿＿＿＿＿＿＿＿

受委任人簽名：＿＿＿＿＿＿＿＿　電話：＿＿＿＿＿＿＿　（與委任人之關係：＿＿＿＿）

受委任人請於虛線框內黏貼國民身分證影本；旅行社請於本欄蓋章

（正面）	（背面）

申請人不先親自申請者，受委任人以下列為限：

一、申請人之親屬（應驗驗親屬關係證明文件及身分證正本，並須填寫委任書欄及黏貼身分證影本）

二、與申請人屬同一機關、學校、公司或團體之人員（應驗驗委任雙方工作證或識別證影本及身分證正本，並須填寫委任書欄及黏貼身分證影本）

三、交通部觀光局核准之綜合或甲種旅行業（應確認申請人資料及照片無誤後，於右方旅行社專用欄加蓋公司名稱、電話、註冊編號及負責人、送件人名章）。

受委任及送件旅行社專用欄

受委任旅行社	受委任及送件旅行社	
如受委任旅行社非本局申請社，旅行社得委託其他旅行社代為送件，收件旅行社須加蓋公司名、電話、註冊編號及負責人、送件人名章	如受委任旅行社為本局申請社，須加蓋公司名、電話、註冊編號及負責人、送件人名章	委託公司（分公司）代辦領事事務人員負責任，本人簽章。申辦護照，並確認申請人所填寫及照片均親核持有護照本人，倘有不實，願負法律責任。

未成年人申請護照應黏貼父或母(或監護人，須繳驗監護證明文件)身分證影本

請於虛線框內黏貼國民身分證影本

（正面）	（背面）

| 簽名欄 | 茲聲明以上所填資料，所附證件及照片俱確實無訛，如有不實，願負法律責任。

申請人簽名：＿＿＿＿＿＿
除未成年人外，不論親自申請與否，申請人均應於「申請人簽名」處親簽。

受委任人簽名：＿＿＿＿＿＿

茲聲明本案未成年人申請護照業經□父 □母 □監護人正式同意。

父親簽名：＿＿＿＿＿＿
　　　或
母親簽名：＿＿＿＿＿＿
　　　或
監護人簽名：＿＿＿＿＿＿ | 領照人簽名欄 | 茲聲明已領花＿＿＿＿＿＿護照乙本
（請填持照人姓名）
，並經詳細檢對所登資料及照片影像確屬申請人無誤。

領照人簽名：＿＿＿＿＿＿（本人）

代領人簽名：＿＿＿＿＿＿

電話：＿＿＿＿＿＿

代領人身分證統一編號：＿＿＿＿＿＿

·領照人如非申請人本人，須繳驗身分證正本
·旅行社代領者請蓋旅行社公司章 |

非身分證是近六個月內新辦。

(2)彩色光面、脫帽、露耳、正面半身照片，背景需淡色，勿著軍警制服或戴墨鏡，不得使用合成照片。

(3)人像自下顎至頭頂長度不得少於二點五公分或超過三公分。

(4)相片一張黏貼，一張浮貼於申請書。所浮貼之申請人相片背面，以鉛筆書寫姓名及出生日期，以免鋼筆之墨水或原子筆之油墨沾污其他相片。

3.國民身分證正本（驗畢退還）及正、反面影本。

(1)國民身分證正、反面影本分別黏貼於申請書正面。正面影本上換補發日期須影印清楚以便登錄。

(2)身分證後面須有出生地，否則須申請戶籍謄本一份。

(3)十四歲以下未請領身分證者，繳驗戶口名簿正本或最近三個月內辦理之戶籍謄本，並附繳影本一份（小孩滿十五歲，一定要申請身分證）。

(4)繳交尚有效期之舊護照。

(5)護照規費：厚頁（五十八頁）新台幣一千兩百元，薄頁（四十二頁）新台幣一千元（遺失重辦只能辦薄頁）。

4.其他文件：

(1)未成年申請護照，應經父或母或監護人在申請書背面簽名表示同意，並黏貼簽名人身分證影本（但已結婚者不在此限）。倘父母親婚姻狀況不存在者，請檢附離婚協議書或法院判決書，以確定其監護權。

(2)接近役齡及役齡男子（年滿十六歲當年一月一日起至屆滿四十歲當年十二月三十一日止）及國軍人員，請持相關兵役證件（已服完兵役、正服役中或免服兵役等證明文件正本），先送國防部或內政部派駐外交部領事事務局櫃台，

在護照申請書上加蓋兵役戳記（尚未服兵役者免持證件，直接申請加蓋戳記），再赴相關護照收件櫃台辦理。

(3)二十歲以上（依年次計算）在學役男在緩徵期間短期出國（兩個月內）旅遊、觀光，申請護照，請逕向外交部領事事務局辦理。已領有有效護照者，可持護照向內政部警政署入出境管理局申請出境許可。未在學役男及十九歲在學役男則須檢附其徵額地鄉（鎮、市、區）公所核准的「役男出境申請書」一份，向外交部領事事務局或境管局辦理。

■護照的申請程序

1.申請人親自辦理。
2.申請人未能親自申請，可委任親屬或所屬同機關、團體、學校之人員代為申請（受託人須攜帶身分證及親屬關係證明或服務機關相關證件），並填寫申請書背面之委任書，黏貼受託人身分證影本。凡屬委任辦理護照應出示雙方身分證。
3.委託綜合旅行社或甲種旅行社代為辦理。

■申領護照之地點和時限

1.申請護照之地點：外交部領事事務局，網址http：//www.boca.gov.tw。
  (1)北部地址：台北市濟南路一段二之二號三至五樓（中央聯合辦公大樓北棟）
     電話：(02)23432888、23432807-8（護照查詢專線）
  (2)中部地址：台中市民權路二一六號九樓
     電話：(04)2222799
  (3)南部地址：高雄市成功一路四三六號二樓

電話：(07)2110605

　(4)東部地址：花蓮市中山路三七一號六樓

　　電話：(038)331023

2.送件時間：週一至週五，上午八點半至下午五點。

3.發照時限：

　(1)申請護照（含加簽）一般件為四個工作天（自繳費之次半
　　日起算）。

　(2)遺失補發為五個工作天（自繳費之次半日起算）。

　(3)元月一日至元月三十一日、三月一日至三十一日，及六月
　　十五日至七月十五日旅遊旺季期間為七個工作天。旅遊旺
　　季期間，凡護照效期在一年以上者原則上暫停受理換發。

(四)申請護照各項加簽須知

1.持照人如欲更改護照中文姓名、外文姓名、出生日期、國民
　身分證統一編號等項目，應將護照繳回，重新辦理一本全新
　的護照。

2.申請護照各項加簽所需證件：

　(1)出生地修正：護照及註有出生地之國民身分證正、影本，
　　或最近三個月戶籍謄本，或有關出生證明文件，無上述證
　　件者，如係在國內出生，需本人親自具結；如係在國外出
　　生，須附經公家認證之具結書。

　(2)僑居加簽：護照及僑務委員會出具之僑居證明函。僑居移
　　簽：護照及原持有效之我國護照已有之僑居加簽、僑居國
　　有效護照或有效長期居留證件。

　(3)外文別名增加、修正：護照及國民身分證正、影本各一
　　份。增加音譯之中文姓名為外文別名者，如譯音與國語發
　　音相差甚遠，須附有關證明文件。

(4)阿拉伯文護照資料加簽：護照。

3.檢同填妥之「護照加簽申請表」及上述有關之證明文件，向外交部領事事務局加簽櫃台申辦。

4.工作天數：一般件為兩個工作天，僑居及阿拉伯文時間另計；緊急提辦件須依緊急提辦規定繳附足資證明須緊急出國之文件。

(五)申請緊急提辦護照須知

1.申請書一份（未成年人應附父或母或監護人同意書並加蓋印章）。

2.繳交照片二張（六個月內拍攝之二吋彩色光面、脫帽、露耳、正面半身照片，人像自下顎至頭頂長度不得少於二點五公分或超過三公分，背景需淡色，勿著軍警制服或戴墨鏡，不得使用合成照片）。

3.國民身分證正本（驗畢退還，十四歲以下未請領身分證者，附戶口名簿正本或最近三個月內申請之戶籍謄本一份）。

4.國民身分證正、反面影本各一份（分開附貼於申請書上，未請領身分證者，附戶口名簿影本一份）。

5.護照規費新台幣一千元。

6.其他文件：

(1)屬婚、喪事件或患重病須至國外治療者（含陪同家屬）：電報、公立醫院或衛生署出具之診斷書或證明者，親屬關係證明文件。

(2)公教人員因公派遣及參加國際性會議或比賽活動有時效限制者：主管機關核准出國函、主辦單位邀請函或比賽相關資料。

(3)出國進修入學時間緊迫者：入學許可、主管機關核准函。

(4)農礦工商人士因簽約、投標、受訓、參加會議、裝修機器
等事由須緊急出國者：營業登記證影本、在職證明書、載
明人事時地之派遣書（以上三項文件須經公司蓋大小章）
及相關足資證明之文件。

(5)因其他重大事故須緊急出國者：足資證明須緊急出國之文
件。

(六)護照遺失的處理及申請

「護照條例施行細則」規定，普通護照如經遺失，持照人應檢
同遺失證明文件向外交部或就近之駐外使領館或外交部授權機構申
請補發。有關補發相關規定茲說明如下：

■補發之限制

1.次數及效期之限制：遺失補發以一次為限，如再有遺失之情
形，必須重新申請。遺失補發之護照，依「護照條例」規定
給予三年效期。遺失補發之護照，倘於有效期間再度遺失，
於申請補發時，將延長審核時間，並縮短其效期為三年以
下。

2.於警局申報遺失護照後，倘以尋回為由申請撤案，僅得於報
案四十八小時內向警局申請撤案（倘已持入國許可證或入國
證明書入境者，不得申請撤案）。

3.已申報遺失之護照，如已經通報國內外，雖在申請補發前尋
獲，仍須申請補發護照，但得依原護照所餘效期補發，如所
餘效期不足三年，則發給三年效期之護照。

■補發之手續

＊在國內遺失護照

1.本人持身分證明文件親自向遺失地或戶籍地警察局刑事組報

案。在國內遺失地不詳者向戶籍地分局申報。

2.旅客辦理他國簽證，護照送大使館（辦事處）時，在該館處遺失者，由館方出具證明，旅客逕往領務局辦理。

3.填寫申請表：本人憑證件親自填寫普通護照申請書之護照遺失作廢申報表、身分證、二吋照片兩張及新台幣一千元。

4.遺失護照再尋獲護照時，需於申報遺失日起算七日內向原申報分局辦理撤銷。如所遺失之護照係由駐外使領館或外交部授權機構所發者，外交部於受理後（另電）請有關駐外使領館或外交部授權機構查報憑辦。

＊在大陸遺失護照

1.本人在大陸遺失護照，應透過大陸「中國旅行社」安排至深圳與香港交界之「羅湖關卡」，請「香港人民入境事務處」與我香港「中華旅行社」聯繫，香港「中華旅行社」協助辦理有關事宜。

2.可由當事人在台家屬向入出境管理局申請入境許可證，寄供當事人持憑返台。國人能設法搭機至香港啟德機場，亦可透過機場「怡中服務櫃台」與我香港「中華旅行社」聯繫，協助辦理有關返國手續。

3.在大陸遺失護照返國後之補發申辦手續，除另須備同入境證副本外，其餘均與在國內遺失護照時之補發申辦手續相同。

＊在國外遺失護照

在國外遺失護照，返國後申請補發，免向警察機關報案，應繳附證件如下：

1.入國許可證副本。

2.檢具我駐外館處核發之證明書正本且國外警察機關報案證明

正本。在國外無法取得報案證明正本者或在機場遺失，須具備航警局保安隊所開「遺失物申請查詢表」，向航警局刑警隊申報或向戶籍地分局申報。

3.護照遺失作廢申請表（免向警察機關報案）。

4.填具普通護照申請書（未成年人尚須填具父母親或監護人同意書蓋章），連同上述證件、身分證、二吋照片兩張及新台幣一千元辦理。

■其他事項

1.補發護照時不得更改原護照上之任何記載，如確有更改需要時，必須繳驗有關證明文件。

2.補發護照必須於新照內註明補發之根據，即必須註明「本護照係憑外交部或某使領館或外交部授權機構於XX年XX月XX日所簽發之XX字第XXXX號護照遺失補發」等字樣，並須將原回台加簽字號及有關限制戳記同時移入新照。

3.凡原持有限制戳記之短期護照出國者，其護照逾期失效，以遺失為由申請補發新照，如未經核准延期得另發短期返國專用護照。惟如原遺失護照尚未逾其效期，可另行補發新照，但其效期應與原遺失護照截止效期相同。

4.未持有國外警察機關報案證明，亦未向駐外館處申辦護照遺失手續者，須先向機場或港口航警局保安隊申請開具「遺失物申請查詢表」，憑此向航警局刑警隊或戶籍地警察分局申報，並取得「護照遺失作廢申報表」，連同申請護照所需相關文件及照片兩張申請補發。

二、簽證（Visa）

(一)簽證的定義

簽證是指該國政府發給持外國護照或旅行證件的人士，允許其合法進出該國境內的證件。各國政府基於國際間平等相助與互惠的原則，而給予兩國國民間相互往來的便利，並維護本國國家安全與公共秩序。因此，各國對於辦理簽證的規定不盡相同。有些國家給予特定的期限內免予簽證，即可進入該國；有些國家發給多次入境的優惠；也有些國家設有若干的規定，需具保證人擔保後，始發出允許入境的簽證。隨著觀光事業之發展，申辦簽證手續之簡化已是如今國際觀光潮流下之趨勢。

(二)我國簽證類別

我國之簽證區分為：外交簽證（Diplomatic Visa）、禮遇簽證（Courtesy Visa）、停留簽證（Stopover Visa）、居留簽證（Residence Visa）四種，現將我國現行簽證類別與規定說明如下：

■外交簽證

＊適用範圍

適用於持外交護照或其他旅行證件之下列人士：

1.外國正、副元首，正、副總理，外交部長及其眷屬。
2.外國政府駐中華民國之外交使節、使領人員，及其眷屬與隨從。
3.外國政府派遣來華執行短期外交任務官員及其眷屬。
4.因公務前來由中華民國所參與之政府國際組織之外籍正、副行政首長等高級職員及其眷屬。
5.外國政府所派之外交信差。

＊簽證效期與停留期限

對於以上人士，得視實際需要，核發一年以下之一次或多次之外交簽證。

■禮遇簽證

＊適用範圍

適用於持外交護照、公務護照、普通護照或其他旅行證件之下列人士：

1.外國曾任之正、副元首，正、副總理，外交部長及其眷屬，來華做短期停留者。

2.外國政府派遣來華執行公務之人員及其眷屬。

3.因公務前來由中華民國所參與之政府國際組織之外籍職員及其眷屬。

4.應我政府邀請或對我國政府有具體貢獻之外籍社會人士，及其家人來華短期停留者。

＊簽證效期與停留期限

對於以上人士，得視實際需要，核發效期及停留期間各一年以下之一次或多次之禮遇簽證。

■停留簽證

＊適用範圍

適用於持六個月以上效期之外國護照或外國政府所發之旅行證件，擬在中華民國境內停留六個月以下，從事下列活動者：

1.過境。

2.觀光。

3.探親：需關係證明，例如被探親屬之戶籍謄本或外僑居留證。

4.訪問：備邀請函。

5.研習語文或學習技術：備主管機關核准公文或經政府立案機
　構出具之證明文件。

6.洽辦工商業務：備國外廠商與國內廠商往來之函電。

7.技術指導：備國外廠商指派人員來華之證明。

8.就醫：備本國醫院出具之證明。

9.其他正常事務。

以上人員應備離華機票或購票證明文件，若實際需要並備「外
人來華保證書兩份」。

*簽證效期

1.對於互惠待遇之國家人民，依協議之規定辦理。

2.其他國家人民，除另有規定外，簽證效期為三個月。停留期
　限自十四天至六十天。

*注意事項

1.停留期限為六十天者，抵華後倘須作超過六十天之停留者，
　得於期限屆滿前，檢具有關文件向停留地之縣（市）警局申
　請延長停留，每次得延期六十天，以兩次為限。

2.停留期限為兩星期者，非因不可抗力或其他重大事故，不得
　延期。

3.持停留簽證者，非經核准不得在華工作。

■居留簽證

*適用範圍

適用於持六個月以上效期之外國護照或外國政府所發之旅行證
件，擬在中華民國境內停留六個月以下，從事下列活動者：

1.依親：需親屬證明。例如出生證明、結婚證書、戶籍謄本或外僑居留證等。

2.來華留學或研習中文：教育部承認其學籍之大專以上學校所發之學生證，或在教育部合格之語言中心已就讀四個月，並另繳三個月學費之註冊或在學證明書。

3.應聘：需主管機關核准公文。

4.長期住院就醫：因病重必須長期住院者，應提供中華民國醫學中心、準醫學中心或區域醫院出具之證明文件。

5.投資設廠：需主管機關核准公文。

6.傳教：備傳教學歷證件，在華教會邀請函及其外籍教士名單。

7.其他正當事務。

以上人員，若實際需要時並備「外人來華保證書兩份」。

＊簽證效期

1.對於互惠待遇國家，依協議之規定辦理。

2.其他國家人民，除另有規定外，其簽證效期為三個月。

＊居留期限

依所持外僑居留證所載之期限。

＊注意事項

1.外交單位受理居留簽證申請案，除外交部另有規定外，均須報外交部請示。

2.持居留簽證進入中華民國境內者，需於入境後二十日內，逕向居留地之縣市警察局申請「外僑居留證」。

3.凡持居留簽證者，非經核准不得在華工作。外籍人士需準備來台簽證申請表及外人申請來華簽證保證書。

(三)國際間簽證的種類[4]

■移民簽證（Immigration Visa）

通常申請移民簽證之目的是取得該國之永久居留權，並在居住一定期間後可以歸化爲該國之公民。

■非移民簽證（Non-Immigration Visa）

是指旅客前往的目的是以觀光、過境、商務考察、探親、留學或應聘等而言。

■一次入境簽證（Single Entry Visa）

所得到之簽證在有效期間內僅能單次進入，方便性較低，通常核發給條件不好之申請人，或兩國間之友誼不夠，只核發對方一次簽證，以便每次重新審核。

■多次入境簽證（Multiple Entry Visa）

即在簽證和護照有效期內可多次進出該國國境。

■個別簽證（Individual Visa）和團體簽證（Group Visa）

爲了便利簽證作業，常要求旅行團以列表團體一起送簽，此種簽證方式之優點，在於省時且獲准之機率較高，但有使用上之限制，必須整團之行動和遊程相同，全團得同進出成單一體，而個人簽證則不受此限。

■落地簽證（Visa Granted Upon Arrival）

即在到達目的國的港口落地後，再獲得允許入境許可的簽證，此種方式通常發生在和我國無邦交、但有經貿往來民間關係良好的國家中（**表**5-4）。

■免簽證（Visa Free）

有些國家對友好之國家給予在一定時間內停留免簽證之方便，以吸引觀光客的到訪（**表**5-5）。

■過境簽證（Transit Visa）

爲了方便過境之旅客轉機之關係而給予一定時間之簽證，該類

表5-4　國人可落地簽證前往的國家

國家停留天數	國家停留天數	國家停留天數
孟加拉 3天	模里西斯 72小時	馬爾紹群島 30天
所羅門群島 3個月	東加王國 30~180天	吐瓦魯 3個月
萬那度 60天	尼泊爾 15~30天	希臘 30天
史瓦濟蘭 1個月	塞席爾 30天	埃及觀光 1個月，商務 3個月
土耳其 30天	塞普勒斯 15天	斯里蘭卡 3天
柬埔寨 30天	巴布亞新幾內亞 60天	布吉納法索 30天
約旦 14天	巴林 7~30天	土庫曼 7~30天
伊朗 48小時	汶萊 72小時	拉脫維亞（需要我駐管代為接洽）
捷克 30天	波蘭 5~30天	匈牙利 30天
巴拿馬 30天	牙買加 30天	

資料來源：觀光局

表5-5　國人可免簽證前往的國家

國家停留天數	國家停留天數	國家停留天數
帛琉 7天	西薩摩亞 30~60天	馬來西亞 14天
關島 15天	塞班島 7天	格瑞那達 3個月
澳門 20天	馬爾地夫 30天	美屬北馬利安群島 45天
聖文森 1個月	密克羅尼西亞群島 90天	聖克里斯多福 3個月
巴哈馬 60天	哥斯大黎加 30天	厄瓜多 60天
多明尼克 14天	委內瑞拉 60天	秘魯 90天
聖露西亞 6週~3個月	瓜地馬拉 30天	斐濟 4~6個月
烏干達 3個月	印尼 2個月	塞內加爾 3個月
新加坡 14天	韓國 15天	

資料來源：觀光局

簽證有的可在機場立即取得，也有必須在出發前辦妥（例如日本等），費用較廉，但須有訂妥之機票及下一目的地的簽證。

■登機許可（OK Board）

通常可分成兩種，一是旅客已取得訪問國的入境簽證，但因寄送不及，旅客先啓程，並將簽證交到訪問國的海關，由他所乘的航空公司人員在旅客抵達出機門時，將簽證交到旅客手中，該簽證資料同時必須先以電傳方式通知前一站搭乘的航空公司准予登機。其二是針對旅客到一些無邦交及無辦理簽證的國家時，由接待單位先行取得當地政府入境許可後，再以傳真的方式，請所搭乘的航空公司讓旅客准予搭機，抵達目的地後，再由相關人員護送入關。

■申根簽證[5]

歐洲爲了共同經濟利益的考量下，在某些合作上已達成共識，漸漸朝向統一的目標，所以參加的國家共同簽署了一項申根公約，自即日起，在台北可以核准前往比利時、荷蘭、盧森堡、法國、德國、葡萄牙和西班牙等國家之短程單一簽證。

＊申請條件

1. 申請者必須持有超過簽證效期三個月以上之護照，同時附上申根國家簽證申請表格及照片（每頁表格一張照片）。

2. 一般狀況之下，簽證可於申請文件遞送後一至兩個工作天核發。

3. 申請人需填妥申請表向主要停留國家之台北辦事處申請簽證，若無法確定主要國家，則依申請人擬前往之第一個國家爲申請國。申請人需提出行程表、機票或其他證明文件，以證明欲前往的國家。

4. 被拒絕核發之簽證申請者，不得前往其他申根簽證國家辦事處再次提出申請，倘若因申請者投遞錯誤，則可轉介至合宜

國家。

5. 短期簽證以外之簽證，如居留簽證、工作簽證、學生簽證、研究員簽證等，並不屬於申根協定之範圍，需分別向擬前往國家之辦事處提出申請，其條件依各國既定之簽證條例而定。

＊申請者提出申請時的注意事項[6]：

1. 倘申請者只想前往申根會員國之一，必須到該國之辦事處申請簽證。

2. 倘申請者想前往數個申根會員國旅行，必須到其主要目的地國家之辦事處申請簽證。

3. 倘主要目的地無法確定，為便於核發簽證，申請者必須以前往之第一個國家為申請國家。

4. 一旦申請類別確定，申請者不得再予更改。

5. 申請簽證所需之文件與以往相同，但簽證核發國可依特殊狀況而要求其他必須之文件。

6. 居留簽證，即停留超過三個月，仍依各國原有規定辦理，故必須向欲居留國家之辦事處提出申請。欲前往法國海外屬地或省分者，則必須向台北法國在台協會提出申請。

(四)簽證實務

簽證（VISA）是前往他國的入境許可證，申請簽證是為旅客辦理出國手續中重要的一環。各國的簽證條件非常多樣化，而且相關法規、表格亦經常變動。在辦理各國簽證之前均應掌握最新正確的資訊，提高效率。茲將辦理簽證作業注意事項敘述如下：

■辦理簽證基本資料

1. 護照（一般均要求效期必須超過六個月，以出發日為依據，

簽名處不可塗改）。

2.照片必須為近照（不能與護照及身分證等相同）。

3.申請表格（須詳細填寫住家地址、電話及公司名稱、地址等資料）。

4.簽證費用（經常變動，需特別注意）。

5.全戶戶籍謄本一份（視前往國家或地區而定）。

6.身分證影印本（供填表用）（視前往國家或地區而定）。

7.相片皆為兩吋相片（若干張視前往國家或地區而定）、國際黃皮書（視前往國家或地區而定）。

8.來回機票或購票證明（視前往國家或地區而定）。

9.商務簽證資料〔邀請函、保證人資料、存款證明、公司推薦函（**表5-6**）、銀行保證書等（**表5-7**）〕。

■辦理簽證注意事項[7]

1.辦理各國簽證資訊，但費用與所需證件時有變更，應隨時更新。

2.並應確實了解旅客出國之目的、出發日、停留期間。

3.向旅客解釋辦件情形，並請備妥相關證件，一次收齊，免得來回奔波。

4.熟悉各國簽證應備證件及公司對旅客收取手續費之標準。

5.必備表格請客戶先簽妥，收件日期必須記載於檔案。

6.務必建立旅客個人資料袋，將基本資料檔案輸入，並記載旅客住家地址、電話及公司名稱、地址、電話、接洽人。

7.簽證表格之填寫或打字應力求整潔、確實。

8.查核送簽之資料是否正確，送簽日期必須記載於檔案。

9.送簽後必須時時追蹤辦件情形，日期是否來得及，是否要補件等，以免耽誤旅客出國日期。

表5-6　英文公司推薦函、英文在職證明書

GUARANTEE LETTER

The
Consulate Ceneral of the
Federal Republic of 國家名
Visa Section
Hong Kong   Date：

Dear Sirs：

Re：MR./MRS./MISS_____

With reference to the visa application of_____who intends to visit Germany for
pleasure/business between_____and_____，we hereby declare that we
shall answer for

1. Return To Taiwan.
2. All Travel Expenses.
3. The costs of Repatriation，if any

Yours faithfully

_____
(Seal and signature of employer)
NAME TYPED
JOB TITLE

表5-7　銀行保證書

BANK ENDORSEMENT

We hereby certify that the above firm is a client of ours and that we consider it to be
managed under sound financial standing. We confirm that signature and seal correspond
to specimen kept in our records.

Bank Address：
Bank Tel：
Account Number：

_____
(Seal and signature of Bank)
NAME TYPED
JOB TITLE

(五)美國簽證實務

　　各國簽證均有其程度不同之困難存在，而美國和我國的經濟、社會、文化等方面關係密切，兩國交流頻繁，對美國簽證的申請程序有正確了解之必要性。同時，我國前往美國觀光、探親、留學人口眾多，對簽證之需求性高。此外，美國簽證標准與是否核準之變數，較其他國家來得多元化，應充分掌握。故特別選擇美國簽證之種類及辦理美國簽證的相關事宜，作爲說明。[8]

■美國簽證的特質

　　根據美國法律的規定，所有美國簽證官在受理簽證申請時，完全被授權決定是否發給簽證，而且所有簽證官均先將所有申請人視爲可能去美國滯留不歸者，除非申請人能提出明確且足夠的證據，顯示申請人將在旅遊行程結束後返台之充足條件。[9]

■美國在台協會台北辦事處（AIT/T）

　　美國在台協會是一個非官方的組織，直屬於美國國務院，雖無官方的名義，但是有官方的實質。該協會的功能類似其他美國領事館，美國在台協會台北辦事處（AIT/T）共有職員三百多人，從事各種與美國利益相關的工作，包括商業服務、經濟與政治報告、農產品銷售、旅遊服務、文化交流及軍售。美國在台協會也有一華語學校、貿易中心及圖書館。美國在台協會台北辦事處在高雄設有分處（AIT/K），負責當地商業推廣、旅遊服務、新聞文化工作，和政治經濟報告。美國在台協會主要的功能有三：1.提供在台美國公民的服務。2.核發國人移民簽證。3.核發國人赴美非移民簽證。美國簽證是美國在台協會既重要且繁忙的工作之一，二〇〇〇年該協會合計發放了約二十七萬件非移民申請，是美駐世界各地簽證簽發辦公室業務量最大者。其中還未包括兩萬名移民的配額。在這以觀光、留學、應聘、探親等名義取得非移民簽證的同時，不乏有企圖居美而滯留不返的人員。而類似這種非法居留的案例日趨嚴重。因

此，美國在台協會的簽證官對於核發美國簽證的審核，也就愈來愈嚴格，而許多不諳申請過程之人士，就是在這種情況下遭到拒絕。為方便國人及減輕該協會的工作量，約有三分之一的簽證申請人不必親自到該協會面談，而可透過團簽、四十歲以上及學校等團體保證的方式，享受免面談的方便。目前該協會在我國觀光局的協助下，核准部分旅行社代辦美國團簽，該協會將定期評估這些旅行社是否都依規定辦理各項手續，若有違規現象將取消送件資格。

■美國簽證的種類[10]

＊移民簽證（Immigrant Visa）

1.至親親屬移民簽證（代號AR）：此類簽證不受配額限制，其申請人必須是美國公民的配偶、未滿二十一歲的子女，以及父母者。

2.優先類移民簽證（代號P）：此類簽證受配額限制，申請人必須是美國公民的子女或兄弟姊妹，或合法永久居民之配偶、未婚子女，專業人才，或美國短缺的工作人員以及上列之配偶。

3.特殊移民簽證（代號S）：此類簽證為美國特殊移民條例中，對美國的合法居民返回美國，宗教傳教士，或海外雇員所簽發特殊移民簽證。曾經申請過非移民簽證，以後再申請移民簽證的人士，美國在台協會尚可考慮其申請，但是若曾經申請過移民簽證，爾後在申請非移民簽證時，美國在台協會乃認為申請人耐不住長期等待配額時間，而想透過非移民的捷徑提早進入美國，而拒絕當事人之申請，除非能有充分文件證明，在過度期間仍需持一般簽證赴美洽公。

＊非移民簽證（Non-immigrant Visa）

美國政府目前對於中華民國人民申請非移民簽證，其資格分為

以下十八類：

1.A類：A-1—政府高級官員，如大使、公使、職業外交官或領事館與其直系親屬等。

A-2—外國政府官員或雇員，與其直系親屬等。

A-3—前兩項人員之隨從、僕役或私人雇員。

2.B類：B-1—商務訪客。

B-2—觀光訪客。

3.C類：C-1—過境的外國人士。

C-2—前往聯合國總部的過境外國人士。

C-3—過境的外國政府官員，及其家屬私、人雇用的人員。

4.D類：D-1—船員或飛行人員（隨原來搭乘的輪船或飛機離境者）。

D-2—船員或飛行人員（不隨原來搭乘的輪船或飛機離境）。

5.E類：E-1—條約商人，其配偶及未滿二十一歲的未婚子女。

E-2—條約投資人，其配偶及未滿二十一歲的未婚子女。

6.F類：F-1——一般學生。

F-2——一般學生的配偶及未滿二十一歲的未婚子女。

7.G類：G-1—外國政府派駐國際機構主要代表與其僚屬及其直系親屬等。

G-2—外國政府派駐國際機構之其他代表與其直系親屬等。

G-3—國際機構之官員或雇員與其直系親屬等。

G-4—前列G-1、G-2、G-3三項人員之僕役或私人雇傭

與其直系親屬等。

8.H類：H-1一具有特別才能之臨時工作者。

H-2一美國所缺乏之臨時工作者。

H-3一受訓人員。

H-4一前項H-1、H-2、H-3三項人員之配偶或子女。

9.I類：新聞工作人員及其配偶，與未滿二十一歲的未婚子女。

10.J類：J-1一交換訪客。

J-2一交換訪客的配偶與未滿二十一歲的未婚子女。

11.K類：K-1一美國公民的未婚夫或未婚妻。

K-2一美國公民的未婚夫（妻）的未滿二十一歲的未婚子女。

12.L類：L-1一國際公司受調派的人員。

L-2一國際公司受調派人員的配偶，與未滿二十一歲的未婚子女。

13.M類：M-1一職業學校的學生。

M-2一職業學生的配偶及未滿二十一歲的未婚子女。

14.N類：特殊移民的雙親。

15.O類：具有格外才能的臨時工作人員。

16.P類：體育選手及娛樂人才。

17.Q類：文化交換賓客。

18.R類：宗教工作人員。

■辦理美國非移民簽證注意事項

＊準備證件及填表注意事項

觀光、探親、短期訪問者所需準備資料如下：

1.申請表格。

2.二吋相片一張。

3.申請費。

4.護照正本須由客人親自簽名,效期六個月再加上預計在美停留時間。

5.全戶戶口謄本。

6.個人扣繳憑單(新任職不滿半年,需繳前一年扣繳憑單)。

7.定存單、股票……等。

8.銀行存摺(最近六個月,金額十萬元以上)。

9.房屋及土地所有權狀。

10.名片(公司負責人需附加經濟部執照)。

11.在職證明及准假證明,E至H項證明有經濟能力,J、K項證明在台有地位、有穩定工作。

商務簽證者,觀光簽證之所有資料,另加以下資料,證明前往美國是為生意上往來。

1.公司來往信件、傳真、電報……等。

2.經濟部執照(正本)。

3.營利事業登記證(正本)。

4.公司營業稅單(正本)(最近三個月)。

5.信用狀(L/C)。

6.擔任職位證明文件。

7.業務及行程計畫,包括預定搭乘航空公司及飛機時刻,預定之住宿旅館,拜訪的公司名稱,拜訪者的姓名、職位。

8.申請人之英文能力或有同行人負責翻譯。

9.對方公司住址、名稱、電話、負責人之資料。

10.證明與對方有商務來往之相關資料。

11.銀行保證信(銀行印鑑及負責人簽名蓋章)。

12.公司保證信(公司印鑑及負責人簽名蓋章)。

應注意事項如下：

1.戶口謄本：最近三個月配偶、子女或有關直系血親完整之戶口謄本。
2.所有證件一律用正本，不得用影印。
3.表格不可以有空白，表格中應特別注意之項目如19、21、29、30、36、37項。
4.誠信之原則，在西方文化中，欺騙是一件很嚴重的事。

＊本人不用親自面談的資格

　　持有中華民國護照，欲申請商務觀光簽證，在過去未被拒簽過，且未提出移民申請，而有符合下列四條件之一者，可不需面談：

1.四十歲以上。
2.二十一歲以上，持有美國在台協會簽發的五年商務觀光簽證。
3.任何一種簽證入境美國。
4.十四歲以下小孩，其父母持有美國簽證，或透過免面談方式同時提出申請者（附戶籍謄本及父母相關護照）。

＊非移民簽證注意事項

1.個別簽證
　(1)美國在台協會之簽證及作業時間：星期一至星期五，早上七時三十分至十一時三十分，台灣及美國國定假日除外（E、L等工作簽證則必須事先預約）。
　　簽證一般可於申請提出後第四個工作天下午二時三十分至三時三十分領取，由於人數眾多及技術上的問題，領件時

間可能會延遲，申請人應儘早提出申請。

(2)簽證所需時間：一天。

(3)簽證有效日期：三個月至五年。

(4)最長停留時間：六個月或依情況而定。

(5)簽證的費用：新台幣一千五百元，簽證不准亦不退費，需事先至郵局劃撥繳款，並在申請當時繳交收據正本，每一人個別劃撥電報費（劃撥帳號：19189005，戶名：美國銀行代收美國在台協會簽證手續費專戶）（參見**表5-8**、**表5-9**）。

2.美國團體簽證

(1)曾經被美國在台協會或其他地區的美國領事館所拒絕的簽證申請人，不可辦理團體簽證。

(2)護照的有效期限需比預定美國居留時間多出六個月以上，如曾去過美國或有辦過美國簽證的舊護照亦須添附。

(3)雖然美國在台協會希望給予每個人免面談申請簽證的機會，但在必要時仍然有權要求申請人親自來美國在台協會再度申請，要求旅行社對申請人某些簽證資料方面作特別澄清。

(4)申請人不誠實，或者有其他佐證認爲企圖欺騙美國在台協會或規避美國移民法者，不可辦理團體簽證。

(5)申請人必須隨團返台，有時會要求返台後旅行社收齊團體護照交驗。

(6)團體簽證爲B-1/B-2簽證，多次入境，有效期限三個月，每一位申請人的簽證申請手續費爲新台幣一千五百元。

(7)審核代辦團簽案件後，如有需要，美國在台協會將依申請表上的業務電話聯絡申請人親自到美國在台協會面談（參見**表5-10**、**表5-11**）。

表5-8 美國非移民簽證申請須知

本申請表是免費發給

非 移 民 簽 證 須 知

（請 細 心 閱 讀）

去美國的人必須有簽證才可以請求入境。依照美國法律規定，所有尋求進入美國的人應辦移民簽證，除非他們能證明他們是屬於各項非移民中之一而有資格領非移民簽證。一般知道的非移民簽證是旅客簽證。為了本人事業關係(B-1)，觀光，探訪親友或其他類似理由(B-2)都領用旅客簽證。為了其他理由，例如政府代表(A&G)，過境旅客(C)，船員(D)，條約商人和投資人(E)，就讀正課或語言學校的留學生(F)，臨時工作人和受訓人(H)，新聞工作人員(I)，交換賓客(J)，美國公民的未婚夫／妻(K)，和國際公司調派員工(L)，就讀職業或補習學校的留學生(M)，特別類移民的雙親(N)，具有格外才能的臨時工作人(O)，體育選手及娛樂人才(P)，文化交換賓客(Q)，宗教工作人(R)，都須領用各類不同的非移民簽證。

已簽證的非移民簽證，僅適合以原申請理由請求入境。比如持有留學簽證不可以去接洽業務或觀光。同樣持有旅客簽證不可以去留學。

持有非移民簽證，不保證一定可以進入美國。持有人到達入境港口時，須經美國移民官檢查。移民官有權拒絕入境。拿到美國簽證的人應該隨身攜帶當時申請簽證所提出的文件，準備再提給移民官看。

非移民簽證的有效期間，表示在這一段期間內可以去美國請求入境；並不表示持有人可以在美國居留多久，居留的長短，是獲准入境時由駐在港口的移民官核定。居留超過核定期限的非移民，可能受到驅逐出境處分。

有些非移民簽證，在申請時需美方提供特定證件，或經由特別申請獲准。例如留學生需要學校發給 1-20A-B或I-20M-N；交換賓客需要邀請機關團體發給 IAP-66；臨時工作人或受訓人，國際公司調派人員，美國公民的未婚夫／妻，體育選手及娛樂人才，文化交換賓客都需要由關係人提出，經由移民局核准的，特別申請書。

有些簽證需要收費。所收的簽證費大約與同類簽證給美國公民所收取的金額相等。

申 請 手 續

1. 以打字，或正楷字體，用英文或中文填寫申請表每一項。

2. 申請時必須有護照。護照的有效期間必須比你預定居留期間多出六個月以上。

3. 每一位申請人，不論年紀大小，都必須個別填寫申請表。

4. 申請表上須貼申請人最近的照片，一英吋半(3.7公分)見方。背面要簽名。

5. 提出能證明申請人去美國的目的以及完成旅行後會離開美國的證件。比如是商業上的旅行可以提出公司的函件；如果是私人旅遊可以提出各種證件，說明旅行計畫，以及為何經過短期居留後一定會回國：例如在國內有親近家人，或有固定職業，或有相當約束力的情況足夠迫使申請人回來等理由。留學生須有 1-20A-B 或 I-20M-N 表。交換賓客須有 IAP-66表。臨時工作人，國際公司調派人員，美國公民的未婚夫／妻，體育選手及娛樂人才，文化交換賓客，須經特別申請手續，有移民局核准文件。條約商人或投資人，美國公民的未婚夫／妻，宗教工作人員，需進一步提出補充文件。申請人必須證明自己有充分財力，或有人會保證他旅美期間的費用。有關所需費用的安排及離美旅費的籌備，須提出證明文件。

以上各節不一定適用所有申請人。視情形有些申請人不必提出上面所講的每一種文件。但有時也會要求申請人提出其他文件，為了避免耽誤時間，最好準備充足的證件。

注意：申請表必須逐項據實填妥，不得留有空白。如沒有完全填妥，將導致拒絕簽證。如事後發覺有虛偽或隱瞞事實者，將導致永久喪失入境美國之資格。

表5-9　美國非移民簽證申請表

請以打字，或正楷字體，用英文或中文填寫每一項

<table>
<tr><td colspan="2">

1. 姓（必須與護照上記載完全相同）請用英文填寫

</td><td colspan="2">

以下空格請勿填寫

B-1/B-2 MAX　B-1MAX　B-2MAX

</td></tr>
<tr><td colspan="2">

2. 名（必須與護照上記載完全相同）請用英文填寫

</td><td colspan="2">

OTHER＿＿＿＿＿＿＿＿＿＿MAX
　　　Visa Classification

</td></tr>
<tr><td colspan="2">

3. 其他姓名(例如婚前姓名,宗教法名,職業取名,別號等)

</td><td colspan="2">

MULT OR＿＿＿＿＿＿＿＿＿＿
　　　Number Applications

</td></tr>
<tr><td colspan="2">

中文姓名及
身分證號碼

</td><td colspan="2">

MONTHS＿＿＿＿＿＿＿＿＿
　　　Validity

</td></tr>
<tr><td>

4. 出生日期(西元)
　日　　月　　年

</td><td>

8. 護照號碼

</td><td colspan="2" rowspan="2">

L. O. CHECKED＿＿＿＿＿＿

ISSUED/REFUSED

ON＿＿＿＿＿BY＿＿＿＿

</td></tr>
<tr><td>

5. 出生地
　縣，市　　　國

</td><td>

發照日期

</td></tr>
<tr><td>

6. 國籍

</td><td>

7. 性別
□男　□女

發照日期

失效日期

</td><td colspan="2">

UNDER SEC.＿＿＿＿＿＿INA

REFUSAL REVIEWED BY＿＿＿＿

</td></tr>
<tr><td colspan="2">

9. 住址（現在居住連絡處）

</td><td colspan="2"></td></tr>
<tr><td colspan="2">

10. 服務機關，公司，或就讀學校名稱及地址
　（不可只填信箱號碼）

</td><td colspan="2"></td></tr>
<tr><td>

11. 住宅電話

</td><td>

12. 業務電話

</td><td colspan="2"></td></tr>
<tr><td>

13. 髮色

</td><td>

14. 眼色　　　15. 膚色

</td><td colspan="2"></td></tr>
<tr><td>

16. 身高

</td><td>

17. 特徵

</td><td colspan="2"></td></tr>
<tr><td colspan="2">

18. 婚姻狀況
□已婚　□獨身　□寡鰥　□離婚　□分居
已婚者，請填配偶姓名和國籍

</td><td colspan="2"></td></tr>
<tr><td colspan="2">

19. 同行人的姓名及與你的關係（如參加旅行團請註明）

</td><td colspan="2">

24. 現在職業(如已退休,請註明前職)

</td></tr>
<tr><td colspan="2" rowspan="2">

20. 你是否申請過赴美移民或非移民簽證？
□否　　□是
何處？＿＿＿＿＿＿＿＿＿＿＿＿
何時？＿＿＿＿　簽證種類？＿＿＿
□簽證領到　　□申請被拒絕

</td><td colspan="2">

25. 誰會提供費用，機票？

</td></tr>
<tr><td colspan="2">

26. 赴美後，在何處住宿，詳列地址

</td></tr>
<tr><td colspan="2" rowspan="2">

21. 你領到的美國簽證是否被取消過？
□否　　□是
何處？＿＿＿＿＿＿＿＿＿＿
何時？＿＿＿＿＿那一個機關？＿＿＿＿

</td><td colspan="2">

27. 去美國的目的

</td></tr>
<tr><td colspan="2">

28. 預定何時到達美國？

</td></tr>
<tr><td colspan="2" rowspan="2">

22. 旅客通常不准工作或上學
　赴美後是否打算就業？　　　□否　　□是
　如答「是」請說明

</td><td colspan="2">

29. 擬在美國停留多久？

</td></tr>
<tr><td colspan="2" rowspan="2">

30. 你是否去過美國？
□否　□是
何時？＿＿＿＿＿＿＿＿
去多久？＿＿＿＿＿＿＿

</td></tr>
<tr><td colspan="2">

23. 赴美後是否打算上學？　　　□否　　□是
　如答「是」，請寫出I-20上的學校名稱及地址

</td></tr>
<tr><td colspan="2" align="center">

非移民簽證申請表

</td><td colspan="2" align="center">

背面各項,亦須填妥

</td></tr>
</table>

OPTIONAL FORM 156 (Rev. 4-91) PAGE 1
Department of State
TSS-107 (1-96)

（續）表5-9　美國非移民簽證申請表

31. (1)你或代理你的人曾否向領事官或移民官表示你有移民美國的意願？　　□是　□否

(2)曾否有人為你提出移民身份的申請？　　　　　　　　　　　　　　□是　□否

(3)曾否申請或有人代你申請美國勞工認可證明？　　　　　　　　　□是　□否

32. 你是否有下列親屬在美國請囫註　　　　　　　　　　　　　　　　　□是　□否

(如有，他們是什麼身份，例如學生，在工作，美國永久居民，美國公民等)

夫或妻 _____ 未婚夫或妻 _____ 兄弟姊妹 _____

父或母 _____ 子或女 _____ 其他 _____

33. 請列出這五年來你住滿六個月以上的外國地方和居留期間 (從現在起倒退列出)□是　□否

|國　名|市鎮|起訖日期|

34. 重要：每一位申請人必須閱讀並回答下列各項：

凡美國法律禁止入境的各類申請人，均不得給予簽證 (事先已獲特准者除外)。

你是否有下列情形之一？

曾經患過公共衛生重大的傳染病，精神病，吸毒或吸毒成癮者？　　　　□是　□否

犯有前科，雖然曾獲得特赦，大赦，或類似的法律減免？　　　　　　　□是　□否

曾經從事管制物品 (毒品) 交易，賣淫，或賣淫仲介者？　　　　　　　□是　□否

曾否用詐騙或故意偽證的方法企圖為自己或協助他人獲取簽證，入境美國，
或其他有關的好處？．．．．．．．．．．．．．．．．．．．．．．．．．．　□是　□否

過去五年內被驅逐出境？．．．．．．．．．．．．．．．．．．．．．　□是　□否

打算進入美國從事違反出口管制規定，顛覆，恐怖，或其他非法活動？ ──□是　□否

在德國納粹政府，或佔領區政府，或與德國納粹政府有同盟關係政府，直接或
間接統制期間，對任何人因為種族，宗教，祖籍，或政治思想理由，以命令，
鼓動，協助，或以其他行為參與迫害行為，或曾經參與滅絕種族之行為者？ ─□是　□否

對以上任何一項的回答是「是」並非自動表示沒有資格獲得簽證。如果你的回答是「
是」，或對任何一項有疑問，最好請你親自來面談。如果現在不能親自來，請另備書
面說明與申請表一齊提出。

35. 我聲明己閱讀並了解申請表各節。我同時證明在申請表所填答案破信均是真實無誤。我
了解任何虛偽或誤導的陳述可能導致永久被拒絕簽證或永久被拒絕進入美國。我亦了解簽
證持有人到達美國港口請求入境時如被發現是屬於禁止入境者，仍然無權進入美國。

申請年月日 _____

申請人簽名 _____

如果申請表是由旅行社或他人代填，應寫出旅行社名稱和地址，代填表的人須簽名

代填表人簽名 _____

以下空格請勿填寫

請貼最近

兩寸照片

OPTIONAL FORM: 156 (Rev. 2-92) PAGE 2
Department of State

表5-10 美國團體簽證客戶基本資料調查表

個人資料：

1.地址：_____ 電話：_____

2.服務機關、公司或就讀學校名稱：_____

　業務電話：_____

　現有職業（如已退休請註明前職）：_____

3.婚姻狀況：□已婚 □獨身 □離婚 □鰥寡 □分居

4.是否有同行者_____

5.你是否曾經申請赴美移民或非移民簽證：□移民 □非移民（觀光商務）

　何處：_____ 何時：_____ 何種簽證：_____

6.你領到的美國簽證是否曾被取消過：□是 □否

7.赴美後是否打算上學或就業：

8.誰提供費用及機票：_____

9.你是否去過美國：□是，何時、多久：_____ □否

10.以前是否曾經：□有人為你提出移民身分的申請

　　　　　　　　□你曾申請或有人代為申請美國勞工局的工作許可

　　　　　　　　□你或代理你的人曾向領事館或移民員表明你有移美的企圖

11.如有下列親屬在美國請註明（如有，他們是什麼身分，如學生、在工作）

　夫或妻_____ 未婚夫或妻_____ 父或母_____ 兄弟姊妹_____ 子或女_____

12.工作年數（美國在台協會規定二年以上）：_____

13.年薪（美國在台協會規定三十萬以上，以扣繳憑單為主）：_____

14.銀行名稱及開戶日期：_____

15.存款金額（美國在台協會規定十萬以上）：_____

16.不動產（房屋，土地）：_____

表5-11　美國團體簽證客戶切結書

```
切結書

    本人擬參加_____旅遊所承辦_____年_____月_____日出發美國
團，委託_____旅遊代辦美國團體簽證，本人聲明已了解申請表上所
填之資料確實是眞實無誤，如有不實或違反美國團體簽證規定，而影響 _____旅
遊在美國在台協會送團體簽證之權益，本人願承擔所有法律及賠償責任。


    本人並同意若屬個人因素未能參加 _____ 旅遊所舉辦之美國團體，
_____旅遊有權主動取消本人獲准之美國團體簽證。


    本人願意隨團返台，在機場出關後，將本人之護照交予本團領隊，以利轉呈
美國在台協會覆檢。


                            切結人姓名_____
```

■ 美國簽證一般審查要點

1. 美國在台協會對非移民簽證發給的基本概念：先假設每位申
   請人都是去美國滯留不回，再根據申請人提出約束（TIES）
   申請人回台灣之條件充足可信者才發給簽證。
2. 美國在台協會審核B-1、B-2簽證的原則：本國各類的約束
   力。
   (1)事業或職業
      ・證明事業或工作單位之存在、穩定與獲利能力，通常用
        營利事業登記證及最近三個月稅單或支票帳簿及其穩定
        收入證明。

．申請人之職位收入及工作之穩定性，而在工作上任職的年資、工作性質也是重要參考指標。如剛大學畢業者、就業時間不長者，或經常更改職業者，均被視爲穩定性低者群。

(2)家庭：配偶、未婚夫妻、子女，包含了申請者的婚姻狀況，此時已婚子女核准率較高，而認爲年輕又單身之穩定性較低較不易獲准。

(3)經濟能力：通常以工作之固定收入及個人存款來衡量申請者前往美國之經濟能力，銀行存摺、流動款項和結餘也是重要指標。以往之銀行存款證明已逐漸喪失正確價值。而在台灣之資產也是其考慮因素之一，如果資產有一定的比例則被視爲穩定性較高者。

．配偶、子女收入證明。

．不動產：土地房產所有權狀或購屋契約。

．其他投資或契約：如股票、股東名冊、股份證明等。

．動產：定存單、存款簿、支票、長期保險單。

．申請理由的可信度：包含去美國的目的、停留時間、何時去、誰負擔費用。

．經費之來源是否足夠或太多。

(4)誠實性

．以前是否申請過簽證，何時，是否被拒絕。

．是否去過美國。

．是否有親戚在美（直系或兄弟姊妹）。

．是否申請過移民（自己或在美國親友代爲申請）。

．是否有同行人。

3.一些私人商號的負責人或是小公司職員，如果有某種商務造訪美國的計畫，那麼就必須至美國在台協會辦理B-1簽證，在

準備文件及面談手續上當然要比一個大型企業的經理要求得更多。

4.簽證不准理由之歸類[11]：

　(1)不誠實，企圖隱瞞、欺騙取得簽證。

　(2)證件不符、表格內容矛盾或與面談內容不符。

　(3)目前的年齡、職業、生活狀態與穩定條件約束力不足。

　(4)申請事由曖昧不清。

　(5)曾經申請過移民，或懷疑有移民或永久停留美國傾向。

　(6)親戚在美非法居留。

　(7)未婚（尤其是未婚女子）較不容易獲得簽證。

　(8)有可能將小孩留在美國當小留學生者。

　(9)有子女是以觀光簽證滯留美國。

　(10)敏感職業：船員、廚師。

　(11)曾經逾期居留者。

　(12)商務簽證：因本身或公司條件因素或商務業務內容不符
　　　美國移民法之要求者。

　(13)學生簽證：通常是以不利的基礎條件草率申請。如無托
　　　福成績、成績不好、學校不好、屬應屆畢業生或非假期
　　　申請。

5.過去該協會規定曾被拒絕簽證者，必須在六個月以後才得再
　申請簽證，現已更改此規定，旅客得隨時重新申請，在台協
　會指出，該協會簽證官可能做出錯誤判斷，核發簽證給不該
　核發的申請人，也有可能拒絕不該拒絕的申請人，因此被拒
　絕的申請人，可以以合理的理由再來申訴。該協會的電腦中
　存有所有簽證人的資料，保存期限為三年，因此重新申請者
　不該對簽證官有所矇騙，舉例言之，一名申請人被拒簽證的
　理由是在一家公司服務期間太短，無法發給商務考察簽證，

當重新來申請時，便可確定提出充分理由，如向簽證官指出，其所服務的公司為其父親的公司，因而有所優遇，便可獲得需要的簽證。

6.較易取得美國簽證的一些申請理由[12]：

(1)觀光。

(2)蜜月旅行。

(3)參觀或參加展示會。

(4)有事前安排好完整的旅行計畫。

(5)參加旅行團。

(6)對家人出國旅行之承諾等。

7.一般簽證的錯誤觀念[13]：

(1)必須依照戶口謄本上的職業作為申請人之職業。

(2)商務護照者必須簽B-1簽證。

(3)儘量隱瞞申請者在美國之親友。

(4)簽B-1才有較長之期限。

(5)申請者有財產、不動產者，簽證一定准。

(6)父母兄弟姊妹之不動產有簽證效用。

8.旅行社處理簽證應有的態度：

(1)誠實性：勿替客人作假，勿教客人說謊。

(2)選擇性：勿浪費時間在沒有簽證核准希望的客人身上。

(3)長遠性：替客人及其他相關親友著想，並保持完整之簽證資料及記錄。

(4)耐心說明，並發掘對客人有利的資料。

(5)詳讀簽證表上之說明，以完整、連貫、合邏輯的原則慎重填寫。

(6)選擇對客人有利的時間做簽證。

(7)控制簽證作業時間，配合客人出國時間。

(8)申請簽證時填寫草率及證件不齊，皆是害人害己、自找麻煩的行為。

9.一般須到該協會排隊面談申請簽證的旅客中，根據該協會的統計，約有75%以上申請人在第一關所謂Easy Line上，僅需數秒的時間，便可獲得簽證。該協會受理簽證的第一關口，先過濾沒有疑問的申請案例，申請人馬上可以獲准於次日工作天取證，但是，第一關口簽證官認為較複雜的案例，則需到其他窗口再面談。

10.暑假期間赴美的親子團多，但是兒童取得簽證後滯留不歸成為小留學生的比例偏高，影響美國在台協會核發兒童簽證的考量。美國在台協會是根據美國政府提供的數據做為參考，並非有意為難。至於申請人抱怨在簽證窗口遭遇不合理或歧視待遇，該協會歡迎民眾以中文或英文寫信向其申訴，所有信件都將有所答覆。

■面談注意事項

1.文件務必攜帶齊全。若有漏帶文件，則會被認為不重視面談，而影響簽證之取得。

2.服裝儀容方面，穿著不宜太華麗，宜樸素、整潔，與身分相配合。尤其女士穿著一定要端莊，淡妝亦是一種禮貌。

3.態度從容，千萬不可緊張。一般而言，簽證官在面談時態度頗友善，一定要把握面談要領，太過緊張常會導致答非所問，引起懷疑。

4.注意談吐及面談技巧：所填的資料一定要非常清楚，所問的問題幾乎都在表格中的資料打轉。有任何問題，均給予其合理的解釋。回答問題時盡量詳述，而不要只答Yes或No。有被拒絕傾向時，一定要以誠懇的態度解釋赴美的目的及理

由，不可與簽證官衝突。

■停留時間

　　申請人取得簽證後，在美國停留時間的長短並不是蓋在護照上的有效期，而是入關時移民官方根據你來訪之目的判斷給予之停留時間，才是旅客真正在美停留時限。美國簽證的有效期限與每次進入美國停留時間無關，停留時間在入美國移民關時決定，時間、目的必須與簽證類別吻合，停留時間超過團體時間者，請帶親友地址電話簿，並避免B-1、B-2簽證者買單程機票入美。

三、結匯

(一)何謂結匯？

　　結匯就是購買出國日常生活用品或旅遊零用金所需的外匯，我國是外匯管制的國家，出國旅行需要的外匯，必須經由中央銀行指定的外匯銀行，才可以申請結匯。結匯一般是在出國之前到各外匯指定銀行辦理，結匯可結外匯現金、旅行支票或匯票，其中匯票較為不便，旅行支票和現金各有其價值。可依需要各結一定比例，至於結匯的金額，可依出國目的、前往國家及停留日數而不同，但依中央銀行的規定，國人每人每年結匯金額不得超過五百萬美金，其中攜帶的現金則有不超過五千美金的限制，旅行支票則無此限制。

(二)如何辦理結匯？

　　結匯手續可親自辦理或由直系親屬、同戶者（憑身分證或戶口名簿）到各外匯指定的銀行等地辦理結匯，但是前往時必須攜帶護照、身分證和現金才可辦理，若是使用銀行本票、支票或匯票者，則各家銀行規定不同，要事先詢問清楚。

(三)現金

現金外幣攜帶太多既不方便也不安全，但有些場合如搭計程車、上廁所、打電話、給小費都需要零錢，最好購買少數小額現鈔備用。另有些百貨公司對於現金購買也較有優惠。理想的比例是旅行支票和信用卡佔80%，而現金則爲20%左右，爲了避免手續費的浪費，最好能依前往國家兌換當地外幣，但不確定要兌換何種外幣時，以兌換美金最爲保險，因爲原則上，美金通行於全世界。

(四)旅行支票

一般來說美金現鈔較實用，變換率高。旅行支票只要簽名就可以當現金用，在國外大多數的飯店或百貨公司都接受以旅行支票支付消費，當你需要現金時，在當地政府指定的外匯買賣銀行也可以兌換成現金，然而，它與現金不同的是，現金一旦失竊，恐怕再也無法找回，而旅行支票萬一遺失，卻可以在當地發行銀行要求補發，掛失金額在五百美金內立付。此外，攜帶旅行支票出境者，並不像外幣現金一樣，需以五千美元爲限。因此，對海外旅遊者而言，旅行支票的確是方便又安全的金錢支付工具。

■旅行支票正確使用方法

旅行支票有兩欄簽名處，一處必須於購買時當場在櫃台人員面前簽上（Signature），一處則留待兌現時，才在兌換者面前簽上（Counter-Signature）。否則不論是空白支票，還是兩款簽名都已簽妥的支票，一旦遺失，便如同現金，很難補救。簽名最好和護照統一，以免造成不必要的麻煩，而一般人總以爲簽名是件很簡單的事而隨意亂寫，這都是不妥當的，而且最好中英文同時書寫，減少失竊的危險，因爲要外國人寫中文畢竟不是件容易的事。

無法親自到銀行購買者可委託代理人代購，但需在掛失單和合約上註明爲第三者購買，旅行支票仍需由使用人簽名以免將來掛失

時，因資料不符而被拒絕補發。為了預防旅行支票的遺失或被扒竊，最好先把支票號碼存根另外存放。萬一遺失，應立即向各地支票發票的銀行申請掛失，並要求補發。旅行支票以美金支票流通性最高，但是其他像英鎊、德國馬克、日圓、港幣、加幣、瑞士法郎等旅行支票也可在市面上流通。美金旅行支票的面額，通常可分為十、二十、五十、一百及一千美元等幾種，可視本身需要，要求銀行開不同面額的支票，旅行支票的用途甚廣，可當現金使用，找回的零錢，可要求兌換當地貨幣，但支付時，簽名或支票的背書，筆跡必須和購買時指定簽名一致。為了預防旅行支票遺失或遭竊，在買進支票時，除了在旅行支票先簽名以外，同時要將使用過的支票的編號、日期、使用對象記下來，和購買時的水單收據聯及補發所需的申請書另外存放。

■旅行支票遺失的處理

萬一遭竊或遺失時，首先要到警察局申報旅行支票遺失，再和最近的發行銀行辦事處或合作銀行聯絡，不一定可當場獲得補發或退還金額，有時需等候幾天。如果遇到周末、星期天或節日，得等更久。但是也有銀行採取二十四小時緊急處理服務，可先詳細閱讀說明書內容。旅行支票、信用卡和護照一起遺失而無法確認本人身分時，非常麻煩，為了以防萬一，最好分別放置。

(五)信用卡

■信用卡的使用

所謂「一卡在手，行遍天下」，正說明了信用卡的便利。信用卡除了可以代替現金在國外消費，免去攜帶大量現金與匯款的不便外，使用信用卡，可節省時間及匯兌的手續費。美國或歐洲等地，它甚至可以代替身分。當你要在飯店登記住宿，或是租用車時，利用信用卡是再方便不過了，而且當你的信用卡遺失時，通常可以迅

速得到新卡，有些地方對利用信用卡的客人有特別的優待，每一種卡片都各有特色，假若認爲信用卡只是單純的付款方式，這就是一種損失。現在一張信用卡可以有各種多樣的享受，ATM的預支現金服務，便是其中的要訣，而其他尚有訂購機票、音樂會入場券等各項便利的預約，以及急需安排醫師或救護車的大小服務等，其方便性眾所皆知。

另外，有關購買的物品如果有所損壞，或者品質不符時的索賠處理等，各家發卡中心的服務內容雖然有些差異，但是多種令人安心的服務是其優點。國際信用卡種類不同，各有特色，申請國際信用卡，需先接受信用調查之後才能取得，一般需時一個月左右，因此，至少出國前一個月要提出申請，以免趕辦不及。目前在台發行的國際信用卡中，發行最廣的是VISA卡，以購物消費的方便度和循環信用貸款制度，爲一般大眾提供信用卡特有服務。而大來卡和美國運通卡則屬於簽帳卡的性質，無信用額度的限制，而且提供有預備現金、免費旅遊意外保險和全球支援的服務，但申請條件較爲嚴格。信用卡限本人使用，並應妥善保管，隨身攜帶發卡銀行的電話，遇有困擾時，爲爭取自己的權益，請立即與發卡銀行聯繫。切記不要做超額度的刷卡，以避免困擾。用信用卡付款時，必須先仔細確認金額後再簽名。

■遺失時的處理方法

應儘量先以電話向發行銀行報備，以利其先期進行卡片掛失停用的作業，避免損失。再至發卡銀行辦理書面掛失、停用手續，並繳納手續費，以申請補發新卡，否則持卡人仍必須負擔被冒用的風險，而且於辦妥書面掛失手續後三日內，必須向警察機關報案。持卡人必須注意的是，不論是正卡或附卡遺失，另一卡都視同掛失，應停止使用，交回發卡銀行。

(六)外幣的兌換

■在國外可兌換外幣的地方

在國外兌換外幣，請準備護照，以備查驗，以下爲各種不同換幣場所，可依需要前往兌換。

1. 機場或車站的銀行：可立即兌換當地貨幣使用，雖然匯率不是很好，但若是抵達時沒有當地的貨幣，可先換取一些必要的金額暫時使用。
2. 市內的銀行：匯率較飯店等地方好，但晚上、周末等日公休較爲不便，適宜需要大筆金額且時間充裕時來此兌換。
3. 街上的匯兌所：有些國家有外幣交換所或掮客遍佈大街小巷，但這些兌換地方要看清兌換率再掏鈔票，以免吃虧。匯率雖然不如銀行好，但在例假日或對有急用的旅客來說相當方便。
4. 飯店櫃台及購物商店：換錢最容易也最方便，但兌換率較銀行低些，且需手續費。不論是匯率或是手續費都比銀行來得不划算，但因爲所在的場所常常位於觀光客往來的地區，故甚爲方便。

■兌換國外外幣現金的手續

1. 在銀行窗口拿出現金或旅行支票時，拿到錢後要核對外匯水單，再兌換時會被要求提出外匯水單，所以要好好保存。旅行支票兌換現金時，有時會被要求拿出護照以示證明。適量兌換當地貨幣，免得用不完改換其他貨幣時，要多付手續費。
2. 若要兌換大筆金額時，最好分批兌換，以免身上帶著過多現鈔，招致不必要的麻煩。最好換些零錢在身上，以應付小

費、公車等不時之需。要注意的是，零錢是不能再兌換回來的，在回國前應花些腦筋使用掉，以免浪費。

3.不要隨意嘗試黑市兌換。有外匯管制的國家，就有黑市外幣買賣，高出官價數倍的匯率，常令人忍不住以身試法前往兌換。但黑市買賣在有些國家是極重的罪刑，尤其共產國家找錯地方或找錯人換錢，可能在異國招致牢獄之災，而且黑市掮客欺騙觀光客的事情頻繁，應十分小心。而在黑市交易較爲公開的國家，使用信用卡只能得到官價匯率，十分不划算，此時則以現金購物較爲划算。

四、健康接種證明

爲了預防傳染病的侵入，以及降低旅客前往海外旅行時感染傳染病的危險，世界各國在國際機場及港口均設置檢疫單位（Quarantine Inspection），對國際間入出境的旅客、航機、船舶實施檢驗。因此若安排旅客前往衛生條件較差或落後地區、疫區旅遊，應告知旅客提前做預防工作，必須實施接種，以確保旅客健康。接種後所簽發的「國際預防接種證明書」（International Vaccination Certificate），由於其證明書爲黃色的封面，故也稱爲「黃皮書」。海外旅行時，它和護照、簽證、機票等，都是不可或缺的必備證件。

(一)預防接種證明書（黃皮書）

由於世界各地入境所需接種的預防疫苗視地區性流行的病例不同而時有變更，最好事先準備。日前國際檢疫傳染病有霍亂、黃熱病、瘧疾等三種，有些國家對於入境旅客會要求察看「預防接種證明書」，但各國要求的種類也不一致，隨時會有變更，所以旅客應先到衛生署或各縣市衛生局或區衛生所洽詢及接種。

(二)預防接種單位

　　若需霍亂預防接種，請逕洽檢疫單位及各縣市衛生所（衛生署檢疫總所、台北檢疫分所、高雄第一檢疫分所、台北市政府衛生局）預防接種完畢，上述單位會發給國際預防接種證明書。預防接種最好在出國前十天或兩週內完成，以免旅行途中產生接種反應而影響遊興。旅行回國後，若身體不適或有疾病徵兆，速到醫療機構檢驗、治療。

五、其他出國相關手續

(一)國際執照與海外租車

　　除了護照、簽證、機票之外，有些證件如國際駕照、國際學生證……等，對於商務旅客及自助旅行之旅客來說，更是迫切需要，可使旅途更順暢，且節省許多經費。國人自助旅行風氣日盛，在國外租車旅遊的情形也日漸普遍。到國外開車，一定要有國際駕照，所以打算在海外租車旅遊者，必須事先申請國際駕照。不過，有些國家不承認我國國際駕照，如日本、澳洲、荷蘭、越南等國，雖然這些國家可用我國國內駕照換發當地駕照，但大都手續複雜。而國內駕照若被吊銷，則國際駕照的效力也同時被取消。

■國際駕照的申請

　　國際駕照的申請手續十分方便。目前，由我國所印發的國際駕照，已從兩年延長為三年，但因世界各國對我國國際駕照承認情況不同，有效期限也不一樣，所以使用時，應事先查詢該國的認可程度，以保自身安全。自民國八十五年三月一日起，申請國際駕照必須於出國前準備駕照、身分證及最近二吋半身光面脫帽照片以及新台幣二百五十元，前往駕照上住址所在地的監理處申請，當天即可核發。國際駕照可登錄五種不同駕駛車種，因此可將小客車與機車

駕照申請在同一本國際駕照上，費用不增加。國際駕照的有效期限最長三年，若在台灣的駕照有效期限低於三年，則依駕照的有效期限爲準。

■租車方法

如要在出國前即把車子租好，可透過航空訂位系統直接在電腦上租車，或經由旅行社協助辦理租車。如事先在國內預約租車，則應預先告訴租車公司你所要的車型，因爲有些國家自排的車子較少，必須事先指定好才能租到。

海外的租車公司多半設在車站、機場的大廳以及飯店附近，一般可直接前往，若是地點不易尋找，可以電話預約。只要翻閱飯店裡的電話簿，就可找到租車的電話。電話預約時要告知希望的車種和租賃期間。直接前往時，則先要在櫃台說明前往處理後，再拿出護照、國際駕照與信用卡，最後再填寫租車契約即可。特別是在信用卡暢行無阻的美國，用現金付款較不受信賴，有時甚至會被要求支付高額的保證金，要特別注意。

■租車和駕車注意事項

1.租車費用：視車子的牌子、車齡和大小而定。有些租車公司按公里收租車費用，有些按日數計算，這點要弄清楚。

2.車子性能：車的安全性最爲重要，租車前不妨親自略作檢查，同時要知道油箱的位置，引擎蓋應怎樣打開。

3.行程：租車時，可把你的駕車計劃告訴他們，了解路面、天氣好壞及附近加油和修理廠的地點。

4.備用工具：向租車的商店索取警告燈、手電筒、風扇、皮帶、汽車工具、裝卸輪胎工具、一個充氣的後備輪胎。

5.保險：租車前，請詳閱保險單上的內容，因爲有些公司說是「全保」，但保險單上卻說明撞傷牲畜不保，離開高速公路的

意外不保等等。假如出了意外，面對龐大的賠償，是個人經
濟能力難支付的。如果不確定所租的車子是否有附帶保險，
必須要與你的信用卡公司或保險公司確認，有些外國租車公
司並不接受信用卡公司提供的保險，反而要求租車人向他們
買保險，如果你要確定租車公司能接受，最好固定向幾家國
際性大型的租車公司租車。

6.雖然幾乎在任何國家都可租到車子，但並不表示你能暢行無
阻，譬如你就不能開車從西歐國家到中歐或東歐國家，因為
那裡偷車賊太多，租車旅行太過招搖。而在義大利租車，租
車公司都會要求你買失竊險，偷車賊之猖獗可見一斑。除了
英語系的國家外，其餘國家的駕駛座大都是在左邊，靠右行
駛。此外，各國交通規則各國不盡相同，交通號誌也大都以
當地語文標示，因此在駕駛時應格外小心。

(二)國際學生證

國際學生證（International Student Identify Card，簡稱ISIC）是
國際間共同認可的學生身分證，唯一聯合國教科文組織（UNESCO）
背書認可的國際通用學生證件（國際駕照、國際學生證、國際青年
卡、HI住宿卡等，是自助旅行很實用的證件，可以節省你的旅行費
用）。國際學生證由國際學生旅遊聯盟（International Student Travel
Confederation，簡稱ISTC）發行，全球發行量兩百五十萬張，國際
學生聯盟成立於一八四九年，總部位於丹麥哥本哈根。持卡人在全
球各地可以享受多項的優惠與折扣，如住宿，交通，博物館、美術
館門票，電影票以及購物等折扣優待。此外還有國際學生救援協助
專線二十四小時待命服務。

(三)國際青年證（IYTC）

由國際學生旅遊聯盟（ISTC）所發行，二十六歲以下的社會人

士才可申請，在全球五十多個國家共有兩百多處服務機構，提供完整的經濟自主旅遊，享受折扣優待，包括渡輪、國際間火車、巴士、區域性火車、國際飛機、區域性飛機、博物館、城堡、戲院、旅行團、餐飲、交通工具租用、娛樂表演、採購、特別區域折扣……等。國際青年證只有在歐洲地區較有用，在其他國家的用處不大。

(四)國際青年旅館卡（Youth Hotel）

國際青年旅館成立的目的，是提供給全球會員青年朋友們清潔又經濟的旅宿，目前全世界有六千多家的青年旅館同步服務，皆以服務青年朋友為目的，在無國界的空間裡，共同促進文化交流，培養廣闊見聞、見識與感情交流。在國際青年旅館除了提供住宿之外，更提供完善的旅遊資訊服務。住宿費用平均十五至三十美元之間。住宿國際青年旅館需持有會員卡，方可住宿；未滿十四歲者需要父母陪同才可進住，部分青年旅館有限制幼兒住宿的規定。某些國家如歐洲的青年旅社很方便、廉價，但是亞洲或美洲的青年旅社就不一定比小旅社方便，你還是應該尋找最適合自己需求的住宿地點。

第三節　團體作業

旅行業服務的範圍，除了為旅客代辦證照與代購航空機票外，最重要的產品就是旅遊行程，也是旅行業最主要的財源。旅行業將本身精心設計的精美遊程，提供給消費者，當旅客決定參加該團體後，即展開一系列的團體作業。[14] 旅行業的團體作業是一種整體團隊作業的公司組合，每一個人的力量要能充分發揮，群策群力，

共同達成任務及達成目標。在整個團體作業當中，每個部門（不論業務部、作業部、票務部……等）及每一個人，都要配合全力支援，才能將團體作業各項事宜辦理妥當。

一、前置作業

前置作業是指在實施團體作業時的預備工作，其目的是為了讓遊客出團順利，和達到公司的經營目標與實踐公司的決策，包括出團地區、出團數平均、年度營業量……等。[15]

(一)擬定年度出團計畫

配合公司決策，擬定年度出團計畫，依據市場評估來分析、擬訂開團之總數量，並將各線預定每一團體的固定人數彙集，初步了解年度預期目標之營業數額與利潤，以做為公司年度之營運指標。前置作業人員應隨時與公司的企劃部及業務部密切協調，掌握市場動態，遇有狀況應立刻向主管部門反映。

(二)建立團體檔案資料

建立檔案必須先設定一個團體代號，如此才便於確認，亦可避免重複。依據年度計畫出團數，將每團建立一個檔案，其內容包括團體編號、團體名稱、旅客人數、出團日期、遊程沿線或目的國家、遊程天數、領隊姓名……等。並且將組團及出團後所發生的一些後續資料，如該團的財務報表、旅客名冊、保險資料、遊程及特殊狀況、檢查記錄等，均應輸入電腦檔案，以作為公司年度工作追蹤的基本資料。[16]

(三)預訂年度機位

航空公司的機位是旅行業遊程中最重要的支援，如果機位不能滿足需求，出團作業將受極大影響，故旅行業出團的前置作業，最

重要的是應獲得有關航空公司的支持與合作，以取得必要的資源。製訂年度行程設計，規劃市場行銷策略後，依照年度預訂出團的計畫與預估人數，考量客源與團體的特性，以不同的價位向多家航空公司發出年度訂位單，預估團體出發的日期與類數標準，以便日後業務銷售人員可廣泛推展，且可控制機位以利團體順利成行。

(四)海外代理商之年度訂團

一趟旅遊包括旅館、餐飲、地面交通、旅遊地點安排、參觀遊覽、導遊解說……等任務。海外代理商在團體作業中，具有舉足輕重的地位。旅行業依據其年度出團計劃及目的地區，選定當地優良代理商，作全年度的系列訂位，包括旅館訂房、交通工具、門票……等的預定，以提供旅行團在當地所需的各種服務。為求團體在整年度中各行程的路線，不論淡季或旺季均能順利暢通，早日完成年度訂團工作，是一件極為重要的工作。由於旅遊市場的變化多端，對於外在市場的脈動、匯率與機票的變遷、旅客的需求等，都要隨時保持高度的警覺。

二、組團作業

前置作業完成後，接下來便是爭取客源組團，組團作業又稱合團作業，尤其是承攬銷售團體旅客業務的躉售旅行業，其客源主要是透過同業的銷售管道而來，接受其參團報名，分別納入其旅遊目標相同的各團體，分類整理，輸入電腦各個相關的團體檔案中，以便隨時做控管工作，將每團人數達到最多，這樣就可以出團了。

(一)受理報名作業[17]

1.受理來自其他旅行社及本公司商務部、業務部和各分公司業務單位之報名手續。

2.從事聯絡和服務的工作，業務代表於組團的名單確定後，即可向參團旅客或同業收取訂金及相關的證件，並隨時協助管制人員掌握團體旅客的最新動態。

3.OP人員應注意電話禮貌和服務態度。

(二)旅客資料建檔作業

業務人員在該團截件日前盡速收齊證件，OP人員對於旅客所附之各項證照資料，均應詳細確實核對，立即依團號分類整理及歸檔。將旅客資料連同旅客特殊要求事項，例如個別回程機位或特殊之飲食習慣等，輸入各團電腦，以建立旅客基本檔案。如有任何疑問，應立即請聯絡承辦人或同行儘快補齊。

三、團控作業

團控作業在團體作業中屬極其重要的工作，也是在運作時所面臨繁雜與艱鉅的任務。舉凡旅客證照的控管，原航空訂位已有固定人數因旅客增減而變動，海外代理商在旅遊旺季時調整原訂旅館或交通工具，這些都是團控作業中常見的問題。因此團控部門的人員與主管，為求公司的營運指標早日達成，均需具備無比的耐力與毅力。同時，團控作業攸關日後遊程的順暢，因此團控部之作業人員更需謹慎小心地處理每一個體。組團旅客的團控作業，時間愈久，變化愈多，諸如旅客人數的變動、團體簽證的時效、航空公司機位的調整、海外代理商的聯繫等，均需隨時密切掌握，以了解最新的動態。

(一)團體簽證作業 [18]

簽證關係團體之順利與否至為深鉅，故辦理時任何小細節均須注意。惟簽證一事頗為複雜，且各項簽證規定又隨時因政治因素等而改變，茲就一般應注意事項概述如下：

1. 追蹤各代理商之名單、證件、簽證用之護照、戶口謄本、相片、存款證明……等是否齊全。

2. OP人員在申辦簽證出國相關手續，應衡量出團時效，整理旅客相關證件，填妥簽證申請表，送往目的地國家的使領館、相關航空公司辦理，或透過簽證中心代為辦理。OP人員需隨時注意團體簽證截件日，以免延誤簽證送辦時效，嚴重影響整個出團作業。

3. 詳細檢查旅客姓名、電話、出生年月日、護照號碼、效期、進入該國日期及地點、前往目的地、相片數張、相片貼得是否正確、有否張冠李戴情形、表格是否短缺、簽名、公司信函及簽章、旅客名單、行程表、飛機班次表、申請效期。

4. 每一團體之每一種簽證無論是整批或分批送簽時，均需有確切的送簽日期及信件名單等。分批送簽時應注意前後批之連貫性及人數之搭配。應特別注意各團、各國之最後送簽期限，並應考慮使領館之工作天數、我方工作天數、送件往返天數、星期例假等情事。

5. 簽證送簽後，確實掌握逾期回件日期，如有延誤應即查明原因及補救之道。

(二)機位數量管制作業

1. 正確數量是管制人員最難掌握的工作，機位太多，增加成本，機位太少，無法滿足旅客所需，所以管制人員必須隨時掌握旅客人數最新動態，密切配合航空公司業務代表，隨時增減機位，儘可能加大團體人數，以獲致最大利潤。

2. 確認機位是否與年度訂位相符，管制人員應隨時保持和航空公司業務員的聯繫及其回報情形。

3. 儘量配合航空公司內勤人員作業，在出發前十四天將正確旅

客名單送達，如欲先進假名單，以確保機位，須先徵得同意，並應留意時效。確實掌握旅客動態，加強平日雙方往來互動關係，以取得有利商機。再次向航空公司訂位「再確定機位」，並將本團確實名單通知航空公司訂位組，且隨時留意該班機起飛與到達時間是否更改，以便早日轉告旅客及通知海外代理公司早作調整與安排。

(三)海外代理商管制作業[19]

1.旅客組團完成後，管制人員除了機位的確定外，同時要立即通知海外代理商預作準備。將團體之主要行程內容、團員名單、出發日期、班次時刻、訂位之電腦代號、房間分配表、領隊姓名等告知國外代理商，以便其訂房、訂餐，並通知調度車輛及接機等事宜。
2.要求代理商報價，且迅速將正確之數告知國外代理商，務必於團體出發前迅速確認團體之住宿飯店。
3.傳真告知其他有變動之情事（例如團體取消、團員之變動等）。國外要求之名單及房間分配表應儘速通知對方。
4.告知國外代理商團體之訂位電腦代號，以便其在國外幫忙Push行程內容的報價。傳真或電告海外代理商本團的正確人數，以利對方早日將人數告知當地旅館或內地航機等，使接待的公司對該團體能做到盡善盡美。

四、出團作業

組團最終的目的就是出團，也是最後的一個階段，前面的三個階段，都是奠基的籌備工作，都是在為本階段的出團任務鋪路，故出團作業至為重要。

(一)開行前說明會

■開行前說明會的目的

　　在團體確定成團時，應開行前說明會，以便最後確認實際參團旅客名單，便於班機之開票及旅館房間之安排，故領隊及全體參團旅客均須參加。目的在使領隊與旅客有初步的認識接觸，降低認同差距，使大家有所共識，增加融洽的合作氣氛，促使團體順利成行。說明會是讓旅客印證旅遊內容最後的機會，最好由領隊親自主持，給客人良好的第一印象，並藉此贏得旅客的信賴。

■說明會準備工作

＊場地的準備

　　場地通常為觀光局之旅遊服務中心、大飯店、餐廳或銀行會議室……等，不過應考慮大部分旅客的住所，團控人員應事先向相關單位訂妥，開說明會前幾天再確認一次。說明會時間不宜過久，通常在一小時至一小時三十分內即應結束，內容簡單扼要，以免客人不耐煩而忽略重點部分。

＊人員的聯絡

　　通知領隊親自出席主持，同時聯絡每一個客人，請他們務必參加，且通知旅客或旅行業者，行前說明會依規定由該團領隊主持。

■說明會當天應準備的資料及文件

　　1.旅遊手冊：

　　　(1)時刻表。

　　　(2)旅館住宿一覽表。

　　　(3)各地區氣候表。了解當地氣候，才能帶符合當地天氣的衣服。

　　　(4)各國幣值兌換表。

　　　(5)各國海關出入注意事項。

(6)各國注意事項。

(7)行程表、地圖及旅程路線。

(8)團員名錄（旅客資料、相片、地址電話）。

2.旅客相關問題統計調查表（見**表5-12**）（如住宿分房、飲食特
殊習慣、回程機位、其他特殊要求……等）。

3.旅遊契約書、行程表、行李牌、貼紙、胸章名牌、旅行袋、
收款單。

■**出國說明會講解內容大綱**

由領隊或主講人主持說明會，其說明會之內容包含將組團狀況
及出國注意事項提出完整的報告，應依前往國家或地區，按照食、
衣、住、行、育、樂之順序逐一介紹應注意事項，出發當天之集合
時間、地點，以及國外之旅遊安全、海關規定、氣候概況等，必須
再三強調。茲將領隊出國說明會範例詳述如下：

＊開場白

領隊或主講人自我介紹，代表公司或主辦單位致謝。

1.本次旅行是由全省各大旅行社與Ｘ Ｘ旅遊聯合舉辦，感謝大
家的支持與愛護。本團團名為**XX**旅遊，總共團友人數有**XX**
人。

2.僅代表公司總經理及全體同仁誠摯歡迎貴賓。

3.詢問言語溝通上是否有困難（是否需國台語雙聲帶講述）。

4.領隊自我介紹。

＊行程及集合

1.集合方式、地點及交通工具。機場報到時間及地點是Ｘ月Ｘ
日當天Ｘ時Ｘ分，於**XX**機場Ｘ Ｘ航空公司櫃台前集合。應特
別強調集合時間及注意準時。

表5-12　團體旅客資料表

姓名：_____　團號：_____　旅行社：_____

地址：_____　電　話：_____

1.是否攜伴參加□是　□否　同宿者姓名：_____

2.攜帶未滿十二歲之子女是否 □佔床 □不佔床

3.其他協議_____

_____

4.對於食物有何禁忌□不吃牛肉　□吃素　□早齋　□無禁忌　□其他

5.團體結束後□隨團返國　□自行返國

　如為自行返國者請填國外聯絡電話，以便航空公司機位之追蹤行程及日期

城市名稱	日期	預定班機	備註

1.依航空公司規定回程停留東京，恕不招待住宿。

2.回程機位變更者，東京住宿招待券及回程機位本公司當以最迅速方式處理，責任
　問題請自行負責。

旅客簽名：

日　期：

*敬請詳細填寫以為本公司服務之參考，謝謝！

資料來源：雄獅旅行社

2.目前進度及說明（人數、機位、飯店……等之確認狀況）。

3.簡介行程的說明及特別注意安全事項。

4.說明飛機班次、飛行時間、時差、飛行路線、出境手續及海關檢查應注意事項，以及出國當天的有關轉機或中途休息站應注意事項，及行程第一站國家的海關、移民局的有關規定。

5.說明手冊內容、遊程沿線據點、遊程天數、遊覽內容及搭車各路段。

6.約略的行車時數及住宿飯店等級與餐飲方式。

7.當地風俗民情之介紹及各國特殊習慣及注意事項。

＊飲食

1.介紹團體用餐情況。

2.午、晚餐以中餐爲主，但各地仍配合安排品嚐當地風味餐。

3.吃飽沒問題，但口味未必完全合於理想，敬請見諒。

4.餐食不含飲料，有飲酒習慣者請自行付費。

5.可準備些許乾糧、零食，沿途享用，視旅遊地區而異。

6.多喝水，多吃水果。沿途儘量補充水分，以維持身體健康。

7.衛生情況差的國家，不要在路邊攤用食。

8.旅客有特殊餐食習慣之調查，如早齋、不吃牛肉、吃素……等，記得於會後蒐集此資料。

9.在進入某些自來水不能生飲的國家，需事先提醒旅客注意。

10.在家習慣用的藥物請準備齊全。

＊服裝與氣溫

1.服裝應配合當地及返國季節需求作準備，以輕便、舒適爲主。金銀珠寶及貴重物品請勿配戴。

2.長途飛行，不穿拘束服裝。視旅遊地點而準備一套正式服裝，以備拜訪或參加正式場合用。

3.歐美地區氣候乾燥，早晚溫差大，請備乳液、護唇膏、面霜及保暖衣物。

4.衣服以易洗快乾之輕便休閒服為佳，但參觀教堂不可著短褲、涼鞋及露肩服裝，風衣及雨鞋可隨意攜帶備用。

5.鞋子以休閒鞋為佳，避免穿新鞋，若要穿新鞋，必須在家先適應，以免過硬而造成腳部疼痛，有穿拖鞋習慣者請自備。

＊旅館

1.分房名單之調查。旅館房間以兩人一室為原則，請互相禮讓使用。

2.如係特別指定住宿單人房者，請於出國前支付差額，以免出國後有所紛爭。

3.告知旅館住宿型態，如美國地區旅館格局較大，日本旅館則較小，而且在溫泉地區則四人一室。

4.有關旅館設備的使用情況，如健身房、游泳池的使用時間及規定。

5.房內設備的情況，如浴室水龍頭開關、付費電視、冰箱飲料……等。

6.冷暖空調（使用暖氣時，需準備一杯水，以免空氣乾燥）。

7.住宿旅館切勿穿著睡衣、汗衫在房間以外場所走動。

8.外出時，請記得攜帶飯店名片，以防迷失時用。

9.安全的維護：

　(1)告知太平門的位置。

　(2)鎖的使用（電子卡片鎖）。

　(3)窗戶的檢查（以防住宿房間緊鄰外面民房，致外人能進入

屋內偷取貴重物品）。

(4)請勿將貴重物品留置房內，旅館有免費保險箱供應。

(5)在旅館內不要隨便開門，一定要確認是熟人才開門。

＊行

1.請遵守交通規矩，各國行駛方向不同，請小心來車方向。

2.乘坐車、船、飛機時請禮讓老弱婦孺，並請遵守規定。

3.有些國家有明文規定司機不可超過工作時數或駕駛里程。

4.告訴客人，若途中迷失，請留在原地，領隊會再回頭尋找。

＊育樂

1.說明行程的走法，因實際行程可能和發給客人行程表略有出入。

2.行程中的自由活動及晚間活動之安排。特別說明額外自費行程及收費標準。

3.加強安全說明，行程安排採購的地點及內容，每人體力不同，請利用時間自行調整。

4.未經公司推薦或自行參加之活動，請旅客自負風險及安全性。

＊行李

1.航空公司對於旅客的行李託運有其限制，如果行李超重必須要付超重費，這個費用應該由旅客個人支付，領隊必須事先向旅客說明白。

2.每人限大行李一件為原則，重量為二十公斤，最好使用硬殼之旅行箱。勿攜帶三、四個行李箱，以免遺失增加困擾，大行李可託運，小行李則隨身攜帶。

3.護照等重要文件及貴重物品,記得隨身謹慎攜帶,請勿置於大行李箱內。

4.使用吊牌及貼紙識別自己的行李。行李必須能上鎖,以防破損,以致行李掉落遺失。

5.請備輕便隨身行李並攜帶常用物品及保暖衣物,以防氣候隨時變化。

6.女性背包不要單肩單背,應斜背以策安全。

7.如有行李件數增減,務必通知領隊。

8.團體經過移民關證件檢查過後,務必在行李台前等候,待所有團員到齊後,確定件數正確再出關,以免有客人遺失。

＊安全

1.攜帶之金錢請勿露白,收藏需隱密,衣物勿華麗,貴重飾品請勿配戴,女士皮包要能斜背,並有拉鍊。

2.舉止勿誇大,言行不喧嘩,行路靠內側,要跟上團體,千萬不要落單。不和陌生人搭訕,平平安安出門,快快樂樂回家。

3.護照、機票、金錢、首飾、假牙、相機、信用卡等貴重物品,請隨身攜帶,妥善保存。

4.另用小記事簿將旅行支票號碼、護照資料、國外親友聯絡方式記下,俾便辦理掛失或聯絡。

5.將護照、機票、簽證影印一份,存放於大行李內,旅行支票兌換水單及黃色存根聯,宜分開保管,俾能於遺失後隨即獲補發。

6.從事戶外活動或水上活動時,特別要遵守安全規定。

＊貨幣、匯兌及小費

1. 攜帶錢幣及物品之限制、兌換率要熟知，以免被外國黑市所欺騙。
2. 台灣出境限制新台幣四萬及美金五千元以內。
3. 旅行支票或信用卡使用方便，另請備美金零鈔（數額多少應明講，銅板過國界就不可兌換）。
4. 在國外支付小費是種禮貌，感謝別人提供的服務，請旅客入鄉隨俗，對當地導遊、司機依慣例支付小費。對團員說明團體已包括之小費項目，如行李之搬運、餐食服務等。

＊必需品的攜帶

1. 個人物品，在當地購買較不經濟而且不適用。
2. 常用藥品及醫生處方（國外藥房只能依處方賣藥）。
3. 計算機、針線包、茶葉、鋼杯。
4. 攝影機、照相機、底片、乾電池。
5. 電湯匙、變壓器、吹風機。
6. 其他。

＊團友與領隊配合事項

1. 團體旅行請守時，切勿遲到，以節省大家時間。
2. 請配掛團體識別證，以利領隊及團員互相辨識，增進友誼。
3. 團體旅行彼此忍讓，互諒互信，同舟共濟，彼此樂趣無窮。
4. 團員中懂英文者，請協助同行團員，可縮短時間。
5. 出門在外安全第一，小心保管自己證件及貴重物品。注意身體健康，保持愉快精神。

■說明會當天同時應辦理之事項

1.協助領隊主持「行前說明會」，確定本團正確的參團人數，做出房間分配表。發給團體標誌、旅行袋、行李牌、胸章。

2.特殊要求行程變化，做最後再確認的動作。詢問團員是否有旅客全程均想使用單人房，如有此情況，旅客應補足費用。注意隨行孩童之住房方式，是否佔房？加床或不加床？另團體中有多少旅客需每日提供幾餐的素食等。對於旅客之特殊要求（飲食禁忌、個別回程、新婚蜜月等）應詳細記錄，轉知OP人員辦理。並將結論轉告海外代理商早作安排。

3.旅遊契約之簽訂。簽訂旅遊要約，觀光局訂有旅遊要約格式，由旅行社印製每人一份，當場請每位客人簽名，如有特殊約定，可再加以補充，以維護雙方之權利與義務。

4.說明保險之規定及保險手續的完成。辦理責任保險，依旅行業管理規則：「旅行期間，每人投保不得少於新台幣二百萬元之責任保險」。

5.安排相關預防的注射（尤其特殊的國家和地區）。安排旅客預防注射，目前只有參加非洲團經過肯亞、埃及等國者才需要注射黃熱病及霍亂疫苗，但請注意注射黃熱病疫苗需十天後才生效。

6.安排結匯事項。準備結匯資料，協助旅客辦理結匯。

7.收取團費及尾款，同時交付旅客代收轉付憑證。說明會當天，旅客出席者眾，也是收取團費的最佳時間，業務代表或OP應負責向各代理商及所有客人收款及催繳團費（團員名單或房間分配表名單一份，並註明各家代理商收費多少，交給會計室，以便其登記收款）。如交付支票時，應以出團前的日期兌現為準。

(二)團體機票開票作業 [20]

在全團人數完全底定後，開立團體機票就成為OP在出發前最重要的工作，事關旅客權益，絲毫馬虎不得。填寫旅客開票名單，按英文字母順序排列，並附中文，送交航空公司開票。

開票名單中，團體開票時應將旅客名單、護照號碼及其中特殊行程之注意事項列表，應註記領隊及隨團人員，列明細表送至航空公司開票，該表應備底留查。機票開出後，應即檢查每一本機票，包括姓名、班機號碼、班次、出發時間、日期及機位等級是否正確。如有個別回程，應在確認時加貼回程更改標籤，如有錯誤，當即退回航空公司更正。開票後，立即逐本檢查，逐張校對有無錯誤。

(三)出團前應準備的工作

領隊人員出團前，不但要了解旅客，也要了解產品內容、預算管制，這一切都從與內勤工作交接開始。能配合OP作業，充分準備各項出團工作，相信對於出國後的工作推展，必能收事半功倍之效。根據內勤人員所備之查核單查核，切忌簽名了事。核對護照、簽證、個別要求之簽證、單獨回程之機票是否相符等。向會計室申請由領隊支付之費用，並注意所攜帶外幣種類及現金或旅行支票，以便配合支付實際所需。團體旅客，人數眾多，全面照顧，實非易事，偶有疏忽，將影響全團之行程，故於出團之前，應再作一次逐項檢查，以確保旅途的順利平安（機場送機及領隊帶團部分請參閱第六章第二節）。

(四)返國後結團作業

團體返國後，OP應向該團領隊取得正確之旅客聯絡資料，寄發旅客意見反映卡（**表5-13**），或是由領隊在返國途中教旅客填寫並清理檔案，以完成一系列OP工作。由上述可知，旅行業內部各項工

作環環相扣，關係密切，每位OP人員均應以最大的耐心和細心，認真負責完成分內工作，以協助業務人員拓展業務，支援領隊順利完成工作，間接地更為公司節省營運成本。因此，OP人員要體認工作之重要性，盡心盡力完成各項作業。

表5-13　團體旅客意見書

親愛的團友們：

　　謝謝您參加此次《雄獅旅遊》的旅行團，但願我們的安排能令您滿意，更期盼藉著您的批評與建議，做為我們更趨完美的指標。懇請您將此意見調查表填妥後寄回，我們將由總管理處為您悉心處理，在此衷心感謝您的支持與合作，並希望很快再有為您服務的機會。敬祝

平安健康

　　　　　　　　　　　　　　　　　　　　　　　雄獅旅遊　敬啟

基本資料：

　　　　旅客姓名：_____　　聯絡電話：_____

　　　　旅行團名：_____　　出發日期：_____

　　　　領隊姓名：_____

問卷調查：

一、旅遊：

＊整個行程安排：□極好　□好　□尚可　□不好

＊旅程進行速度：□太快　□適中　□太慢

＊自由活動：□太多　□適中　□太少

＊觀光節目：□極好　□好　□尚可　□不好

＊請依序寫下您最喜歡的行程安排

　(1)_____原因_____

　(2)_____原因_____

　(3)_____原因_____

＊其他意見

_____

_____

二、餐飲：（一般而言）

□極好　□好　□尚可　□不好

＊其他意見

　較好之餐：_____

　較不佳之餐：_____

（續）表5-13　團體旅客意見書

三、旅館：（一般而言）

□極好　□好　□尚可　□不好

＊其他意見

較好：＿＿＿＿＿＿＿＿＿＿＿＿＿＿＿＿＿＿

較不佳：＿＿＿＿＿＿＿＿＿＿＿＿＿＿＿＿＿

四、司機與車輛：

＊駕駛技術：□好　□尚可　□待改進

＊服務態度：□好　□尚可　□待改進

＊車輛性能：□好　□尚可　□待改進

五、領隊：

＊辦事能力：□好　□尚可　□待改進

＊行程了解：□好　□尚可　□待改進

＊服務態度：□好　□尚可　□待改進

＊整體而言，您對領隊的滿意程度：□極好　□好　□尚可　□不好

原因＿＿＿＿＿＿＿＿＿＿＿＿＿＿＿＿＿＿＿

其他意見＿＿＿＿＿＿＿＿＿＿＿＿＿＿＿＿＿

六、導遊：（一般而言）

＊服務態度：□極好　□好　□尚可　□不好

＊行程解說：□極好　□好　□尚可　□不好

＊整體而言，您對導遊滿意程度：□極好　□好　□尚可　□不好

原因＿＿＿＿＿＿＿＿＿＿＿＿＿＿＿＿＿＿＿

其他意見＿＿＿＿＿＿＿＿＿＿＿＿＿＿＿＿＿

七、參加雄獅旅遊是因為：

□以前曾參加過《雄獅旅遊》　□＿＿＿＿＿＿＿＿旅行社的推薦

□見＿＿＿＿＿＿＿＿報廣告　□親友推薦　□其他＿＿＿＿＿＿＿＿

八、您計劃下次前往之旅遊地點：

□歐洲　□南非　□紐澳　□純紐　□東澳　□西澳　□美西　□美東

□中南美　□美加　□大陸　□港澳　□東南亞　□東北亞　□其他＿＿＿

＊其他建議請詳敘於下：＿＿＿＿＿＿＿＿＿＿＿＿＿＿＿＿＿＿＿＿＿

＿＿＿＿＿＿＿＿＿＿＿＿＿＿＿＿＿＿＿＿＿＿＿＿＿＿＿＿＿＿＿＿＿＿

＿＿＿＿＿＿＿＿＿＿＿＿＿＿＿＿＿＿＿＿＿＿＿＿＿＿＿＿＿＿＿＿＿＿

資料來源：雄獅旅行社

問題與討論

1. 敘述行程安排與設計的考慮原則。
2. 請以城市代號為標記，並以地理方向圖方式，設計一個十五天左右的紐西蘭行程。
3. 詳述東澳的行程、價格及使用航空公司。
4. 試述目前市場上大美西及小美西行程內容。
5. 試述目前市場上熱門海島度假地有哪些。
6. 如何比較旅遊產品的優劣？相同產品為何有不同價格？
7. 試述目前市場上天數最長的行程、天數最短的行程。
8. 試述目前市場上價格最貴的行程及價格最便宜的行程。
9. 試述何謂主題旅遊，試述何謂親子旅遊，何謂計畫旅行。
10. 何謂獎勵旅行及其特色在哪裡？
11. 試述目前國人旅遊的趨勢。
12. 試說明現行我國護照的種類有幾種，並說明其持有人的身分。
13. 詳述護照申請程序及使用方法。
14. 有關役男出國之相關限制有哪些？
15. 簽證的種類如何劃分？
16. 何謂落地簽證？何謂免簽證？
17. 試述申請簽證的途徑。
18. 何謂申根簽證？其對國人赴歐有何影響？
19. 申請赴美觀光簽證需要哪些文件？
20. 試述何謂黃皮書，試述何謂結匯。
21. 在國外兌換當地貨幣應注意哪些事項？
22. 試述說明會當天應備的資料及文件有哪些。
23. 試述出國說明會講解內容大綱。

24.試述團體作業前置作業。
25.試述團體作業組團作業。

註　釋

〔1〕韓傑，《旅遊經營實務》，高雄：前程出版社，1997年10月，頁237。

〔2〕紐先鉞，《旅運經營》，台北，華泰書局，1995年9月，頁316。

〔3〕容繼業，《旅行業理論與實務》，台北：揚智文化事業股份有限公司，
1999年12月，頁341-342。

〔4〕交通部觀光局，《觀光訓練叢書》，1982年，頁66。

〔5〕《旅報雜誌》，第100期，1993年9月，頁317。

〔6〕交通部觀光局，《旅行業從業人員基礎訓練教材》，1996年6月。

〔7〕同註〔3〕，頁364。

〔8〕同註〔3〕，頁365。

〔9〕同註〔3〕，頁378。

〔10〕同註〔2〕，頁311-312。

〔11〕同註〔3〕，頁393-394。

〔12〕同註〔2〕，頁316。

〔13〕同註〔3〕，頁398。

〔14〕同註〔3〕，頁398。

〔15〕同註〔3〕，頁491。

〔16〕同註〔1〕，頁216。

〔17〕同註〔1〕，頁241-244。

〔18〕同註〔3〕，頁491。

〔19〕同註〔3〕，頁316。

〔20〕同註〔3〕，頁341-342。

第六章
導遊與領隊作業

第一節　導遊與領隊

一、導遊的定義、職責與分類

(一)導遊的定義

依據發展觀光條例第二條第十一款，導遊人員指領有執業證，接待或引導來華的國際觀光旅客旅遊而收取報酬的服務人員。導遊人員是觀光事業第一線，國際旅客來到我國，最先接觸到的是導遊，舉凡旅客的交通，住宿，飲食，育樂，帶領觀光客遊覽及參觀各地名勝古蹟，提供有關我國的歷史、地理、風俗習慣上的知識與資料，以及必要的服務，均由導遊人員負責。所以導遊人員的品德、工作態度、學識等的好與壞，不但影響到受僱旅行社本身的業務，也影響到整個國家的形象與觀光事業的發展。

(二)導遊人員的職責

導遊人員是觀光事業的尖兵，工作的第一線人員，與觀光客最先接觸且接觸時間最多、最長者。其基本的責任是對旅客之接待、引導及服務等。現階段我國正處於複雜的國際關係之中，導遊人員必須清楚國家當前的處境，在執行業務時必須達成下列的職責及使命：

1. 導覽工作：提供旅客所需資料，引導及介紹各地名勝古蹟、寶島美麗風光及我國國情民俗，安排旅程及導覽翻譯說明，為旅客安排餐飲住宿，保障旅客權益及安全。
2. 讓旅客了解我國民主自由的實況，宣揚國家社會進步狀況，

並要加以宣傳推廣，報導我國進步實況，如能隨時隨地把握時機，作有計畫的宣傳、報導，相信旅客會留下深刻的印象。

3.介紹悠久中華文化，弘揚我國優良傳統，增加文化交流，讓外國旅客更進一步了解台灣。導遊人員在執行業務時，要把握時機，要隨時隨地發揚我國純樸的民情與平易好客的傳統精神。增進友誼，促進國民外交，做一個國民外交的先鋒。

4.接送旅客入出境的安排、食宿的照料及其他相關業務。導遊人員應依據外國旅行社或旅客的預約及所服務旅行社或機關團體的訂房及訂餐，帶領旅客至該餐廳用餐，及辦理入出境手續。

5.意外事件的處理，保障旅客安全及權益，提供其他合理合法職業上必要的服務。

(三)導遊的分類 [1]

依據導遊人員管理規則第三條之規定，將導遊人員分為專任導遊及特約導遊。

■ 專任導遊

指長期受僱於某一家旅行社執行業務之人員而言，這些導遊人員只能帶領其所服務的旅行社招攬來華之團體旅客；以受僱於一家為限，不得跨越兩家旅行社，也可處理公司一般業務，並有基本之底薪和優先帶團的權利。其執業證應由所服務之旅行社向交通部觀光局請領，離職時需繳回觀光局。

■ 特約導遊

具有合法之導遊資格，而臨時受僱於不特定之旅行社，或政府機關或人民團體舉辦國際活動，為接待國際觀光旅客，而臨時召請來執行導遊業務之人員。無固定底薪，有團時才帶團，其報酬按帶

團工作內容來計算。特約導遊的執業證,由中華民國觀光導遊協會向交通部觀光局請領。

(四)導遊的資格及條件

■導遊的資格

導遊人員必須通過觀光主管機關或受委託機關依據發展觀光條例所辦理的甄試及訓練,在取得結訓證書後,需自己向旅行社應徵,當受旅行業僱用時,由旅行社或由中華民國導遊協會向觀光局請領執業證書,才能執行導遊業務。

1.導遊人員應品德優良、身心健全,並具有下列資格:
　(1)中華民國國民或華僑,年滿二十歲,現在國內連續居住六個月以上,並設有戶籍者。
　(2)經教育部認定之國內外大專以上學校畢業者。
　(3)外國僑民參加甄試另有規定。
2.甄選測驗科目及程序:
　(1)筆試:
　　A.憲法。
　　B.本國歷史、地理。
　　C.導遊常識。
　　D.外國語文(英、日、法、德、西、印馬、韓語,任選一種)。
　(2)口試。
　(3)專業訓練:參加導遊人員測驗合格後,應接受專業訓練(約三週),並須依規定繳交訓練費用。導遊人員若連續三年未執行業務,想再執業時,需重新參加導遊人員訓練,才允許再執行導遊業務。

表6-1 導遊統計資料

語言別	區分	男性	女性	合計
英語	甄試合格	1,296	618	1,914
	執業專任	101	27	128
	特約	425	226	651
	小計	526	253	779
日語	甄試合格	1,570	334	1,904
	執業專任	165	45	210
	特約	948	212	1,160
	小計	1,113	257	1,370
法語	甄試合格	16	31	47
	執業專任	1	0	1
	特約	1	10	11
	小計	2	10	12
德語	甄試合格	22	29	51
	執業專任	2	0	2
	特約	4	10	14
	小計	6	10	16
西班牙語	甄試合格	14	30	44
	執業專任	0	1	1
	特約	3	11	14
	小計	3	12	15
阿拉伯語	甄試合格	5	3	8
	執業專任	0	0	0
	特約	3	3	6
	小計	3	3	6
韓語（大專）	甄試合格	68	44	112
	執業專任	6	2	8
	特約	41	34	75
	小計	47	36	83
印馬語	甄試合格	7	1	8
	執業專任	3	0	3
	特約	3	1	4
	小計	6	1	7
義大利語	甄試合格	0	2	2
	執業專任	0	1	1
	特約	0	0	0
	小計	0	1	1

（續）表6-1　導遊統計資料

語言別	區分	男性	女性	合計
俄語	甄試合格	8	7	15
	執業專任	1	1	2
	特約	4	5	9
	小計	5	6	11
泰語	甄試合格	0	1	1
	執業專任	0	0	0
	特約	0	0	0
	小計	0	0	0
越語	甄試合格	1	0	1
	執業專任	0	0	0
	特約	0	0	0
	小計	0	0	0
韓語（高中職）	甄試合格	7	1	8
	執業專任	0	0	0
	特約	7	1	8
	小計	7	1	8
總計	甄試合格	3,014	1,101	4,115
	執業專任	279	77	356
	特約	1,439	513	1,952
	小計	1,718	590	2,308

資料來源：觀光局，2000年7月1日

■成功的導遊應具備之條件

　　旅遊者對一個國家和人民的印象，會受導遊人員的影響，旅行業接待業務之成敗，常繫於導遊人員服務之良窳。導遊人員本身的修養良好與否，和旅遊業的品質密不可分。茲將成功的導遊應具備之條件分述如下：

＊豐富的專業知識

　　做個導遊人員需精通一種以上外國語文，熟諳台灣各觀光據點內涵，能詳為導覽，了解我國歷史、地方民俗及交通狀況，明瞭旅行業觀光旅客接待要領，端莊的儀容及熟諳國際禮儀。要有充分的專業知識，且應當是學富五車，能言善道，對一個國家的歷史、文

物各方面及所有的名勝古蹟瞭如指掌，對任何事、地、物的說明也能清新有趣、滔滔不絕，使客人的好奇心可以獲得最大的滿足，讓客人能對你的學識加以肯定，也能樹立起你的權威。而要如何豐富自己的專業常識呢？你可以從以下幾點著手：

1. 博覽群書，充實自己：要能上通天文，下知地理，必須懂得本國歷史、地理、政治、經濟等，但也要清楚整個國家社會現象，隨時了解國內外新聞，使自己有一套，讓自己更有內涵，一開口就知有沒有，進而讓自己具有世界觀、國際觀，不但要了解自己國家，也要了解觀光客的國家情形，增廣自己的所見所聞，跟觀光客講解聊天，才會有親切感。
2. 立即行動：追求知識，千萬不要等，等會讓你失去很多知識，全世界的成功者只有四個字「立即行動」，像不知道的天文、地理，馬上去查，馬上記錄，就是你永遠的知識，千萬不要等。

＊整潔的服裝及端莊的儀容

很多人都知道佛要金裝、人要衣裝，而端莊的服裝儀容，大方、清潔，令客人感到清新、爽朗，但不可奇裝異服，因為給客人的第一印象是最重要的。而什麼是適合自己的穿著呢？就是表現出自己的風格，散發出自己的氣質，綻放出自己的光芒，端莊的儀態，優美的、不卑不亢的態度。

＊熱忱的服務

做一個導遊需十項全能，但最重要的是有高度的服務熱忱，必須是出自內心的服務，就像國父說的「人生以服務為目的」，而服務態度必須做到能讓客人激賞，不但建立個人形象，亦能交到朋友。要有熱忱的服務，可從下列幾項探討：

1. 誠眞（誠實、踏實、眞實）：這三個是從事服務業的座右銘。

2. 敬業精神：要比別人多一份付出，比別人多一份用心，且要操作熟練而積極，全力以赴將團帶好，對客人熱忱的服務，應熱情好客，使旅客有賓至如歸之感，並應積極主動，尊重對方，不崇洋媚外。要有敬業精神，能刻苦耐勞。

3. 捉住重點：客人要什麼，需捉住客人的心，使客人得到他想要的。

4. 主動出擊（主動提供服務）：服務業的成功，首重服務熱忱，應該盡心盡力，可利用帶團而結識眾多各行各業的人物，如果你能仔細觀察他們的言行舉止，了解他們如何成功，如何擁有自己的地位，更是自己無形的收入，並應該做到突破客人的陌生心態，主動認識客人，而不是客人認識你。

＊良好的語言能力和表達技巧

說話是一門高深的學問，更是一種藝術，說話就是技巧，沒兩把刷子，說幾句就會有語病，很容易得罪人，何況言多必失、言少也失、不言更失，當導遊不探討、不講究說話的重要，一定不會成功。流利的語言是最重要的工具，做導遊工作，就是靠溝通，表達能力當然十分重要。

＊專業及魅力的領導

1. 尊敬你的客人：首先要做到這點，否則這個團你會帶不好，服務業著重欣賞樸拙與善良，每一個導遊都能在旅客身上發現他們的優點，以這樣的心態來帶團，會更愉快、更成功。

2. 滿足客人的需求：我們的工作就是讓旅客滿意，人人有段愉快美好的假期，使每個客人盡興而返，把自己當作旅遊的客

人，設身處地設想客人要求什麼，儘量關心客人，讓他對你有信心，滿足他的好奇心，玩得開開心心。

3. 多元化的領導：你帶的客人當中，包括了各式各樣的人，職業身分大都不同，可以從他們身上獲得許多寶貴的知識。經驗豐富的導遊可以有比較多的管道和方法處理問題，能隨機應變。

4. 靈敏的反應：旅遊途中，很難保證不發生任何意外，假如有一位反應靈敏的導遊，通常能使意外事件減至最低。萬一不幸發生意外，也能作最適當之處理，使傷害程度降低。

＊高尚的品德及愛國情操

旅行業係服務業，服務行業是以提供勞務獲取利益，所以在待人接物方面秉持誠信原則，表現出高尚的品德，尊重自己的職業，充分發揮敬業精神，公私分明。除此之外，最重要的是導遊人員所接觸的對象是外國觀光客，必須忠貞愛國，以國家利益為前提，以民族榮譽為依歸，以不卑不亢的態度對待外國觀光客，才能做好國民外交的使命，為國家爭取更多的友誼與了解。

(五)解說工作及資料蒐集與運用

解說導覽是導遊工作的重心，講解時，用溫和、友善、正規的態度，內容要言之有據、言之有物、言之有理，生動活潑，有幽默感。多談旅遊者的優點和有興趣的事，多談吉利事。尊重旅客，適當地使用敬語和禮貌用語。用詞得當、語法正確、語音語調傳神。要如何讓自己有良好的語言能力和表達技巧，則應按下列方法不斷練習：

■萬全的準備

導遊是一項知識服務的業務。要樹立導遊職能的權威，一定要有廣泛的學識基礎，才能表現在說明的能力當中；而說明技術的純

熟，就得靠事先妥當詳細的準備，事前充分的準備是解說成功的首要條件。凡事應有充分的準備，多一份準備，多一份信心，導遊說明的範圍廣泛，必須不斷的蒐集資料。[2]

*第一類：旅行知識[3]

包括海關檢查、移民局護照簽證、檢疫規定、國內旅行知識、國際郵電通訊、外幣兌換、食宿與交通、風景遊覽點的解說、美學知識、歷史、地理、文學、建築、宗教、民俗、動植物等各種知識。

*第二類：旅遊途中的解說

國家重要資料，包含國家概況、土地人口、政治、經濟、教育文化、基本國策、國際關係等。還要了解沿途重要城區、景物情形，善於安娜旅途中的文康節目、娛樂和生活方面的解說、各種場合的翻譯講解……等。

*第三類：人際交往知識

必須具有禮節、禮貌方面的知識，熟悉國際禮儀……等。

■訓練自己的口才[4]

平時要不斷的訓練，可參考市面上的書籍或錄影帶，或是向導遊前輩請教學習。說話的題目和取材方向考慮下列因素（What、When、Where、Why、Who、How）：

1.What：意為說話內容，依重要性的程度，整理並簡要記錄下來。

2.When：何時該講這些話，考慮時間與空間配合。

3.Where：於何處說話，即說話場所，說話時不要選擇使團員易分心的場所。

4.Why：為什麼會這樣，說明理由或目的，使聽者容易明瞭而產生信服的態度。

5.Who：旅客因國籍、教育程度、工作及知識背景的不同，對
　於解說的感受能力與興趣也有不同。解說應依旅客的不同，
　適當調整講解內容，不僅應付中階層，又能同時兼顧大眾，
　做到雅俗共賞，老少咸宜，還要具國際性，面面俱到。

6.How：表達時注意事項：

　(1)聲音：導遊人員說明時的聲音，視旅客人數多寡而調整，
　　　避免影響其他人參觀。以宏亮為原則，切忌咬字不清，語
　　　調不暢；也可以用錄音的方式，把自己要講的話先行錄
　　　音，不斷練習。導遊人員還應了解麥克風的使用方法及性
　　　能等。

　(2)速度：不要以連珠炮的速度向團員說話，須顧慮團員的理
　　　解能力。說者本身自己了解內容，但團員尚處於不明瞭狀
　　　態，故應清楚而仔細地傳達，如此方可避免錯誤。

　(3)幽默：一笑解千愁，幽默的談吐會令人樂於親近，減低陌
　　　生感，但切勿太過於做作或失去分寸，否則會降低導遊或
　　　領隊的格調。

　(4)面部表情：導遊人員要有親切、熱心、和善、自然的表情
　　　與態度，經常面帶微笑。運用聲音和表情去做有效的表達
　　　與溝通工具，把你的誠懇、把你的服務熱忱放進你的聲音
　　　和表情中，你說的話自然會產生良好效果。

　(5)姿勢：說話時的姿勢和表情會影響到聽話的人的接受程度
　　　和感覺。導遊人員要注意自己的姿態是否合宜，避免誇張
　　　或不雅的姿勢。

　(6)技巧：向旅客說明面積、高度、長度、深度時，不要說了
　　　一個數字就算了，首先必須考慮旅客本國的度量衡，將換
　　　算好的數字一併告訴旅客，然後再與旅客該國著名高山或
　　　名潭作一比較。同樣道理，向旅客說明歷史年代，如能將

旅客本國的相關年代史蹟一併說出,將使旅客易於理解與比較,並能加深印象。多用問答方式,隨時互動,讓客人有反應。

二、領隊的定義、職責及分類

(一)領隊的定義

領隊英文名稱爲Tour-Escort、Tour-Conductor、Tour-Leader或Tour-Manager,其所扮演的角色,乃爲旅行業者和旅客間的橋梁,旅行社組團出國時,在團體成行時,每團均要派遣領隊全程隨團服務,他必須能掌控團體的一切安排,其中包括機位、巴士、旅館、餐飲、旅遊區的再確認,沿途觀光景點的解說或翻譯工作,並隨時注意旅客健康與安全,保障團員權益,進而正確有效地預防及處理緊急事件。領隊是旅行業從業人員中的一種,就像業務經理、企劃部副理、業務人員、會計或團體OP……等一樣,只是其擔任的職務及工作內容不同而已。

(二)領隊的工作職責

現行法規中並未對領隊的職責做明確的規範,完全由各家旅行社內部自行決定,對領隊的要求依團的性質也有不同。但我國旅客多要求領隊不但要十八般武藝樣樣精通,而且二十四小時全天候服務。基本上,領隊被旅行社派遣執行帶團職務時,是代表公司爲出國觀光團體旅客服務,除了代表旅行社履行與旅客所簽訂之旅遊文件中各項約定事項,最重要的是協助旅客完成一次快樂的旅行。另外更需配合航空公司、旅館、餐廳、司機、當地導遊等有關人員,要爲旅客爭取應有的權益,並能考慮雙方立場。最重要的是注意旅客安全,適切處理意外事件,維護公司信譽和形象。

(三)領隊的分類

在我國現行之旅行業管理規則上,對領隊有專任和特約之分,而在海外旅遊的操作實務上,則有專業和非專業領隊及長程團和短程團領隊的區別。

■法規上之分類[5]

*專任領隊

專任領隊是指經由任職之旅行業向交通部觀光局申請領隊執業證,而執行公司出國團體帶團業務之旅行業職員。

*特約領隊

具領隊資格,經由中華民國觀光領隊協會向交通部觀光局申請領隊執業證,而臨時受僱於旅行業而執行領隊業務之人員。但目前依旅行業法規只有導遊人員經領隊訓練後,才可轉任特約領隊。

■實務上之分類[6]

*專業領隊及非專業領隊

專業領隊指具有合法之領隊資格,並且以帶團爲主要職業,且具備有相當經驗者。專業領隊平時不在公司上班,只有在出團前向所任職旅行社報到,與團體OP配合,處理團體前置作業、開出國說明會、執行帶團作業、團體回國後報帳及報告團體狀況,平均一年三百六十五天中至少一百五十天以上在外執行帶團工作。主要收入靠帶團工作,另外依各家旅行社的不同,可能只領車馬費或基本底薪而已。

非專業領隊指雖具有合法領隊資格,但在旅行業之職務是部門主管、業務代表、會計、團控……等公司各個職位,平時執行公司所賦予之工作任務,並不以帶團爲主要工作,只是在旅遊旺季或領隊不足時,或是公司爲增加其專業技能及帶團實務,而派他擔任帶團工作。

表6-2　領隊與導遊的區分

特性		領隊人員	導遊人員
服務範圍及對象		出國觀光客	來華觀光客
分類		專任及特約	專任及特約
管理法源		旅遊業管理規則（第32條至第35條）	發展觀光條例（第2、3、26、33、34、36條）、導遊人員管理規則（全文二十五條）
管理機關		交通部觀光局	交通部觀光局
執照取得	專任	由任職之旅行社向觀光局申請執業證	由旅遊業向觀光局申請發給專任導遊執業證書
	特約	由中華民國觀光領隊協會向觀光局申請執業證	由中華民國觀光領隊協會向觀光局申請發給特約導遊人員執業證書
培訓	類別	講習	訓練（分專業及在職兩種）
	過程	甄審合格→講習結業→領取執業證→充任	測驗合格→專業訓練→（結業證書）→執業證書→執業→在職訓練→執業
	連續三年來未執業	應重新參加講習，結業始可申請執業證	應重新參加訓練，結訓始可申請執業證書
校驗		每年按期將執業證書繳回綜合、甲種旅遊業或中華民國觀光領隊協會轉觀光局校正	每年查驗執業證書一次，有效期間三年，期滿應向觀光局申請換發

資料來源：觀光局旅行業從業人員訓練手冊

＊長程團和短程團領隊

　　長程團領隊指在歐、美、非、紐、澳……等地區團體的領隊，因為當地導遊每日費用很高，而且並不是每個區都可以請到優秀華語導遊，再加上為了成本及服務之考慮，所以往往由領隊兼任導遊工作。領隊必須要掌控整個團體的行程與氣氛，包括整個團體食衣住行的掌控，因此長程團領隊所需負擔的責任較多，帶團之困難度較高，必須有充分之經驗才能勝任，因此長程團之領隊一般說來經驗較足，外語能力強，旅遊知識也較豐富。

　　短程團領隊指短程團體（如東南北亞地區）的領隊，領隊只要

將團體帶出國，一下飛機就有會說國語的當地導遊及旅行社全權處理，而且當地的導遊幾乎是從頭到尾都跟著，甚至於晚上也跟著，不像長程團即使有導遊，也只有固定的上班時間才來。因此短程團帶團困難度較低，領隊主要是監控團體的品質而已，督導地區導遊有沒有脫軌行為，基本上工作困難度較小，比較難發揮領隊的功能，但短程團領隊是邁向長程團領隊之開始。

(四)領隊的資格

近年由於前往海外旅遊的人數日增，根據觀光局統計，二〇〇〇年台灣出國人口有七百三十三萬人次，平均不到四個人就有一人曾出國旅遊，在這樣龐大的旅遊市場中，領隊供不應求，而出現部分旅遊團出國，其領隊素質不齊，甚至都是無牌的地下領隊的情況。有不少曾出國旅遊的民眾向觀光局反映，部分領隊欠缺相關的史地知識，而使旅遊品質大打折扣。目前觀光局舉辦的國際領隊甄試，也加強領隊的專業素養及加考國外史地，以提升對旅客的服務品質。[7]

■學歷與經歷

根據旅行業管理規則第三十二條規定，報考旅行業出國觀光團體領隊人員，必須為綜合旅行社或甲種旅行業所推薦品德良好、儀表端正並通曉外語，且有下列資格之一者的現職人員：

1. 任旅行業負責人六個月。
2. 大專以上學校畢業或高考及格，任旅行業專任職員六個月。
3. 高級中等學校畢業或普通考試及格，或二年制專科學校、三年制專科學校、大學肄業或五年制專科學校規定學分三分之二以上及格，服務於旅行業任專任職員一年。
4. 服務旅行業任專任職員三年。
5. 大專以上學校觀光科系畢業者。

■筆試測驗

在具備上列各項報考資格後則爲筆試測驗，目前測驗項目中包括外語及領隊常識兩項。

1. 外國語文：英語、日語或西班牙語任選一種，並分爲聽力及用法兩項。

2. 領隊常識：

   (1)觀光法規、入出境作業規定、護照、外匯常識、旅行業法規及旅遊要約……等。

   (2)帶團實務：國內外海關手續、國內外檢疫、各地簽證手續、旅程安排、航空業務、緊急事件處理等。

3. 領隊甄選錄取標準爲：

   (1)外國語文聽力及用法兩項成績總和不得低於一百二十分，任何一項不得低於五十分。

   (2)領隊常識（觀光法規與帶團實務）不得低於五十分，報考者若合於以上標準即予錄取。

■領隊專業講習

測驗合格後，應接受專業講習，經密集訓練且測試合格後，才正式成爲一個合格的領隊。但領有領隊執照，若連續三年未執行領隊業務，則需重新參加領隊人員講習訓練，才能執行領隊業務。

■大陸領隊

目前觀光局考慮業者的立場及實際上的需要，每年另有舉辦大陸領隊考試。報考大陸領隊資格及甄訓的規定如同國際領隊，唯一不同是大陸領隊不考外國語言，只考領隊常識，因此取得資格後只可帶團至大陸地區。

表6-3　領隊統計資料

語言別	區分	男性	女性	合計
英語	甄試合格	8,309	10,597	18,906
	執業專任	5,499	6,574	12,073
	特約	136	71	207
	小計	5,635	6,645	12,280
日語	甄試合格	2,039	925	2,964
	執業專任	994	541	1,535
	特約	176	56	232
	小計	1,170	597	1,767
法語	甄試合格	7	7	14
	執業專任	1	2	3
	特約	1	2	3
	小計	2	4	6
德語	甄試合格	6	8	14
	執業專任	0	1	1
	特約	1	1	2
	小計	1	2	3
西班牙語	甄試合格	10	10	20
	執業專任	5	4	9
	特約	0	1	1
	小計	5	5	10
阿拉伯語	甄試合格	2	1	3
	執業專任	1	1	2
	特約	0	0	0
	小計	1	1	2
韓語	甄試合格	9	11	20
	執業專任	5	2	7
	特約	3	4	7
	小計	8	6	14
印馬語	甄試合格	0	1	1
	執業專任	0	0	0
	特約	0	1	1
	小計	0	1	1
義大利語	甄試合格	1	0	1
	執業專任	0	0	0
	特約	0	0	0
	小計	0	0	0

（續）表6-3　領隊統計資料

語言別	區分	男性	女性	合計
俄語	甄試合格	1	1	2
	執業專任	0	0	0
	特約	0	1	1
	小計	0	1	1
粵語	甄試合格	1	0	1
	執業專任	1	0	1
	特約	0	0	0
	小計	1	0	1
總計	甄試合格	10,385	11,561	21,946
	執業專任	6,506	7,125	13,631
	特約	317	137	454
	小計	6,823	7,262	14,085

資料來源：觀光局網站，2000年7月1日

(五)成功的領隊應具備之要件

■豐富的旅遊專業知識、良好的外語表達能力及溝通表達技巧

解說翻譯深入淺出，讓客人明瞭，才能與旅客分享您的旅遊知識。領隊本身需精通各國的報關手續，應事先了解哪些物品不得攜入；要具備良好的外語能力，並能作充分溝通，以謀取團員的福利。

■服務時扮演各種不同的角色

領隊應有正確的工作性質體認及人生觀，公平對待每一位團友，遇到困難時要運用智慧排解不愉快的場面，如遇旅客有過分要求或抱怨時，找出事情的根本，設身處地為旅客著想，當然也要考慮公司的立場及成本。

■強健的體魄、端莊的儀容與適當的穿著打扮

領隊人員應經常保持一個端莊之儀表和良好之風度，衣著要大方整潔，令人有清新爽朗的感覺。領隊必須能辦理通關手續及有緊

急狀況的應變能力，協助旅客完成愉快的旅程。所以領隊必須具有強壯的體魄、過人的耐力、堅強的意志力、規律的生活才能勝任。

■良好的操守、誠懇的態度及高度的敬業精神

　　領隊人員應建立和遊客間之信心，以發自內心的真摯與熱忱，免除他們的不安和緊張感。領隊絕對不可與團員產生金錢糾紛及感情，會引起團員對你缺乏好感，影響整個旅遊氣氛甚至引起旅遊糾紛，故領隊具備良好的操守，平時即應建立良好的生活規範。

■吸收新知、掌握局勢、隨機應變

　　領隊所接觸的人層面廣泛，如無法多方面學習，實在很難應付時代的潮流，故應處處虛心學習，隨時充實自己，平時要多閱讀報章雜誌，不斷蒐集資料以應付各種狀況。臨機應變要迅速確實，敏感度高，觀察入微，反應快，有良好的領導統御能力，才能掌握水準參差的團員。

■良好的帶團技巧

1.旅客至上，任勞任怨。

2.代表公司堅守立場，態度不卑不亢。

3.儘速贏得客人對你的尊敬和信賴。

4.營造團體和諧愉快的氣氛。

5.掌握要點，化繁為簡。

6.預埋伏筆，事先讓旅客知道行程進行方式，先給預告，先給教育。

7.客人應注意的事項，領隊應不厭其煩再三叮嚀。

8.防患於未然，凡事豫則立，不豫則廢。

9.冷靜、機敏、應變、圓通、老練。

第二節　帶團作業

一、導遊帶團作業

　　導遊人員接到指派單位，應該設想如何做好準備工作及如何帶好一個團體，並且進一步了解觀光團體組成的分子，如職業、年齡，以便準備談話資料，並清楚旅客對於餐飲、住宿有無特別需求。導遊的工作是多方面的，可說是知與能的結合，所以事事應細心準備，大處著手，小處著眼，千萬不能掉以輕心。[8]

　　導遊實務工作的內容包羅萬象，既是知與能的結合，也是才與藝的具體表現。在實務工作中，應從大處著眼，小處著手，有恆心地累積工作經驗，謹慎學習求得自我之成長。在帶團作業中要有周密之工作計畫和完善執行的能力。

(一)導遊帶團的作業流程

■帶團前作業[9]

　　導遊守則（應備條件、職責、戒律、服裝儀容……等）→前置作業（了解團況：旅客的組成、行程安排、訂餐方式、帶團器材準備……等）。

■隨團服務作業

　　機場接機作業（入境程序）→隨團服務之執行（旅遊景點、交通工具、緊急事件處理）→送機作業（旅客離境）。

■結團作業

　　報帳（帳單整理、事件報告……）→接待報告書→後續服務。

(二)導遊帶團作業實務

■帶團前置作業

　　導遊人員在接到接待旅行團的任務後，到面對旅客執行導覽工作前，即應進入準備工作狀態，做好各種準備工作，以便確實、圓滿地完成導遊工作。其內容包括掌握團體行程、了解團體基本資料、身心與專業知識準備、物料準備等。茲分述如下：

＊掌握行程安排

　　確認OP作業是否全部完成。仔細研究旅程表、日程表與旅行條件，弄清收費與行程之安排。核對檔案的記錄有無錯誤，如國內線及回程飛機、火車及看表演的時間是否順暢、大約的車程。

1. 旅館：確認所住飯店、所需床位和房間數。Room List及Hotel Card需事先打好或寫好姓名，以便當天分配房間後，即可填寫房號發給旅客。多帶識別胸章，通常比預定人數多帶幾個，以便若有遺失者可隨時補發，並看客人是否有特別要求。

2. 餐廳：掌握飲食地點與標準，注意團體是否有特別要求，團員是否有特殊飲食習慣。

3. 遊覽車：確認搭乘哪一家遊覽車公司的車、車型及約定時間。

4. 飛機和火車：乘坐國內班機時，公司把機票交給導遊，導遊必須根據旅客團體名單，仔細核對。如行程中有乘坐火車時，購買團體火車票，必須由旅行業者事先申請，可在兩天前購買。

5. 其他：在公司經費允許下，對新婚夫婦或生日的旅客，可以以公司名義送他們一點小禮物，使他日後留下甜蜜的回憶。

＊瞭解旅行團的性質

接團前，對旅行團的性質及團員資料要能瞭若指掌，團體因組織結構不同，接待方式也有別。確定自己的基本接待服務方向，以便能很快運作進入狀況，並做適當的準備與安排。

1.來華目的及次數：觀光、探親、商務、訪問、宗教、比賽、會議。
2.旅客分析：職業、年齡、性別、學識、國籍。

＊身心準備

導遊人員給旅客的第一印象至關重要，生活習慣要正常化，以維持健康的體能，接團前身體調適，如睡眠充足、精神飽滿，可讓旅客留下良好的印象。導遊人員應有面對繁雜工作的精神準備。因此要能調整自己情緒，集中工作精神，要儘量釐清雜念，迎接工作挑戰。導遊在執行業務時，必須靈活運用，才能把原則性工作適切傳達給旅客，因此，必須在不變原則下，彈性應用下列流程：

1.充實專業知識：為利於翻譯工作順利進行，應對相關學科與專業外語辭彙加以充實，充實特殊領域的知識以配合旅客的特質，與客人交談時不至於說外行話。
2.談話、資料、行程：準備旅客感興趣的知識與話題，將一個行程可能發生的各種問題，事先一一列出來。尤其沿途之人文與自然資源相關之介紹與統計數字等。
3.環境因素：接待前準備相關浮動資料，例如兌換台幣匯率、氣溫、住宿旅館及其周圍環境、非固定流動資料。

■機場接團作業

機場接團作業係接待服務成功與失敗的關鍵。導遊除代表個人外，亦是公司的代表，也是中華民國的外交特使，直接影響我國的

形象，故不得不慎重。導遊在前往機場接機時應注意下列事項：

1. 接機當天導遊要特別注意服裝儀容的整潔，給旅客良好的第一印象，核對所要接待的團體有關住、食、行等各項資料，並帶齊接機必備物品（如導遊證、服務證明、團體派車單、名片、公司旗幟……等證件及物品）前往接機。

2. 導遊應在班機抵達前，提早到達機場，注意遊覽車是否已抵達，如已抵達，應與司機取得聯繫，互相認識溝通，讓司機了解此次接機團體的具體內容。如派有行李車，此時亦應找到該車司機，並約定接到客人後的會面地點。

3. 等候時應注意班機到達的時刻，並從入境旅客中辨識欲接待的客人。可手持長方型紙張書寫接待客人的名字或團體名稱，以便客人辨認。等候時必須配戴導遊證，亦不得輕易離開導遊接待區。

4. 客人進入大廳後，應立即與領隊接洽，清點行李和人數，確定全體團員到齊。並將住房表和行程表給領隊參考，如有更改，便立即更正和調整。隨後立即引導客人前往乘車的方向，並在出口前的空曠地帶等候上車。

5. 導遊應利用機場到下榻飯店之間的行車時間，做如下之介紹：
   (1) 致歡迎詞。
   (2) 自我介紹並介紹司機及車掌小姐。
   (3) 台灣的基本資料：名稱由來、歷史沿革、人民生活等。
   (4) 旅客在台灣期間有關的注意事項，如時差、天氣、飲水、交通習慣、幣值匯率、兌換方式……等。
   (5) 分發行程表，並對全部行程稍作解釋，尤其是行程中如有離開台北前往中南部時，應對行動方式略加說明。

■餐飲作業

餐飲對於外籍旅客是一件相當關心的事，尤其是女性或歐美旅客對於中華料理更是嚮往，希望在這一次旅遊當中能夠嚐到各種不同的料理，享受非常愉快之用餐體驗。導遊人員應該小心服務，並注意下列細則：

1. 用餐前，導遊應與餐廳聯絡再確認，並告訴餐廳實際到達的人數及大約用餐時間。進入餐廳要把客人安頓好，自己才坐下來（最後一個坐下來），如果客人吃飽了，導遊就要站起來。不要旅客已用餐完畢，而自己仍在細嚼慢嚥。注意客人是否有特殊飲食習慣，像全日齋或初一、十五吃齋。
2. 如果接待歐美旅客吃中國菜，需事先了解菜色內容，以提供更佳的安排，用餐時若供應飲料，導遊有責任告訴客人餐廳供應何種飲料、價格如何。
3. 隨時注意出菜的速度，觀察旅客的用餐情形，必要時巡視旅客用餐情形，洽請餐廳做最適切的服務。
4. 用餐完畢，導遊應依照原先所訂定之方式及條件，代表旅行社與餐廳結帳。如有語言困難，則應協助餐廳人員向客人收取飲料或其他追加的私帳。當料理全部上完後，徵求旅客結束時間，並與司機聯絡前來迎接。提醒旅客勿遺忘隨身攜帶的東西。

■飯店住宿作業

團體到達飯店後，導遊要協助旅客辦理住房手續，其程序和工作內容如下：

1. 車子到達飯店後，請旅客攜帶手提行李下車，暫時在大廳等候分配房間。也可以事先向旅館拿到房號，利用時間宣佈，

例如在遊覽車上宣佈房號，這樣一來在進入飯店後可節省分房的時間。把住房名單交給櫃台人員，名單上應註明房間數、是否有晨喚、離境時下行李時間，以及客人之護照號碼等資料。

2.把有完整正確房號之另一份名單給行李服務中心代送行李，並支付小費，加速協助處理行李之時效。進旅館時，先辦住宿手續拿房號，給領隊分配。房間安排應注意旅客的需求，把房間鑰匙交給客人，如當天下午有活動，則應告知出發時間和集合地點，並再確認。

3.房間分發完畢後，向旅客說聲晚安，重複明天的行程，交代明天集合時間。導遊應暫時在大廳等候，確定旅客還有沒有需要處理的問題，處理完行李後應上房間察看客人行李是否收到，團員對房間是否滿意。如為團體時，需與該團領隊打聲招呼，告知自宅電話，以便晚上緊急聯絡。

4.和領隊交接行程內容和團員對團體看法之意見，作進一步之溝通，以便降低團體執行之困難。

5.在退房前應該讓客人知道何時下行李，何時登車離開，亦需在事前通知飯店下行李與退房時間。離開飯店前除需結清公帳外，應查明客人的私帳（如電話費、冰箱的飲料費、洗衣費）和鑰匙是否交齊。開車前應提醒客人再次檢查，以確定所有物品均已攜帶，導遊更需確實清點行李之件數。

(五)旅遊途中

1.市區觀光是導遊帶團作業中重要項目之一，導遊對行程路線間之參觀點要非常了解，並應蒐集豐富之說明資料。導遊應對行程內容有具體的認識，舉凡各個旅遊點的特色、參觀所需時間、行車抵達所需時間等資料，皆應有認識。

2.實際帶團時應了解大致的路線，並沿途向客人介紹大致的景物，每到一旅遊點之前，需針對該旅遊點的歷史沿革、內容特性等相關事項，在車上做背景介紹。在大觀光區，請客人跟著導遊走，以免迷路。

3.應隨時掌握時間，以便在預定的時間內走完行程。下車參觀時，要和旅客的錶校正時間，下車前告訴旅客參觀所需時間，參觀後的乘車地點、時間，並告知停車場、洗手間的位置，給客人方便。並需有充裕的時間，讓遊客參觀及照相。

4.旅遊途中可能發生許多突發狀況，每一段路程時間、大小環節的控制都要做到巨細靡遺，並特別注意安全，不可稍有疏忽，出發前務必要確實清點人數。

5.自選行程（Optional Tour）：

(1)讓旅客在原訂的節目（日程）之外，有更豐富且適合自己需求的旅遊，「自選行程」常被旅客所期待。依據旅客屬性選擇適合的自選行程，應考慮旅客之經濟能力、體力，以免旅客抱怨。

(2)導遊需了解自己所服務的公司有幾種「自選行程」，價錢多少，包括哪些項目。為求讓旅客參加，導遊自己必須先明白這個行程的特色，應將「自選行程」的內容及費用說清楚。應注意再確認參加者人數、交通工具、目的地、餐廳。

6.遊覽車：

(1)檢查車的狀況、設備、電視、洗手間、隨車小姐。

(2)每次出發清點人數時，注意不要用手指頭指著客人。

(3)千萬不可讓非團員以外的人搭乘遊覽車。

(4)告訴客人車號、車子顏色及形狀，座位可採固定或輪流，禁止車上吸煙，以免污染空氣。

(5)講解時要適時，不要等建築物過了，才讓客人回頭望一望。

(六)送機作業

■送機前的準備工作

導遊接辦團體後，應即向航空公司確認回去的機位是否正確無誤，雖然機票確認沒問題，但是班機有時會因其他原因而不能按時起飛，所以必須與所屬的公司或航空公司保持連繫。

■送機當天應注意事項

1. 在前往機場途中，導遊應利用時間向客人解釋到機場後的作業程序與內容，使客人了解如何配合，以使得到達機場後之工作能順利進行。

2. 問候旅客，感謝其參加這次旅遊。說明當天日期，並依照團體行程告知將前往之地點和搭乘之飛機、起飛時間、到達時間，以及他們機票、機位已確認和行李之安排，妥當說明我國機場之作業手續、流程等，以及希望團員配合和注意之事宜。收取團員之相關證件，以便辦理登機手續。

3. 送機時間以班機起飛前兩小時抵達機場為原則，需注意塞車情況，因此導遊在前一日即需向客人宣佈何時下行李，何時乘車離開旅館，以便確實控制時間。

4. 抵達機場後將客人引導到航空公司櫃台附近，找有座椅之地區稍做休息，持相關證件到航空公司辦理登機手續，此時亦將託運行李點好件數向航空公司通報，請行李員掛好行李牌，接受託運行李檢查。

5. 取回旅客護照等文件，經航空公司查驗後，並應取得登機證，並察看是否合於團體的事先特別要求。發給客人護照及登機證，說明登機門、登機時間，同時將行李託運收據和機

場服務費收據交給領隊。

(6)此時固定手續皆已完成，可提醒客人將剩餘的台幣換回外幣。請客人在飛機起飛前半小時抵達登機門。領團到出境閘門，並請團員將護照和登機證持於手中，依序出境。將客人一一送入後，互道珍重，並期盼再見。全部導遊工作即告結束。出境作業之過程複雜，導遊必須耐心地謹慎處理，以留給客人美好之回憶。

(七)結團作業

導遊接待服務於旅客離去之後，仍有善後的作業要完成，這些工作主要有三項：

1.團體報帳：團體結束後，應在規定時間內前往公司提出下列報表，以利公司之會計作業。將團體接待服務期間的開支或收入向公司報帳，額外旅遊銷售和旅客購物情形亦要向公司報備。如係特約導遊人員則應繳回相關證件。

2.團體遊程執行報告：針對接待服務期間有關行程、飯店、餐廳、交通狀況、旅客反映、現場處理情形、改進意見等提出報告，供旅行社日後安排接待工作之參考。

3.後續服務：旅遊團離去後，往往有一些來不及在華期間處理的事情，請旅行社和導遊人員幫助辦理，應認真負責辦好旅客所託。

(八)帶團成功的基本原則

帶團工作信條為安全第一、和藹為先、服務至上、親切如一。本此原則，分述如下：

1.團體的守護神：帶團最重要的是讓團體平平安安出門，快快樂樂回家。做好帶團基本動作，每次上車確實清點人數，注

意飲食、住宿、行李、財物保管、交通的安全。

2. 一視同仁：誠摯待人才能贏得旅客的尊重與信任。對待旅客大公無私，顧全整體利益。不可對特定的少數人偏心，尤其是異性旅客。以旅客的立場來考慮問題，勿隨意假設任何事情或設定立場。

3. 時間控制：妥善安排行程，周詳考慮每個觀光點停留時間、每個觀光點的距離、開車時間。養成客人守時的習慣。每次宣佈事情時，不要同時宣佈太多事項。

4. 不厭其煩，再三叮嚀：做事有系統，清清楚楚告知旅客活動內容及行程進行方式。並不厭其煩再三叮嚀重要事項及安全事項。

5. 永遠和客人在一起：注意客人精神，隨時關心照顧旅客，讓客人完全信賴。掌控行程的品質及內容，符合客人的期望。對旅客的投訴，冷靜應對處理，切忌衝動。不可進行非行程內的活動，不可強收小費。

二、領隊帶團作業

(一)領隊作業流程

在旅行業之海外旅遊作業中，以領隊之帶團作業程序所牽涉的範圍最廣，服務持續之時間最長和瑣碎，但是卻是旅行業服務過程中最重要之一環。因為領隊帶團作業事先安排是否周延，旅程中之領隊任務之執行是否完善，其服務是否精緻，均為影響團體成功與否之重要關鍵。因此如何建立一完整之領隊帶團實務流程，並切實地在每一階段中提供相關之服務內容，就值得我們關注了。

■出國前作業

領隊守則（應備條件、職責、戒律、服裝儀容）→報到作業

（了解團況、旅客、充實旅遊資料）→開行前說明會（簽約、結匯、收團費）→出發前與OP交接→出國前置作業（團體文件及機票整理、詳研路程及訂餐方式）。

■旅途隨團服務

出入境作業（國內外出入境、中途轉機程序）→隨團服務之執行（旅遊景點、交通工具、緊急事件處理）→返國。

■回國結團作業

報帳（帳單整理、事件報告、後續服務）→返國報告書→與客戶保持聯繫。

(二)領隊出國前準備事宜

■自身之準備工作

領隊必須在平時加強蒐集報章、雜誌上刊載各種旅遊相關資訊。例如世界各地飛行時數、機場稅、貨幣匯率，以及我國各領事館及駐外單位的地址、電話。帶團前向同業先進或前輩們請益帶團心得與經驗，並向剛返國之該行程領隊請教國外之現況。

調整身心健康，防範感冒、胃腸疾病之發生，已婚者更應重視家人日常休閒生活之安排。領隊應每年至醫院作一次全身健康檢查，了解自己身體的體能狀況，並應確實投保旅行平安險，增加自己心理上的安全感。當然除了領隊個人方面外，事前萬全的準備也是必須的，所謂凡事多一份準備就多一份保障。

■公司報到著手準備 [10]

＊向公司報到

領隊受公司指派帶團出國時，應立即著手準備，如遇臨時事故無法成行，應及早向公司報告，以免影響正常出團作業。於接獲派任時與公司確認，需有派團單為根據，並且至少五天前（旺季期間需提前）到公司了解團體狀況。

＊了解團體操作方式

　　好的開始就是成功的一半，有許多事情在國內就開始做，奉令指派接團後直接參與作業程序，確實了解行程操作，作沙盤推演作業，詳研全團行程之所有機位狀況、所使用之旅館及簽證申辦作業進度。確實掌握時間來安排活動，確認國外旅行社的名稱、電話、地址，及食、衣、住、行、育、樂等安排狀況及協議事項。加強外語能力，準備行程進行中的介紹內容。

＊熟悉行程及各國資料

　　領隊是團體中的靈魂人物，必須對前往的地點、班機、行程、飛行時間、時差等有預先的了解。尤其針對目前開放的獨立國協、東歐國家或歐洲藝術館、美術館等特殊參觀點，都必須做全盤的了解，才能編製該團的行程表。而對所要前往國家的風土民情也應深入研讀，以便在旅遊中講解給旅客了解，並向旅客解說入境隨俗的原則，避免友邦人士產生不良的反應。

■旅客背景的認識

　　基本上領隊就像保母一樣，必須隨時隨地關心團員。所以領隊應事先參考護照及相關資料，了解旅客，以明瞭客人的社會背景（家庭概況、教育程度、年齡、嗜好、宗教信仰、身體健康狀況等），以供帶團之參考。領隊應於說明會即可叫出每個客人名字，了解並記錄客人特殊需求（如聯絡國外親友個別行程、住房方式、接送機、郵寄包裹等）。尤其對於飲食習慣更要事先了解，如國人多有吃齋、禁食牛肉者，以便先行安排。

　　而為了處理各種突發狀況，領隊應該將旅客的家中電話、地址記錄下來，同時也應該將旅程表上的各種資料事先告訴旅客家人，以便在緊急狀況之下可以聯絡。

■配合公司內部人員的作業

＊與OP配合協助出國作業

　　隨時與承辦OP保持密切聯繫，全盤掌握團體作業進度。配合OP人員通知旅客或旅行同業有關團體事項，如主持說明會、填寫ED卡及海關卡等相關文件。可協助OP製作旅客手冊。

＊檢查文件

　　尤其是護照與各國簽證，是旅客進出各國必備證件，領隊必須檢查是否有誤，對所需文件也應仔細檢查有無填好或填寫錯誤，如移民局表單、海關單、機票與各名單總表及分房表等（見**表6-4**）。

＊出團前與OP交接

　　就行程內容加以再確認及任務釐清。出團交班時，確實認清整個團體狀況和機票使用方式，並點交所有應交接事物，簽收後之情況由領隊負責。

(三)帶團實務

　　茲將領隊帶團作業之過程和服務內容加以剖析後，按工作發生之前後及相關對象，可以分為下列之階段：

■機場手續

　　進出本國與他國國境，是領隊獨立作業的時機，有必要充分發揮領導才能，才能建立旅客信心與獲得信任。

　　一般而言，機場的通關手續因來往之人數眾多，且為各國交流的主要管道，因此手續較繁，檢查較為嚴格。其程序如下：

1.送機及機場報到手續：出國搭機在搭機當天也可能有突發事件，凡事要多方小心。領隊應提前兩個半鐘頭到機場，並掛上胸牌，攜帶團旗，準備接受旅客報到。如有專車接送，在前往機場的車子上，應將機場需注意事項詳細說明。

2.辦理登機手續：通常由公司送機人員辦理，領隊負責在集合

表6-4 領隊資料檢查表

領隊資料檢查表（請逐項檢查）

☐01.領隊須知（交班單）　　　　☐14.航空公司PNR及RECOMFIRM專線

☐02.旅館名單　　　　　　　　　☐15.重要傳真

☐03.小費、餐費支付明細　　　　☐16.公司名牌

☐04.機場稅及預備金　　　　　　☐17.公司有關人員聯絡電話

☐05.分房單（Rooming List）　　☐18.各地採購商店名單

☐06.團員名單　　　　　　　　　☐19.OK ON BOARD影本

☐07.中文行程　　　　　　　　　☐20.SOPK OR STPC招待券

☐08.英文行程　　　　　　　　　☐21.機票訂位記錄

☐09.各地旅行社名單　　　　　　☐22.領隊證

☐10.餐廳名單　　　　　　　　　☐23.團費：美金或日幣

☐11.各國簽證檢查　　　　　　　☐24.行李牌

☐12.機票共＿＿＿＿本　　　　　☐25.旅館單（Hotel List）

☐13.護照共＿＿＿＿本　　　　　☐26.台北緊急聯絡電話

＊ 特殊狀況交代：

＊ 如遇飛機誤點，請務必打電話回公司報備。

領隊出發前務必詳細核對上列資料，證件是否齊全，並請至管理部辦理請假手
續。

點收人簽名：＿＿＿＿＿＿＿＿＿＿＿＿

OP：＿＿＿＿＿＿＿＿＿＿＿＿＿＿

日期：＿＿＿＿年＿＿＿月＿＿＿日

地點照顧客人及清點行李。機場集合時常因團員來自四面八方，彼此不太熟悉，避免造成之間的尷尬，領隊必須先自我介紹，帶動氣氛，招呼旅客。

3. 送機人員到機場，應先將團員的機票提前一天撕妥，並按客人英文姓氏ABCD排列，護照簽證文件作再確認無誤後，再前往航空公司團體櫃台辦理Check-In手續。與航空公司配合作業，確實清點航空公司所發還之證件，如登機證、護照、簽證……等（見**表**6-5）。

4. 領取登機證後，最重要的是清點行李件數，請團員將行李集中，手提與託運之行李分開，並清點件數，掛行李牌，並清點行李件數收據（此收據需點清並放妥身上，至目的地提領行李時，若發現件數短少，可申報賠償），將不必要的行李牌撕下，同時將託運行李交由航空公司過磅，掛行李牌並領取託運行李牌附聯，如需轉機，領隊也應注意行李牌上轉機的資料是否正確，若旅客攜帶貴重攝影設備及錄影機出境，則需事先申報，必須持護照、登機證前往海關申報，才能在返國時順利入關。

5. 集合團員及分發證件：辦理登機手續後，招呼旅客再次集合，分發護照、登機證、機場稅收隊，請客人務必詳細檢查，利用發證件時間向旅客說明出國注意事項並清點人數，因為有客人可能沒有參加行前說明會。先自我介紹，再說明注意事項，務必將客人縮小範圍於領隊之音域內，說明時簡單扼要，除國語說明外，重要事項如登機時間及登機門，再以台語複誦一次。告知每位客人自己之護照內所放之簽證、入境卡及海關單、位置及使用時機，並務必請客人親自簽名，以便通關時節省時間，若有轉機且轉機時間充裕（兩小時以上），可於轉機點做此動作。宣佈登機門號碼、登機時

表6-5 送機人員資料交班單

送機人員資料交班單

☐1.集合地點：＿＿＿＿＿＿＿＿＿＿＿＿＿＿＿

☐2.集合時間：＿＿＿＿＿＿＿＿＿＿＿＿＿

☐3.出發班機：＿＿＿＿＿＿＿＿＿＿＿＿＿

☐4.確認名單（PNR）＿＿＿＿＿＿＿＿＿＿＿＿

☐5.護照共＿＿＿＿＿本

☐6.自帶護照共＿＿＿＿本，姓名＿＿＿＿＿＿＿＿＿

☐7.外國護照本共＿＿＿＿本，姓名＿＿＿＿＿＿＿＿＿＿＿

☐8.出境證＿＿＿＿＿＿＿＿＿＿＿＿＿＿

☐9.機票共＿＿＿＿＿＿＿＿＿＿＿套

☐10.行李牌或胸章

☐11.行動電話一具

☐12.送機費

　　　＊ 特殊狀況交代：

　　　＊ 任務完成後，請打電話回公司報備。

送機者有狀況請聯絡：＿＿＿＿＿＿＿＿＿線

　　　　經理：＿＿＿＿＿＿＿＿＿＿＿＿

　　　　電話：＿＿＿＿＿＿＿＿＿＿＿＿

團體 OP：＿＿＿＿＿＿＿＿送機者：＿＿＿＿＿＿＿＿＿＿＿

間、飛行時間、中途是否轉機或做短暫停留。告知通關程序，勿在免稅品區停留太久，以免耽誤登機。再次宣佈登機門及務必到登機門的時間（班機起飛前半小時）。經免稅品區至登機門，有些機場需搭巴士或地下鐵至登機門。領隊需控制旅客在免稅品區停留的時間。

6.當團員陸續順利通關後，在候機室，領隊再次清點人數以防客人未能登機。因登機卡為電腦所刷出，係按英文字母順序排列，因此可能造成夫婦、同事、同學、朋友無法坐在一起，宜事先說明。若有朋友、夫妻間之座位未相鄰，可利用這段時間調整座位。對於訂特別餐的團員最好不要調整座位，但日後行程中需注意座位安排。

7.旅客延誤：若有旅客延遲報到耽誤登機時間，領隊應採取應變措施，首先，將遲到團員的護照、登機證、機票等資料留下，再請送機人員繼續留下等候，安排下一個時間搭機或轉機，在目的地與團體會合，當然，這中間費用應由旅客付費，但領隊或送機人員皆應事前告知團員，以免糾紛產生。

8.班機異常處理：班機異常的處理方法因情況而有所不同，領隊需與航空公司溝通、接洽，爭取最佳利益，並將協商結果告知團員及公司，並通知下站接洽單位更改時間以便處理。此外，雖然現在國際航線發達，但仍有些航空路線無法直達，難免產生轉機的需求，所以在轉機的手續上，領隊應該特別加強，並且向團員說明。機場如有特殊狀況務必通知公司OP，例如班機延期、慢分、取消或客人遲到不來……等。

9.中途轉機：遇有中途轉機情形，領隊應妥為保管第二段之登機證。優先下機輔助轉機流程，掌握當地情報，適時宣佈，不讓旅客無所適從。領隊需掌握旅客等候轉機時散佈之位置。若轉機時間過長，應向航站人員爭取飲料或點心等福

利，或由公司事先應變。

■飛機上的服務

領隊在團體登機後，在適當的時機，不妨礙機中服務人員工作下，完成下列事項：

1. 清點團體人數，以確保每一位團員均已上機。如有需要，在適當時機協助團友相互調整座位，如夫婦需坐在一塊者。如為長途飛行，如歐洲團，可協助取得毛氈、枕頭等用具。飛機上原則上交由空中服務員服務。上機後領隊應坐在走道邊，出入才方便，同時不要忘記告訴空服員自己是領隊，可以協助他們招呼團體，照顧客人膳食、飲料或機上免稅物品之購買。應針對團員特殊情況與空服人員做再次確認，如不吃牛肉或豬肉、吃素的忌口事項。

2. 領隊應於飛行途中偶爾起身走動，適時主動向客人寒暄，回答客人問題，解說飛行路線、飛行時間和時差等相關問題。領隊可向空中服務員取得相關資料，但以不妨礙空中服務為原則，不可只是坐著睡覺不理客人。而在飛機抵達目的地前，領隊應檢查旅客的海關申報單及入境卡是否填妥，並夾在護照內。

3. 告知旅客飛機起降時或遇亂流時要繫緊安全帶，不要離開座位，平常也需繫好安全帶，以免突發狀況造成危險。飛機未停妥時，勿起身拿行李，安全第一，切勿高談闊論，以免影響其他客人休息。

■國外入境

1. 通關時將護照、簽證、入境卡或健康證明表準備好。由領隊在前帶領至關卡辦理通關（需注意移民關之章是否確實蓋

安）。注意通關卡之區分，以免誤排窗口，如歐洲有區分爲共同市場人士與非共同市場人士，美國有移民與非移民，其他地區則有本國人與非本國人之區分。驗關時應將整個團體集合在一起，並協助客人做翻譯之工作，在通關時會遇到的問題及早告訴客人。

2.通關後，依箭頭指示前往行李台的方向，尋找所搭乘飛機放置行李的地點。領隊最好等全體團員拿到行李後，再至海關檢查行李，以免未到的行李以及收據的號碼無從查起。有時因機場地勤人員繁忙，會有行李延遲到達的情況發生。行李關則有報稅與不報稅之雙色通關台，應輔導旅客通關。

3.請注意下列事項：

(1)行李拿到手時，領隊應提醒團員檢查行李是否有損害的情形，若有損壞的情形，應當場至失物招領處（Lost & Found）要求賠償，爲團員爭取福利。若有行李未到，馬上洽詢航空公司負責行李的人員。

(2)經查詢後仍然沒有，則前往失物招領處填寫班機延誤行李表（Airlinedelayed Baggage Report）或財物失誤表（Property Irregularity Report），表格上務必註明行李之式樣和內容，及最近幾天之行程和聯絡地址、電話，行李上如有特別的標籤，加以註明清楚，另外，行李由何處經由哪幾家航空公司轉來，亦須詳列。表格的副本和行李託運的收據應妥爲保存。

(3)記下承辦單位的電話號碼、人員姓名及購買盥洗用具的限額，並詢問最快何時有消息，同時請旅客安心，因爲行李未到大部分的情況是因爲誤送而非遺失。

(4)當天即帶領旅客購買盥洗用品及衣褲，記得索取收據，離開該地時，在機場要求給付。

(5)如果到離開該地時仍未尋獲，則通知航空公司人員後續的
　　行程，以便在幾天內尋獲可以送到指定地點，如遲遲未能
　　尋獲，則通知送回國內。

(6)回國後還未找到行李，則領隊應即代替旅客向該航空公司
　　申請賠償，務必列出所遺失的項目及價值。

(7)如果本國沒有該航空公司的代理機構，則可直接寫信至總
　　公司要求賠償。

4.出關後至出境大廳，其走道方向通常有個人旅客、團體旅客
　之分別，領隊應說明往哪個方向集合，並且注意機場上是否
　有當地旅行社人員或導遊在此等候接洽或留言。如果領隊發
　現導遊未來接機時，請先安頓行李，讓客人分批上洗手間，
　並應立即打電話與當地旅行社聯絡，此外，進入他國國境
　時，如果身上沒有該國錢幣，可以在機場的外幣兌換處換一
　些零錢及硬幣，以應不時之需。

5.與當地旅行社協調相關事項，詳讀核對當地接待旅行社交予
　的行程表（Working Itinerary）及收據（Voucher），若內容或
　人數、房數與實際不符，請即更正，並於返國報帳時備妥留
　存資料（如未用收據、車票等），且詳述之，以便與當地接待
　旅行社結帳用。

6.上車前先請客人確認隨身行李，證照是否已存放妥當，若通
　關前將機票發給客人，此時必須收回以免客人遺失，並叮嚀
　客人千萬不可將護照內相關出入境表格自行拿掉。上遊覽車
　後若有當地導遊時，領隊宜先將當地導遊介紹給客人，再將
　團體交給當地導遊，但領隊必須坐在一旁盡監督之職，絕不
　可窩在車後睡覺。若為領隊兼導遊（Through Guide），即負
　起帶團責任，如風景介紹、食宿安排……等相關工作。

■觀光節目

　　觀光遊覽要求旅客絕對要遵守時間，嚴守十分鐘前報到的原則。在參加觀光活動時，領隊應告知團員避免大聲喧嘩，而且不要動手觸摸，有禁止吸煙、拍照的標語也應遵守。在導遊說明時，領隊更應事先提醒旅客，即使你聽不懂，也不可顯得不耐煩或高聲談笑，若有問題，也應等導遊解說告一段落再提出問題。

■購物

　　旅客出國購物是為了增加美好回憶，或贈送親友，應購買有當地特色的紀念品、風景卡片等。領隊帶團出國必須對旅客作適切的協助指導，並遵守旅行業管理規則之相關規定，需前往合法、指定之商店。領隊也應該告訴客人購買的物品是否有違反當地法令，像水果、動植物、古董的限制，以免觸犯他國法律。隨時注意導遊的言行，避免不肖導遊擅改觀光安排為購物時間，造成團員非議及損失。依旅遊契約規定，國外購物，為顧及旅客購物方便，旅行社如安排或介紹旅客購物，應於行程表中預先列明，所購物品有貨價與品質不相當時，旅行社應善盡協助交涉解決之責任。旅行社不得以任何理由或名義要求旅客代為攜帶物品回國。旅行業管理規則第二十一條規定，旅行業經營各項業務應合理收費，不得以購物佣金或促銷行程以外之活動所得彌補團費，或以壟斷、惡性削價傾銷，或其他不正當方法為不公平競爭行為。[11]

■額外自費活動

　　領隊應該按照旅遊契約安排觀光活動，同時遵照公司規定安排額外自費活動，額外付費旅遊活動尊重旅客有選擇之權利，非經客人同意不得安排，更不可半推半就，或以團體約束強迫。領隊應該就該項活動的內容、費用充分向團員解說，不得濫行超收費用，注意要先收取費用，避免產生臨時取消之作業及行程安排之困擾，要有充分之安全說明（特別是水上活動）。總之，這些活動的安排以

不影響整個活動為前提，像拉斯維加斯、大峽谷飛機旅遊就不適合老年人參加，又如巴黎的麗都、紅磨坊夜總會表演也不適合小孩子參加。小孩若無法觀賞娛樂節目，若其已付全額團費，則應按公司規定退費。原則上領隊應全程參與，不可自我排除。尤其是當參加自費活動之人數過半或十六人以上時。[12]

■導覽技巧及注意事項

1.領隊既然是團體的領導者，也就要扮演好保護者的角色，因此旅途中其任務之最大責任為使行程按預定規範完成，並保障產品品質，保護旅客安全。

2.行程遇有不可抗力之變化，領隊應協助旅客做出判斷，應以同質性高、費用損失少並顧及公司立場之選擇為指標，應先取得旅客之了解與同意，再經由公司方面發出變更通知，才能進行作業。

3.如有導遊，則做好溝通橋梁，如無導遊，則由領隊兼任導遊，介紹觀光景點的典故或歷史背景。需先介紹與台灣的時差、該國錢幣的兌換率、安全上應注意之事項（尤其是歐洲國家）、車上之規定（不可抽煙，不可飲食，並與司機確認廁所可否使用）。

4.行進中，導遊在前，領隊在後，以維護安全。如果外國導遊一次講十多分鐘的英文，來不及做翻譯，可事先和導遊溝通，請導遊講二、三分鐘停下來，領隊翻譯完，再請導遊繼續講。

5.在長程旅行中，由領隊兼具導遊工作時，事先準備當地之民情風俗與歷史資料、中西兩地時空對照的資料，在進入該地區前，先行在車上做簡介，並備妥有關音樂。

6.確實作好人數的控制：可認定旅客族群哪些人一起來，找出

代表人則較好控制，上下車時也是控制人數的好機會。

7. 生理需求：客人最重要的生理需求是上廁所，一般大約兩小時上一次廁所，這也會影響安排行程，必須考慮在什麼時候有化妝室可供客人使用。

8. 心理方面：客人的層面不同，所展現的特質也不同，身為領隊要先了解客人參團的反應。

■住宿旅館

團體到達目標旅館後，領隊應按下列程序完成入住手續：

1. 注意掌握團員，在下車前，領隊應叮嚀團員注意隨身行李不可忘記。務必將大件行李託行李員看管，或由司機照顧，不可任意放置旅館門口。進入旅館後，領隊應儘速至櫃台辦理住宿登記，取出預先準備完善之團體住房名單，並按所需之房間數和房間類別告知櫃台人員，如和原先之訂房有所變動，也應一併告知。在辦理入住手續時，領隊也應特別注意提防扒手。登記時，領隊應注意是否有足夠房間數，再拿出準備好的分房表，並告知櫃台房間數，其中雙人房、單人房各有多少，並依團員親疏關係妥善安排房間分配。分房時，儘量按館方分配，避免大幅度調動，若有特別安排而與原名單不符亦要轉告館方。有些國家之旅館會將團體住房名單事先加以安排，如不合意時，應和櫃台商洽，以便重新安排。

2. 應將團體其他相關要求告知櫃台代為安排，如隔天之晨喚、收行李之時間、放置地點與件數、早餐時間和預定離開時間等等。詢問旅館內部之相關服務資訊，如旅館電話之使用方法、餐廳與電梯之位置、房間之排列方式、相關設施之收費和營業時間等。

3. 房號安排完成後，集合團友，宣告相關事宜，如隔天之行程

等。有關旅客對房間要求，也應適當應對，並在分發鑰匙時，集合團員宣佈事情，首先，領隊應把自己的房間號碼告知每位團員，以便聯絡，鑰匙分完，協助行李員核對行李以利運送。領隊幫行李員用粉筆或小貼紙在行李上加註房號，此時，拿一份房間分配表給行李員，這樣就能很容易地將行李準確送到客房。立即配合行李員分派行李至旅客房間（因中文姓名對外國人而言，實難判別，如此可加速行李運送）。與旅館櫃台核對晨喚、下行李以及早餐地點。

4.巡視旅客房間，了解行李到達之狀況，和房間是否完善。如有需求可協助換房，以滿足團員之需求。爲安全起見，領隊應告知團員在房間內最好將房門鎖上或將絆鍊拴上，有人敲門，應問清來人，不要隨便請入房內，避免意外產生。

5.遷出旅館時，領隊應在團體晨喚時間前起床，提前到櫃台辦理團體結帳手續並繳付旅館住宿憑證。清理團體中之團員私帳，如飲料費、電話費等，分別做成記錄，以便請團員前往付費。和行李員核對團體行李件數。前往餐廳確定團體用餐之時間、地點內容和人數有無錯誤。確認司機已將車子整理準備妥當，清點行李無誤後，請司機上好行李後再請團員上車。開車前清點人數，並提醒客人是否已取回寄存之物品並交還鑰匙給櫃台。

■餐廳

每天膳食的安排，關係一個團體的成敗，領隊必須妥善安排膳食，尤其有部分旅客吃素食。如已事先訂妥，也必須再確認，同時通報確實抵達時間、人數，以免多團撞期，或可彈性調配行程以配合，避免等待。與餐廳人員溝通，了解主菜之菜單，避免連續食用相同菜色。若有風味餐安排，亦應事先了解菜色內容，有必要親赴

現場了解，以免語言、文字上之誤解，再向旅客宣告用餐注意事項。早餐如在旅館用餐，必須提早半小時到餐廳察看是否準備好了。領隊人員在用餐時間，必須把所有旅客安排妥當，自己才可以坐下來。

■領隊帶團旅遊途中的注意事項

1. 領隊帶團時必須以熱心敬業精神為旅客盡力服務，不可偷懶或對客人虛應了事。領隊帶團出國是屬工作性質，故需穿著整齊，不得穿拖鞋、短褲、背心。領隊於帶團以外時間必須隨時充實自己，多準備資料，多閱讀有關書籍，以備隨時帶團之需。

2. 對待旅客必須一視同仁，不可厚此薄彼。請與男女客人保持中立關係，以免造成誤會、糾紛。出門在外安全最重要，隨時叮嚀客人證件、貴重物品之存放，並於上下車時清點人數。觀光局規定不得代客人保管證照，若領隊幫客人保管證照，發生遺失時，將由領隊負責。

3. 旅客於途中離團，團費不得退還，並請客人簽離團同意書（**表6-6**），以自動放棄論。客人額外要求之服務所產生之費用需於當地結清。旅客中途離隊，視同取消訂房，需協助當地旅行社追加差額。

4. 確實監督並再確認各站行程所有內容。包含行程中各參觀點、用餐、旅館及導遊帶團情況，若有問題可要求更換導遊。客人給導遊及司機之小費，一律由客人推派代表向客人收取小費，以免發生枝節，如招致客人抱怨時，將由領隊本人負責。

5. 領隊如有在國外付團費，務必繳交當地旅行社並取得收據，填寫當地接待旅行社公司全名、經手人、日期及幣值金額等

表6-6　團員離團切結書

團員離團切結書

　貴團員　　　　　　　　　　　　　君參加本公司旅行團於　　年　　月
　　日　　時　　分自行離團，離團期間有關人身安全願自行負責，若發生任何
意外與本公司、領隊、導遊無關，亦不退費及不負賠償之責任，絕無異議，並放
棄法律抗辯權。

此　致　立書人：

領隊：
導遊：

　　　　　　　　中華民國　　　年　　　月　　　日

內容。各站需確實做好全團每位客人機位之確認，發生任何
事情則由領隊負責，並提醒不隨團返國之旅客三天前向航空
公司再確認機位。

6.若有班機延誤、取消、更改或氣候因素等情況，隨時通知團
員知曉，記得請當地接待旅行社或導遊確認續程機位。有導
遊隨團的團體，若導遊飛機班次與團體無法配合，屆時領隊
需與導遊相互換班，由導遊帶團飛至目的地，領隊再隨後會
合。

7.旅途中旅客發生意外傷害，需取得診斷書及費用收據等證明
文件，以便申請保險，領隊務必以團體為主、大多數人利益
為先。

■返國作業

1. 旅程漸漸接近尾聲時,領隊應利用機會,簡單扼要地說明最後一段飛機搭乘的注意事項及回國後路徑通關程序。登機前若有退稅單需至指定地點辦理,有些國家(或機場)可辦理現金退稅。通關時必須確實申報,明確回答,不要心存僥倖,意圖帶入武器、毒品、麻醉藥品等禁止輸入品。此外,領隊也應提醒團員不要爲陌生人攜帶物品出關,以防在不知情下違法,觸犯法令,團員也應養成知法守法的精神,才能快快樂樂出門,平平安安抵達國門。

2. 在機場時,因在國內大都語言能夠溝通,可讓旅客自行通過證照查驗。領隊應先行通過證照查驗,於行李運送台協助領取行李。若有行李未到或破損,應協助向航空公司行李查詢組辦理手續。待行李件數確認無誤,協助及等待旅客都順利出關,如有接機,需安排搭車事宜,方可離隊。

■售後服務及整理事項

1. 領隊在帶團工作結束後,應該於返國後二至三天,將相關之團體報表回報公司,以利公司之相關運作。並向公司結清帳目,爲避免日久帳目不清,應養成天天記帳的習慣。領隊應蒐集相關資訊,補充資料,整理個人筆記,加強外語進修,以爲下次服務做準備並協助公司內部業務人員爲再續之業務推廣工作。

2. 填寫返國報告書(見**表6-7**):領隊應就帶團活動內容以完整形式記錄下來,編製成領隊報告書。將旅程內容、異常事項、團員埋怨的情形及處理狀況、當地旅行社服務狀況等,做確實報告與評估。這份報告書可幫助你日後企劃同類型旅

表6-7 領隊返國報告書

領隊返國報告書

團號：_____ 領隊：_____ _____年_____月_____日

一、地區代理商　1：_____　　　　2：_____

二、請評比使用餐廳（註明城市別）的優劣，並敘述之：

三、請評比使用旅館（註明城市別）的優劣，並敘述之：

四、請寫出各站導遊大名，並評價之：

五、綜合意見
　　1.您對公司、行程安排、OP操作有何建議：

　　2.請評價各地代理商、巴士公司、司機，並建議之：

　　3.行程中有何要向評價地區代理商要求退費（如：車票、船票、餐費、門票
　　　等）？

行，作爲參考資料及改善領隊方針。

3.做好售後服務：經常保持與團員聯繫，珍惜友誼，製作及寄
發團員通訊錄，或辦理全團聚餐等事宜，並轉交團員所拍攝
之相片。將旅遊所購之有瑕疵、破損之物品，委託下一團領
隊帶去國外更換。對於未到之行李隨時與航空公司機場行李
組保持聯繫，並隨時將處理經過告知旅客。

第三節　意外事件之處理

一、導遊帶團意外事件處理

　　處理緊急事件之方法雖可因各類問題而有區別，但如導遊帶團
前充分準備，平時充實旅行業專業知識及豐富之工作經驗，遇到事
情時能鎮靜反應，充分掌握團員心理，再根據過去帶團之經驗分析
處理，則能將事情圓滿處理，達成公司所交代任務。簡言之，如導
遊具備上述之條件愈完備，則其對緊急事件應變的能力也較高，對
緊急事件之處理也較完善。茲將導遊帶團常見緊急事件處理程序分
析如下[13]：

■臨時變更行程

1.不論基於人爲因素或不可抗力理由造成，導遊人員均應向團
員詳細說明原委，徵得團員同意，並根據不同情況作適當的
處理，如係團員要求更改行程，更要取得團員書面同意當存
證，以免事後發生糾紛。

2.不得已情形下變更行程，應考慮未完成行程的調整、相關作
業的整體考慮，以及食宿交通……等再確認，並迅速向公司

報告處理情形。

■漏訂機位

1. 先查原班飛機是否還有空位，如原航空公司已無餘位，則查其上下班次。
2. 尋覓其他航空公司有無空位，如有則立即訂位。
3. 由於班機的變更而變動行程，接著可能衍生許多的問題，必須事先防範、警惕。
4. 查出漏訂機位的原因，以便事後檢討改進及追究責任。

■訂房疏失

1. 但仍應盡力向旅館方面交涉，使團員能住進原訂的旅館。
2. 如無法住進原旅館，應設法另覓其他等級相當的旅館。
3. 旅館應事先確認，掌握訂房狀況，絕不可疏漏。
4. 事後查出無法配出房間的原因，以便事後檢討改進及追究責任。

■遺失護照

1. 一方面立即向可能遺失處所（如飯店、遊覽車、餐廳或遊樂場所……等）查詢。
2. 一方面向外事警察機關及刑事單位報案，取得相關證明，憑證明向各國駐華使館或相關機構申請補發護照。
3. 導遊切忌代團員保管護照，同時應事先提醒團員妥善保管。

■遺失旅行支票

遺失旅行支票，應拿護照或可代替之身分證明及購買契約副聯，立刻向有關銀行申報掛失。

■財物遭搶或失竊

應電請警方前來處理，或親往辦理報案手續，如果團員不願追查，理應簽具放棄追查書存證。

■團員重傷、急症、死亡

1. 團客突然發生急症，先查明患者本身有否隨身攜帶適症藥物可以急救，並儘速送醫。

2. 如係車禍，重傷團客應就近選送完善醫院就醫，並應記錄現場實況，作為追責索賠之依據。

3. 團員死亡，應經醫師（或法醫）臨場檢驗，開具死亡證明書等必要文件，並請公司通知其駐華使領館，聯絡其家屬處理善後。

二、領隊帶團緊急事件處理

領隊海外帶團時意外事件之發生均無先兆，它的發生的確給領隊帶來無比之困擾，影響了整個團體行程的進行和團員們的安全。經常發生的事件，相關證件護照、簽證、行李和機票之遺失為最大宗，此外罷工之產生、團員病發亡故，均可能發生。領隊帶團出國，必須時時提高警覺，防患未然，一旦碰上緊急事件，能臨場應變、沈著機警、迅速處理，根據過去前輩之經驗分析，去選擇解決之道，才能解決問題，圓滿達成任務。處理緊急事件之方法，雖可因各類問題而有所別，但是領隊應在出發之前，對團體之安排做一完整而細心的過濾和確認，充分準備帶團資料，平時充實旅行業專業知識及累積帶團工作經驗，則必可將意外事件降至最低。茲將領隊帶團常見緊急事件處理程序分析如下[14]：

■團員走失迷路

1. 團員常因初次到外地，在歡樂興奮之餘，會缺乏危險憂患意識，領隊應了解團員出國後的心情及行為表現，及早作預防。尤其是在旅遊旺季期間，團員走失情況時有所聞，領隊應叮嚀團員，千萬不要單獨行動，活動範圍最好是在團體目視距離約二十至三十公尺內。

2. 事先告知遊客旅遊當中如有走失，請團員在原地等候，領隊會循原路往回找。團員走失時，領隊可請導遊、購物中心（Shopping Center）、中餐廳等派人協助尋找，聯絡地區代理商請求支援。同時與旅館方面聯繫，因團員有可能先行返回。如果確實無法找到團員，應立即向當地警察機關報案，並請求協尋。設法通知我國駐外單位，並與總公司線控主管聯絡。

3. 團員走失迷路個案，領隊應以整個團體為考量，不因少數人而影響團體之絕大部分為考慮原則。平時應做好人員控管之工作，自由活動時間，叮嚀團員在外出時一定要攜帶旅館名片或行程表中之旅館表。萬一迷路，可以請計程車司機依名片或行程表地址送回旅館。

■團員意外受傷

1. 旅途中若有意外傷害發生，迅速將團員緊急送醫，但需考量以不影響團體行程為前提，同時也要做好善後留置之工作。

2. 讓團員將金錢之損失減至最低，將團員健康恢復提至最高。

3. 儘量快速尋找相關支援。

4. 若公司有參加「海外緊急救援系統」之保險，則通知當地之單位，以協助病患遣送、醫療及法律諮詢。

5.蒐集必要完備之單據（診斷證明及付費收據），以做爲日後保險之憑證。

■團員重病

1.在旅途中團員不幸重病，對領隊來說是一場體力、耐心、經驗的考驗，若處理不當，將遭致嚴重後果，領隊不可不慎。

2.團員罹患重病時，千萬不可由領隊或其他團員給予成藥服用，應安排旅館特約醫師診斷。病情嚴重需住院檢查，領隊應立即辦理相關手續，並請求當地旅行社、旅館或餐廳、醫院等有關人士協助處理。

3.在處理重病客人，若經醫生診斷應留下治療時，其相關問題之處理不可感情用事。團員住院無法隨團旅行，領隊應該隨時與委託人或醫院有關人士保持聯絡，並向公司報告。

4.如團員因經濟困難需要經濟支援時，領隊得要求完備之手續，以便日後索回費用。

5.向團員說明團體機票之特質，如其回程票是否自理，及團體票是否有退票之價值，而其未完成的行程部分應如何處理，是否可退費用，均應事先說明。應請客人確實了解並均應請團員見證立書爲憑，以免日後徒增糾紛。

■機票遺失[15]

機票屬於有價證券之一，如被冒用，申辦退費手續至爲繁瑣耗時。

1.若爲個人機票遺失，則需先塡妥遺失機票退款申請理賠同意（Lost Ticket Refund Application Indemnity Agreement）表格，在當地繳錢並先行購買一張航空公司機票，順便於表格中註明，待返國後再憑票根申請原遺失機票之退費手續。

2.如果是整團旅行團機票遺失，別忘了要先向警察機關報案，以取得報案證明，再到出票航空公司的當地辦公室申報遺失，要提供遺失的機票票號及姓名，電傳至原開票航空公司查證無誤，經航空公司原開票單位證實與授權，回電通知補發，重新再開一套機票，領隊並不需另行付費購買機票。領隊應將此事件向自己所屬公司報備。

3.領隊在出國前除了需登錄票號外，亦需將使用之機票影印留存，以應急需。領隊對機票之特性宜先做了解，以免臨時慌亂。在團體旅遊時亦有自備機票參團者，領隊在出發前，應了解機票之特性與各航空公司對使用機票之若干限制。

■簽證遺失

1.領隊在出發前應了解團體行程之路線，以便取得符合需要進出國家次數相等的簽證。最好是在所有之簽證均下來後再出團，否則沿途辦理簽證的滋味並不好受，而且容易產生意外事件。

2.遺失簽證需立即向警察機關報案（如能附上簽證之影本或註明批准簽證編號、核准日期與地點更好），以取得報案證明。

3.若無任何簽證之資料或影本，領隊需立即聯絡國內之原承辦人或旅行社，儘速取得簽證上相關資料（簽證批准號碼、批准地點及批准日期……等）。

4.領隊需馬上就簽證之時效性及入境國家通關方式做正確判斷，考慮到何處申請補發簽證或取得入境許可，是所在地點之國家或是下一站之國家？

5.請求代理的旅行社作保，尋求落地簽証的可行性，出示各種證明文件，顯示遺失簽證者是這個旅行團的成員。

6.如果上述辦法都無法派上用場，只好刪掉其部分行程，讓遺

失簽證之團員先轉往下一個可入境之城市等候。

7.領隊衡諸情境，若欲以闖關方式解決，需向公司請示，更重要的是需徵得團員同意，並告知可能之後果，以免糾紛產生。

8.注意發生事故所在國家與台灣之時差，與公司保持聯絡，讓主管能隨時了解情況發展。

■行李遺失

1.在機場發生行李遺失或延遲抵達，領隊立即陪同遺失者向機場的該航空公司失物招領處（Lost & Found）櫃台辦理手續。填具PIR單（Property Irregulality Report）。

2.航空公司對遺失行李之補償的最高限額為四百美元，因此貴重物品應置於手提袋，否則遺失後追索無門。行李晚到時，按航空公司規定，團員可以購買必須的盥洗用品，如內衣、牙刷、隱形眼鏡藥水……等，但不相干的內容請勿購買，否則得自掏腰包。

3.損壞或遺失之行李一定要在出機場前完成相關手續，否則亦將失去申請理賠機會。同時一定要留下負責處理自己案件航空公司人員之姓名和電話，以方便追蹤案件，當然也應告知自己在當地所住的飯店和預定停留時間，以方便航空公司作業。

4.領隊在說明會時應告知團員，出國旅行之行李箱應挑選堅固耐用，並備有行李帶綁著之旅行箱為宜。將一張附有英文姓名、地址、電話之卡片放在行李內明顯之處。

5.團體進行當中，領隊應正確清點行李件數，並隨時和團員核對。請團員如有增減大行李件數，務必立即告知領隊。團員上下車、船、飛機……等，均應請每一位團員確認自己的行

李。

6. 前往治安欠佳之國家或地區時，應提醒團員注意上鎖，並請求協助照顧行李。貴重物品隨身攜帶，旅途中更應儘量避免攜帶貴重飾物，以免遭竊或遺失。

7. 抵達旅館時，可請行李服務員協助，切不可將行李交予不明人士代勞，以免發生問題。在旅館遺失行李，請旅館值班經理協助處理，有可能被送入其他團體行李中。如旅遊途中遺失行李，應立即向警察單位報案，但尋回的機率很小。

■護照遺失[16]

1. 團員在旅途中遺失護照，往往會造成團員無法隨團前往下一站的窘境，因領隊必須率團繼續按既定行程下去，而造成團員一人單獨留下乏人照料、進退兩難的痛苦情況，因此領隊不可不慎。

2. 為防止整團護照遺失，領隊千萬不可替客人保管護照，應由客人自行保管，如此才不致有整團護照遺失之慘劇。領隊可事先將團體之護照及簽證相關頁數影印一份，另外要備有團員額外照片，萬一遺失時亦能立即取得相關資料。

3. 告知團員護照係個人身分證明，至為重要，應妥予保管使用。出門在外，一切需須謹慎小心，讓團員養成多用飯店保險箱之習慣。

4. 團員護照不論是遺失或被竊，均應立即向當地警察機關報案，並取得報案證明。聯絡我國當地駐外單位，說明遺失者的護照資料、中英文姓名、出生年月日、護照號碼、回台加簽號碼，以及國內聯絡人姓名、地址、電話，以辦理護照或臨時證明。如團員需在當地等待申辦護照，則需請代理旅行社或中國餐廳協助，幫忙照顧團員，等候外交部回電以後，

就可到指定地點領取護照，安排在下一站集合地點會合。一般作業時間需要三天以上，但也有例外可以提前發給的。

5. 如時間急迫或即將回國，則持報案證明及領隊事先備妥的護照資料，請求移民局及海關放行，但各國國情不同，不一定行得通。國內入境，領隊應通知團員家人持遺失者身分證至機場，請航空公司轉交其本人，才可入境。

6. 聯絡總公司，立即將此事經過，依人、事、時、地順序記下，傳真回公司報備。

■旅行支票遺失[17]

1. 領隊在說明會中應提醒團員，在購買旅行支票後，立即在其上款簽名，以求保障，否則一旦遺失而又未簽上款，則銀行均可拒絕掛失和理賠，支票存根聯應分開保管，萬一遺失尚有根據報請掛失。攜帶國際信用卡是值得鼓勵的消費方式，就算不慎遺失，其掛失也較方便。

2. 以電話或傳真向發行銀行掛失，並立即向警察機構報案取得證明，需有明確之遺失旅行支票之號碼、面額、張數。

3. 根據報案證明及申購存根（俗稱水單或紅單），向當地連鎖銀行申請部分理賠。最好能由遺失者本人親自前往辦理掛失補發手續（因需本人親自簽名）。

4. 回台後，若經查證確實依法使用而遺失，則可獲得百分百理賠。

■班機不足或延誤[18]

1. 班機不足或延誤，領隊應儘速向航空公司追查原因以及恢復時效，並尋找有無替代方案之選擇。

2. 如因航空公司超售機位，而產生機位不足時，領隊應堅持團

體必須同時行動，堅決表示抗爭的意念，決心爭取到底，通常是會贏得勝利的。

3.如因不可抗力之因素而造成班機變更，一定要請航空公司出面處理，領隊應冷靜而堅定，面對困難向航空公司取得相關證明，做為日後索賠之證據，讓損失減至最少。領隊處理班機延誤時，應讓全部團員了解過程及交涉結果，以免事後糾紛。

4.因機位不足而需將團員分組分批搭機離開時，應全盤考慮做妥善安排，如果下一目的國家之簽證為團簽時，應將團員按簽證之人數，配合簽證之安排，否則在機場將形成無法出關之狀況。隨時與當地代理旅行社聯繫，做好行程兩個端點之接待人員的聯繫。

5.領隊要確實做好班機再確認工作，儘量不假手他人處理。任何意外事件發生時，領隊應冷靜沈著，隨機應變，迅速下判斷處理，同時要兼顧公司與團員之權益，才能逢凶化吉，圓滿達成任務。

■ 行程延誤方面[19]

無論因何種原因造成預定行程之延誤或更改，一定要通知當地之代理旅行社，以協助配合調整相關之安排。其他如無法前往預定之餐廳用膳，也應通知對方，不可置之不理，否則會給日後之團體帶來無比之困擾。

第四節　旅遊糾紛之探討

自從民國六十八年政府開放國人出國觀光，整個觀光事業的發

展，由單方面吸引外人來華的範疇，突破爲雙向交流，民國七十六年政府開放國人大陸探親，出國熱潮更是風起雲湧，以二〇〇〇年爲例即有七百三十三萬人次出國觀光，因此旅行業服務角色之重要性愈形凸顯。然而目前旅行業仍停留在中小企業經營形態，業者彼此削價惡性競爭，再加上部分國人出國旅遊，只比價格不問內容，隨著出國人數增加，旅行社與消費者間之旅遊糾紛亦有增加趨勢。而旅行業安排旅遊，主要係將旅客在遊程中所需之入出境手續、食、宿、交通及其他娛樂服務項目予以組合，其每一環節皆層層相扣，作業必須妥善周詳；另一方面旅客與旅行業間資訊不對稱，旅客在旅遊前又無法親見旅遊內容之實體，實務操作時如遇不可預期因素介入，均勢必易生旅遊糾紛。除不可預期因素外，旅遊糾紛之發生應可預防避免，這當然有待從政府單位、觀光社團、旅客及旅行業者多個層面著手。

一、旅遊糾紛產生之原因

旅遊糾紛的產生，基本上而言，旅客與旅行業者雙方都要負一部分責任，這些旅遊糾紛不能全怪旅行社，也不能全怪旅客。在實務上，應該將所碰到各式各樣的旅遊糾紛，彙整起來分析研究，這樣可以避免旅遊糾紛並提升旅遊品質。以下就旅遊糾紛的各種因素逐一來探討。

(一)業務人員的因素

旅行社業務員爲了招攬旅客，有時候會很輕易地答應客人的要求，業務員不會想到條件開出去之後，不管公司是否能配合，將來能不能夠兌現，這樣的話就很容易出這種狀況。業務員賣力招攬客人固然非常好，但必須秉持著誠意的原則，可以做得到的儘量替客人做各種服務，如果沒有把握就不要輕易答應客人的要求，而用一

種比較緩和的方式和技巧來看是否能做得到，而不要把話說得很簡單——「這個絕對沒有問題，可以做得到」，我想這業務員若輕易答應客人的話，將來承諾沒實現，客人就一定會很不高興，這種旅遊糾紛在旅行社服務方面，是比較容易碰到的事。

(二)內部作業的缺失

詳實而嚴謹的OP作業非常重要，整個旅遊團體的航班是否訂好，車、船、交通工具及餐飲的安排，客人個別後續行程的銜接……等等，一切都有賴OP去安排妥善，環節相連，環環相扣，若是其中某一環節鬆脫就出問題了，因而產生旅遊糾紛。內部作業上的疏失，經常碰到的是旅客簽證問題，有時候旅客參加了旅行團，但卻不一定跟團體回來，可能單獨另外要求，或者單獨辦簽證，而業務員忘了跟公司OP講，或者是OP作業上疏失，而造成彼此困擾。像這種純粹是內部作業缺失產生的糾紛，旅行社應該設法儘量去避免。

(三)領隊或導遊之因素

觀光局規定，出國旅遊團體一定要全程派遣合格領隊服務，但部分旅行業者認為合格領隊不一定就能將團體帶得好，或者公司沒有足夠的合格領隊，有時候找一位不合格領隊，但他卻帶得不錯，甚至有些不合格領隊，是旅客指定要他來帶團。事實上領隊可以決定一個團體的成敗，將旅遊糾紛減至最少。在一般大眾化的旅遊行程，關於吃、住大部分不會相差太多，旅客滿不滿意取決於領隊的服務熱忱、服務態度、**專業素養**……等等，所以旅行社在指派領隊時，要考慮到領隊是否能勝任。通常客人抱怨領隊或導遊的事為：1.強收小費；2.服務態度不佳；3.解說不詳；4.時間控制不當；5.突發狀況，領隊處理不當……等等。另就旅遊地區而言，受到抱怨最多的地區是大陸、東南亞，這些地區，由於並非領隊全程處理各項

服務，而是操縱在當地導遊、全陪、地陪手中，對客人心態掌握了解不易，比較難達成任務。至於歐美、紐澳地區，大都由領隊全程服務，負責食、衣、住、行的安排，能擔負公司所賦予的責任，扮演一個成功領隊或導遊的角色。

(四)國外旅行社的因素

旅行社在將團體委託當地接待旅行社時，規定需要委託當地合法的旅行社，以免造成糾紛。依旅遊契約規定，旅行社方面委託國外旅行業安排旅遊活動，因國外旅行業有違反本契約或其他不法情事，致旅客受損害時，旅行社應負同樣責任。

(五)旅客本身

部分旅客旅遊形態停留在出國比價格，回國比品質；進店買藥，回飯店呱呱叫；上車睡覺，下車尿尿；錢花光光，為國爭光。由於國人出國旅遊常識的不足，對於旅行業了解的程度和人的問題，都會牽涉到旅遊糾紛或是認知上的差距，像行李遺失，旅客會說行李箱有價值多少錢的東西，要求旅行社照單賠償，而旅行社也不可能全部賠償，頂多依照航空公司的慣例，航空公司遺失旅客，每一公斤的行李賠償二十美元，一般為二十公斤，像這樣就只有四百美元，合台幣為一萬多元，跟客人所要求的差距太大，這是純粹屬旅客個人因素所造成。政府單位應多做宣導資料及短片，增進國人出國旅遊常識。

(六)旅遊產品的特性

旅行社的產品跟別種產品不太一樣，產品概念抽象、無形，客人參加旅遊，旅行社沒辦法馬上提供服務，客人無法馬上驗收產品，這是產品的特性所使然。以往業者在行程表上寫得密密麻麻的，就曾發生下述這種糾紛案例：旅客回來之後認為很多觀光地點

都沒有去參觀，旅客就很不高興，回來之後向觀光局申訴。後來這實例出來之後，現在旅行社大部分都會在行程表上特別詳細註明，以免產生糾紛。旅遊的產品雖然是很抽象化的東西，儘量把它具體化、透明化，就可以避免發生這種旅遊糾紛。[20]

(七)外在因素

同業、消費者、航空公司、當地旅行社等外在因素不是業者可以控制。

(八)惡性競爭

旅遊糾紛除了前面的因素之外，最重要的為惡性競爭的問題，在平常發生案例裡，惡性競爭造成旅遊糾紛問題佔了很大部分。目前全省有兩千四百多家旅行社，你殺價拉我的客人，我也可以比你更低，大家來搶客人，到最後吃虧的是旅客和業者，因為業者純粹在賭，用賭的心理來搶生意。旅行社想靠國外的自費行程和購物來彌補團費，這種情形不會產生旅遊糾紛嗎？旅客總是想找團費最便宜的，而便宜的話則會產生增加自費行程、購物活動的情形，又非旅客所願，旅行社和旅客之間就很容易產生糾紛。用什麼方法來改善市場秩序，主管機關可適時發揮權力，但最主要的還是業者和旅客本身的因素。惡性競爭不是操之在己，還有很多其他因素，包括同業、消費者、航空……等等，這是一個很大的問題。[21]

二、遊糾紛之類別

(一)以案件內容來區分

■未辦妥全程出國手續

例如護照遺失、未貼條碼、簽證來不及……等等，其中以回程機位未訂妥為最嚴重。根據旅遊契約書，如確定所組團體能成行，

旅行社應負責為旅客辦妥護照及旅程所需之簽證，並代訂妥機位及旅館。過去，旅行社未訂妥回程機位即出團的情況很普遍，但這是不正確的做法。我國旅行業應朝進步方向努力，這些不當的作風，應有更妥當的處置及具體的罰則。旅客也應加強吸收相關旅行常識，了解遊程安排的細節，旅行社則應當維護自身社譽，避免旅遊糾紛滋生。

■變更日期和行程

行程內容有瑕疵及班機問題兩者所佔旅遊糾紛比率極高，旅行社本身不能出團的原因有幾點，像旅客人數不足、簽證沒辦好、機位沒有了等。現在旅遊契約有修改，如因旅行社過失突然取消旅遊團體時，依照旅遊契約書的規定時間的遠近，旅行社要按一定的比例賠償。

■未辦妥或臨時變更住宿地點

深究其原因，不論是航空公司或國內外旅館業，皆以滿足其既有空間為營業目標，而目前國人仍無法如歐美、日本等國旅客一樣，於事前及早規劃旅遊，提早於半年到一年前安排，以至於各該相關行業無法依照既定之供需軌跡，合理分配空間，造成供需不均衡，無人時空著，爆滿時又不足，徒然影響旅遊品質，此點多年來亦為旅行業者最頭痛的問題。若是國人能事先安排旅遊的計畫，當能解決此一困擾。旅館安排未依行程所示，造成旅客的不便，這點旅行社方面負有重大過失之責。依旅遊契約規定，旅行社未依契約所定辦理同等級餐宿、交通旅程或遊覽事項時，旅客得請求旅行社賠償差額兩倍的違約金。

■因故未按行程表走完全程

一般行程上的問題主要有更動參觀內容、參觀次序變動及內容減少等三類，其中較嚴重的是內容減少，這點可有具體的理賠金額，依旅遊契約書第二十條，旅行社應賠償旅客因減少該行程所省

下費用的兩倍，但這和客人的損失並不能相提並論。依據旅遊契約書規定，旅遊中之餐宿、交通、行程及遊覽項目應依契約規定，旅客不得要求更改，但旅行社同意旅客要求更改時，所增費用由旅客負擔，除非旅遊途中有不可抗力或不可歸責旅行社之事由，致無法依原契約安排時，旅行社得考慮團體安全及利益，依實際狀況更改行程，其因而增加的費用由旅客負擔，減少的費用則應退還旅客。

■變相加價

旅遊條約列舉旅遊費用所涵蓋之項目及未涵蓋項目，另說明交通費之調高規定。但部分旅行社在客人繳過團費以後，到國外又突然增加各種名目的費用，因而造成旅遊糾紛。

■導遊、領隊或相關服務人員態度欠佳

旅遊團體在外遊程的運作上，領隊扮演著重要角色，關係團體的成敗。領隊或相關人員的失誤，並無法則可依據。對旅客而言，必須忍受領隊或相關服務人員素質不佳而造成旅途的不愉快，實在不公平。由於旅行社的競爭及成本的關係，目前市場上的旅遊產品，東南亞地區當地有導遊全程服務，但歐洲、紐澳、美國及部分日本線團體，為降低成本，則是領隊兼導遊，一人兼兩職，影響旅遊品質。

■併團或轉介

旅行社間之合團，應事先徵得旅客書面同意，同時旅客應特別注意和別家旅行社合團可能造成什麼樣的結果，再決定是否接受旅行社合團的處理。旅行社如果未經旅客的同意任意合團，如在事前客人可以拒絕參加，如事後才知道，旅客可要求團費5%的賠償。

■娛樂設施不足或飯店設備不佳

部分旅行社在招攬旅客時，行程表只註明A級旅館或豪華旅館，等旅客到了國外才發現旅行社所提供的娛樂設施不足或飯店設備不佳，因而造成旅遊糾紛。

■任意取消活動

旅遊糾紛以行程內容方面佔第一位,這方面的糾紛主要肇因於旅行社取消旅遊項目(應去之觀光點未去)、旅遊地點未進入、變更旅遊秩序。國外旅遊可變因素太多(經常塞車、閉館、休館……等等),依觀光局制訂的旅遊契約書規定,旅行社未依約辦理旅客之食宿、交通、旅程及遊覽項目時,旅客可請求旅行社賠償差額兩倍的違約金。

■旅遊購物糾紛

糾紛其實是全面性的問題,目前各地區遊程中購物問題的嚴重程度,以泰國團及韓國團為甚,其他如菲律賓、馬來西亞、新加坡等亞洲地區,甚至歐美長程線等,也一樣有這個問題存在。只是泰國和韓國等旅遊團所收取團費嚴重不敷成本,因此對方接待的旅遊業者只好將旅客當成人頭賣給導遊,變相鼓勵導遊以不正當手段收回成本。國內旅行社這種不正當的操作方式,政府主管單位及部分旅客都很清楚,且觀光局制訂的旅行業管理規則指出,旅行業經營各項業務應合理收費,不得以購物佣金或促銷行程以外之活動所得彌補團費。但是這條法令在執行上困難重重,因為牽連到旅客的消費習慣,以及旅行社長久以來的作業問題,因此唯有國內旅遊市場全面正常化,才能有助於問題的改善。面對旅遊購物問題,旅客及旅行社兩方面應有以下體認:1.旅客方面:不要盲目購物,如果未經合格醫師診斷及開藥方,不要隨便信任藥店人員的推銷。依曾發生的案例分析,國人在外購藥的糾紛,除藥物成分及功效的問題外,有很多是付款幣別的問題,旅客購買前,應問清楚是以美金、港幣或其他貨幣計價。2.旅行社方面:帶客人購物應站在保護旅客的立場,為旅客過濾有信譽的商店,才是業務上的良性循環,同時,領隊在帶旅客到商店時,也應善盡良善管理之義務,告訴旅客購物應注意事項,以免發生購物糾紛時,旅行社受到旅客指責。[22]

■保險問題

目前觀光局旅行業管理規則規定，旅行社應投保履約險，及為出國團體旅客投保兩百萬元責任險，而平安保險由旅客自由投保，但旅行社有告知的義務。一般旅行平安保險僅針對旅客死亡及重大傷殘理賠，而不含醫療給付，因含醫療險的保費較高。根據保險法的規定，旅行平安保險應屬意外險的一種，凡是意外險，理賠的範圍主要指的是因外來事故所造成的傷害而言，至於因細菌、疾病等因素引發的傷害及死亡，則不在理賠範圍。在旅行平安保險理賠條文中，並不是所有意外事故都在理賠範圍內，根據該條文，被保險人從事潛水、滑雪、駕駛滑翔機具、跳傘活動，或從事角力、摔角、柔道、空手道、跆拳道、馬術、拳擊及特技表演等運動期間，或從事汽車、機車及自由車競賽或表演期間等所發生的意外，不在理賠之列。依上述旅行平安保險條文的規定，目前很多國內旅行團赴國外旅行時，所參加的活動，如潛水、滑水及滑雪等，若發生意外事故都不在理賠範圍內，值得旅客注意。有關投保人的權利義務等，保單上都有明白規定，旅客應多留意了解。[23]

■職員敲詐或冒名詐騙

此類糾紛通常為靠行旅行社或旅行社離職職員欺騙旅客，拿著旅行社的名片招攬旅遊業務，因而旅客認為是合法業者，稍一不慎即吃虧上當。其實旅客只要多留意一下，便可以避免此種糾紛。旅客參加旅行團時應多方面注意程序，觀光局近年來也不斷宣導，旅客應選擇合法旅行社、行前參加說明會及簽訂旅遊契約等。

■未定妥旅遊契約

旅遊契約應該在交訂金或交證件給旅行社辦理出國手續時簽立，但旅行社通常在行前說明會時和旅客簽訂旅遊契約並收取團費，同時告訴旅客食宿及觀光地點等相關注意事項。部分旅行社為避免麻煩，故意不簽或是在機場才讓客人匆匆簽署，且將契約書的

字印得非常小，甚至不和旅客簽立旅遊契約。

■預收小費

小費問題也可以說是旅客出門旅行費用上的另一個負擔。照理說，小費的給與是旅客採取主動的決定，依隨團服務人員的服務態度及個人的判斷來衡量給多少小費，可是也有一些旅行社會在行程資料或行前說明會上建議一個數目，甚至明白要求旅客一天應付出相當數目的小費，這是不合理的作法，旅客可以當場拒給。

■無故扣留護照

這種旅遊糾紛通常是旅行社和旅客之間團費不清而造成的。旅行社管理規則第三十五條第一項第六款規定，除因代辦必要事項臨時持有旅客證件外，非經旅客請求，不得以任何理由保管旅客證照。

■消費者於出發前取消行程之退費問題

根據旅遊契約書，有關旅客解除契約之賠償標準如下：

1. 旅遊開始前第三十一日以前取消者，賠償旅遊費用之10%。
2. 旅遊開始前第二十一日日至第三十日以內取消者，賠償旅遊費用之20%。
3. 旅遊開始前第二十日至第二日以內取消者，賠償旅遊費用之30%。
4. 旅遊開始前一日內取消者，賠償旅遊費用之50%。
5. 旅遊開始日或開始後解除契約或未通知不參加者，賠償旅遊費用之100%。

(二)以地區分類

■東南亞地區（佔旅遊糾紛比例43.52%）

東南亞地區高居首位，所佔比率高達四成以上，最多的案件為購物及自費行程。整個東南亞地區只要有台灣客人去的地方都有購

物的問題。旅行社付給當地接待旅行社的團費是購物的團費，必須
以強迫旅客採購及參加自費活動來彌補團費的不足。

■大陸地區（佔旅遊糾紛比例8.70%）

　　大陸地區是共產國家，在經濟轉型過程中仍是一片亂象。而他
們各部門雖分得很清楚，彼此互不相干，一旦事件發生，各部門卻
互相推卸責任。種種不穩定，造成旅行社常背黑鍋，通常團體出發
前一切統統沒有問題，可是到了當地卻全部出了問題。大陸旅遊糾
紛通常是旅館客滿換旅館、床位不足加床、搭機改為搭船、火車軟
鋪改硬鋪、飛機延誤⋯⋯等等。

■東北亞地區（佔旅遊糾紛比例9.81%）

　　韓國團通常團費過低，不敷成本。韓國及泰國為購物糾紛最嚴
重的地區。日本是旅遊費用較高地區，最嚴重的問題為白牌車或綠
牌車之使用。另外為降低成本，接送機由藝品店負責（例如東京大
阪地區），然而因為車輛有限，結果讓客人等得半死車子還不來。
此外還有住宿房間較小等旅遊糾紛。

■歐洲地區（佔旅遊糾紛比例9.95%）

　　團費較高，品質維持一定標準。通常是簽證的問題，簽證來不
及甚至要求客人冒名頂替⋯⋯等旅遊糾紛。

■美國地區（佔旅遊糾紛比例15.36%）

　　美國線一直有相當的客源，國人前往洽商、探親、留學、旅遊
⋯⋯等等。較常見的旅遊糾紛為回程機位的問題。

■紐澳地區（佔旅遊糾紛比例4.66%）

　　紐西蘭及澳洲為近年來最熱門路線，旅遊大幅成長，旅遊品質
一直相當穩定，旅遊糾紛也較少。但由於旅行社競爭，品質也開始
日漸下降。

■其他地區（佔旅遊糾紛比例2.80%）

　　因為客源較少，相對的旅遊糾紛也較少。

表6-8　消費者文教基金會八十八年度旅遊申訴案件分析

申訴類型／月份	1	2	3	4	5	6	7	8	9	10	11	12	合計
1.未辦妥全程出國手續	0	1	2	1	5	3	3	3	3	1	3	1	26
2.變更日期和行程	3	1	2	1	3	5	2	4	3	4	3	1	32
3.未辦妥或臨時變更住宿地點	1	0	7	5	4	1	7	0	1	4	1	1	32
4.因故未按行程表走完全程	1	1	2	1	1	1	0	2	1	0	0	0	10
5.變相加價	1	1	2	1	0	2	1	1	4	1	2	3	19
6.導遊領隊或相關服務人員態度欠佳	2	0	5	2	2	3	10	4	8	3	2	2	43
7.併團或轉介	0	0	4	1	2	1	0	1	0	0	0	0	9
8.娛樂設施不足或飯店設備不佳	1	0	5	0	1	2	1	5	2	2	5	3	27
9.任意取消活動	0	0	1	2	1	1	2	1	1	0	0	0	9
10.旅遊購物糾紛	0	0	1	2	0	0	0	0	2	0	0	0	5
11.保險問題	0	0	0	1	0	0	0	0	0	0	0	0	1
12.職員敲詐或冒名詐騙	0	0	2	0	0	0	0	0	0	1	0	0	3
13.未定妥旅遊契約	0	1	0	0	0	1	1	0	0	1	0	0	4
14.預收小費	0	1	0	1	0	0	0	1	0	0	0	0	3
15. 無故扣留護照	0	0	0	0	0	1	1	1	1	1	0	1	6
16.消費者於出發前取消行程退費	0	0	3	4	0	1	4	2	1	5	1	1	22
其他	2	3	12	10	4	5	8	8	10	5	7	7	81
總計	11	9	48	32	23	27	40	33	37	28	24	20	332
實際收件數	9	7	36	29	18	23	32	28	28	22	20	18	270

資料來源：中華民國消費者文教基金會

■國民旅遊（佔旅遊糾紛比例4.04%）

　　國民旅遊部分因爲費用較少等因素，因此糾紛的比例較低。

三、旅遊糾紛之處理

(一)旅行業方面

　　一個優秀的領隊應該能當場處理旅遊糾紛，如果無法解決，團體回國後，公司應秉持坦誠、負責原則，派專人處理，主動與旅客連繫，處理人員應具親和力而且被充分授權，了解糾紛原因及全案

詳情。

(二)旅客方面

■申訴單位

目前受理民眾旅遊糾紛申訴的機構有三：觀光局、中華民國旅行業品質保障協會及中華民國消費者文教基金會等。

1. 觀光局：該局受理旅客申訴、調解旅客和旅行社的旅遊糾紛，主要是提供便民服務，並非法律賦予的權責。旅行業違反旅遊契約，致旅客權益受損時，屬法律上的民事契約關係，旅客應向法院提出民事訴訟，或依鄉鎮市調解條例規定，向鄉鎮市調解委員會聲請調解，但因司法訴訟程序繁複，加上訴訟標的小，觀光局基於便民及其為旅行業主管機關立場，才提供旅遊糾紛調處服務便利民眾。

2. 品保協會：該協會只針對其會員旅行社所發生的旅遊糾紛做調處，除調處糾紛外，品保協會重要工作為提升旅遊市場秩序及旅遊品質，積極防範旅遊糾紛發生。

3. 消基會：消基會因以為消費者謀公平待遇為主旨，因此也是一般消費者申訴旅遊糾紛的管道。但是，消基會本身沒有公權力，因此，消基會收到申訴案後，也會將副本抄送觀光局及品保協會，部分案件也轉交上述兩機構調處。

■申訴方式

消費者以書面方式敘述下列事項：

1. 申訴人姓名、聯絡地址。
2. 所參加委託或舉辦旅遊之旅行社、旅遊據點、起訖日期。
3. 違反或未履行旅遊契約或品質與約定內容不符之事實與證據。

4.領隊或隨團服務人員姓名。

5.請求損害賠償金額。

四、如何預防旅遊糾紛的發生？

(一)旅遊業

■建立品牌形象

由於旅行成為生活之一部分，而國人出國年齡降低，教育水準普遍提高，因此主要消費群的消費意識提升，旅遊產品的內容、品質保障、旅行業公司之形象均形成其購買產品決定因素。換言之，消費者購買決定過程日趨理性化，因此旅行業應速建立其公司商譽及品牌形象。

■加強在職訓練

訓練、訓練、再訓練，唯有經由不斷的訓練，才能全面提升服務品質，減少旅遊糾紛。

■勿惡性削價競爭

旅行社應遵守交易誠信原則。產品推出的廣告往往過分華麗地包裝，誇大不實，造成旅客過分期待，等到了目的地發現與事實出入太大，也容易產生糾紛。合理的售價最為重要，如果競爭到超低價，明知成本不足，然後以其他方式來彌補，類似規定要做幾次購物、額外遊程、強迫客人到站去點人頭，這些都是不合理的現象，非但領隊無法發揮他帶團的真功夫，旅遊品質也難獲提升。

■行前作業

糾紛要著重防範而非事後的協調解決，首先要有詳實的OP作業，辦妥簽證、機位、保險及簽妥旅遊契約書等事項再行出團。再來就是行前說明會，整個行程的權利義務以及可能變動的因素，都要在說明會中講清楚，並再三強調，旅遊要約一定要簽妥。

■加強領隊道德觀念、帶團技巧及專業素養

優秀的領隊應可將糾紛減至最少，不是防患於未然就是圓滿解決於事後。一個團體中有多少突發狀況，只要領隊處理得當，自然大事化小，小事化無，如果反過來，領隊把責任都推給公司，表示「我只是替公司帶團的，有什麼事找公司就可以」，如此一來問題就多了。領隊最好能夠事先了解公司賣給旅客的產品內容包括哪些，他一定要相當熟悉旅遊契約的內容，萬一發生事情可以依循契約內容去處理。領隊從接到派團令時，即應著手研究準備工作。

1. 了解前往國家之報關手續及禁止攜入、攜出之物品項目。
2. 國際禮儀。
3. 熟悉入出境及通關作業。
4. 隨時進修外語。
5. 團康活動。
6. 熱忱的服務態度，沿途多與客人溝通，注意事項更是要叮嚀。
7. 守時觀念。
8. 不介意「小費」之多寡。
9. 不假藉機委託旅客攜帶物品圖利。
10. 不刻意安排旅客購物而延誤行程。
11. 注意維護旅客權益。

優良的領隊可將各種糾紛的發生減到最低程度，最好是將品質提升到最高境界，讓客人指定品牌。領隊做到帶團沒有糾紛，甚至能使客人對公司的產品以及領隊有信心，首先領隊必須先把自己的信心和精神都武裝起來，有了這種基本態度帶團，即使糾紛防不勝防，也能減到最低程度。

(二)旅客方面

■選擇適合自己的行程

1.旅遊資料的蒐集：可由觀光局旅遊服務中心、各國觀光局、報章雜誌……等蒐集資料，並聽聽有旅遊經驗者的親身經歷。

2.了解旅遊的趨勢：輕、薄、短、小、精緻、深度、多元、分眾。

3.旅行產品的分類：團體旅遊、半自助旅遊、個人自助行。

4.產品內容的比較：要有一分錢一分貨的觀念，勿貪圖價格低廉而陷入一個品質極差的旅遊。同樣的旅遊行程為什麼價格不同？是否有下列因素：

  (1)旅遊內容：飛機（直飛或轉機、早去晚回）、住宿（旅館等級）、餐飲（幾菜幾湯、早餐是否在旅館內用）、車輛（大車或小車）、參觀（入內或路過）、領隊帶團經驗……等等。

  (2)是否為購物團。

  (3)是否有額外自費活動。

  (4)是否包含所有費用（護照、簽證、機場稅、來回送機……等等）。

  (5)其他：計畫旅行、考慮日程、季節、興趣、體力……等因素。

■選擇合法、信譽良好的旅行社（勿以價格作為選擇旅行社之唯一標準）

1.合法旅行社：領有經濟部執照、營利事業登記證及觀光局執照及參加品保協會證書，並將執照掛於明顯處。優良業者有

良好商譽、高知名度、整體形象良好、公司有一定規模、內部作業有固定程序。

2.非法業者：

(1)地下旅行社：假旅遊資訊公司、育樂公司、移民公司、遊學中心之名招攬旅行業務。

(2)靠行：所謂「靠行」是指旅行社允許原非屬其公司業務人員之個人，以該公司職員名義，對外招攬不特定人參加旅遊之行為。此特定之個人由旅行社向主管機關作任職該公司之報備，並准其於公司內設置營業處所，但盈虧則歸諸個人而與旅行社無涉，且由個人按月支付租金給旅行社之行為，即業者俗稱「租台子」之營業事實。靠行者獨力招攬業務，供靠行旅行社無法掌握品質。如何分辨是否為靠行旅行社，可由從業人員素質，員工上班情形，公司工作氣氛，員工獨力作業各自為政、彼此疏離感，各種事物不統一，例如桌子式樣不一、電話專線上鎖、同一人接聽等等來判斷。

■出國手續應注意事項

要確認旅行社是否依照約定為您辦妥護照、前往旅遊國家簽證、機票機位及住宿等。

1.護照為英文身分證明，應隨身攜帶，妥善保管，避免遺失。拿到護照應檢視記載內容是否相符、照片有沒有貼錯、效期是否足夠，簽名欄應由旅客親自簽名，不得由他人代簽。

2.機票：如不隨團體回國應特別注意機票效期及機位是否確定。要旅行社在旅遊契約書上註明，以免產生糾紛。

3.簽證：該國入國許可證。如不隨團體回國應特別注意簽證效期，並要旅行社在旅遊契約書上註明，以免產生糾紛。

4.保險：

　(1)平安保險：由旅客自行投保，但旅行社有告知的義務。

　(2)責任保險：(a)每一旅客意外死亡新台幣二百萬元。(b)每一旅客意外事故所致體傷醫療費用新台幣三萬元。(c)旅客家屬前往處理善後所需支出之費用新台幣十萬元。

　(3)履約險：旅行社發生財務困難無法履約時，由保險司賠償。

5.旅遊契約：與旅行社簽定旅遊契約，應該是在交訂金或交證件的時候，絕對不該在說明會或飛機場臨上飛機時匆匆簽名。契約內容應詳細閱讀以了解你的權益（見**表6-9**）。

6.參加行前說明會，以便做最後的檢查及確認，保障自己的權益，並了解旅途中應注意事項。

7.結匯：財不露白，儘量少帶現金，正確使用旅行支票或信用卡。

8.身體健康：是否適合出國最好請教醫生，行前要注意健康，旅途中注意飲食起居安全。

■認識旅遊契約，保障你的權利

　　旅遊契約書是交通部觀光局核定付諸實施的定型化契約書，即依據「旅行業管理規則」之規定，應由旅客與旅行社間簽約之文件。其目的是保障旅客的權益與維護公平交易，因此，契約的內容關係雙方的權益與義務，務必於行前簽妥，並注意簽約的旅行社是否加蓋公司章及其負責人簽名蓋章及填寫旅行社之註冊編號。

　　對於旅遊糾紛的防範及旅遊品質的提升，有賴整個旅遊業共同的努力，除此之外，旅遊糾紛的預防可從商品透明化、價格合理化、服務品質標準化……等著手，民間社團領隊協會、旅行同業公會、消費者自己也要配合，旅遊市場是屬於全民的。另外政府單位

譬如觀光局，則應加強旅遊消費教育及宣導、編印旅客出國須知及錄影帶、加強取締地下旅行社、加強旅行業從業人員講習訓練、評鑑或獎勵優良旅行社、加強旅遊糾紛之調處、強化各民間觀光社團功能、取締不良業者擾亂市場，以維護旅行安全、提升旅遊品質、保障旅客權益、協助業者營運、輔導管理旅行業。

問題與討論

1. 導遊分類我國法規與旅行業實務如何區分？

2. 導遊的定義與職責及具體任務爲何？

3. 導遊人員之消極資格爲何？其受罰規定如何？

4. 導遊與領隊需具備哪些條件？

5. 導遊資格與考照之科目爲何？

6. 敘述導遊在執行業務時，其前、中、後的工作內容。

7. 如何接待來華之團員？

8. 試寫一篇接待歐美團員之歡迎詞。

9. 導遊說明資料分爲哪三類？

10. 導遊人員管理規則第二十二條規定不得有哪些行爲？

11. 領隊的積極資格爲何？其執業時之限制條件如何？

12. 敘述領隊在法規上及實務上的分類。

13. 試述領隊考試資格與科目。

14. 試述領隊主要工作及服務對象。

15. 如何才能將說明會開得很成功？

16. 敘述「出國說明會」講解的事項。

17. 團體出發之前的說明會需要準備哪些資料給團員呢？

18. 簽訂旅遊要約時應注意哪些事項？

19. 領隊出國前業務與團體文件如何準備？

20. 敘述領隊在執業中的基本程序。

21. 出發前領隊的準備工作有哪些？

22. 團體出發前領隊應檢查哪些項目？

23. 領隊應站在公司或團員的立場來處理事情？

24. 旅途中，領隊應如何掌握團員之需求？

25.領隊帶團出國應如何有效處理團員行李問題？

26.領隊帶團時在旅館通常會發生哪些問題？應如何預防？

27.如果你是領隊，碰到下列狀況應如何處理？請詳細說明之。

　(1)機票遺失；(2)團員護照遺失；(3)在機場發現行李未到；(4)旅
　行支票遺失；(5)團員走失。

28.萬一發生了重大事故，領隊應把握的原則為何？

29.預定的車子沒有來時，領隊的應變方式有哪些？

30.在國外如團員要脫隊，領隊應如何處置？

31.領隊歸國作業如何進行？

註 釋

〔1〕紐先鉞，《旅運經營》，台北：華泰書局，1996年9月，頁175。

〔2〕同註〔1〕，頁177。

〔3〕中華民國觀光導遊協會，《觀光導遊手冊》，交通部觀光局，1992年，頁86-87。

〔4〕同註〔1〕，頁200-218。

〔5〕同註〔3〕，頁86-87。

〔6〕容繼業，《旅行業理論與實務》，台北：揚智文化事業股份有限公司，1999年12月，頁450。

〔7〕同註〔1〕，頁450。

〔8〕陳嘉隆，《旅運業務》，台北：新路書局，1996年9月，頁43。

〔9〕交通部觀光局，《中華民國八十八年觀光統計年報》，1999年9月。

〔10〕余俊崇，《旅遊實務》（下），台北：龍騰出版公司，1998年，頁235。

〔11〕中華民國觀光領隊協會，《觀光領隊手冊》，交通部觀光局，1995年，頁12。

〔12〕《博覽家雜誌》，第62期，1998年2月，頁257。

〔13〕同註〔3〕，頁86-87。

〔14〕同註〔1〕，頁200-218。

〔15〕同註〔3〕，頁86-87。

〔16〕同註〔3〕，頁86-87。

〔17〕同註〔5〕，頁450。

〔18〕同註〔8〕，頁43。

〔19〕同註〔10〕，頁214，

〔20〕同註〔6〕，頁496-543。

〔21〕同註〔8〕，頁183-190。

〔22〕同註〔11〕，頁414-415。

〔23〕台北市旅行同業公會，《領隊萬用手冊》，台北市旅行同業公會，1991年，頁9-15.。

第七章
我國旅行業未來之發展趨勢

第一節　電腦化與國際化
第二節　標準化與多元化

自從民國六十八年政府開放國人出國觀光，整個觀光事業的發展，由單方面吸引外人來華的範疇，突破為雙向交流。民國七十六年政府開放國人大陸探親，出國的熱潮更是風起雲湧，以二〇〇〇年為例，即有七百三十三萬人次出國觀光，因此旅行業服務角色之重要性愈形凸顯。旅行社是一個很脆弱的行業，面對的是高風險、低利潤的經營生態環境。任何國內外政治、經濟、氣候、交通等因素的改變，都將嚴重衝擊旅行業者。台灣的觀光發展多年來，不論是來華、出國或國民旅遊，都經歷了不同的興盛及衰退期，尤其目前消保法已實施，民法中加入旅遊編，對旅行社及從業人員的管理及審核將愈來愈嚴苛，業者若沒有危機意識，及時自我提升、加強管理及永續經營的觀念，很可能在這樣的大環境下遭到淘汰。旅行業者面對這樣的契機與挑戰，必須重新審視自己這個十分重要的地位，掌握旅客的需求，重視市場的走向，提供實質與滿意的服務，是旅行業者永遠制勝的武器；如何求新、求變，產品區隔及透明化是亟思在二十一世紀有一番作為的每一位業者，應立下的精確目標。茲從旅行業電腦化、國際化、標準化與多元化四個方向來探討旅行業未來的發展趨勢。[1]

第一節　電腦化與國際化

一、電腦化

　　影響旅遊業發展的趨勢，首先是電腦科技革命性的發展，尤其是網路應用落實的速度驚人，勢必影響整個旅行業的行銷通路。面對多變及競爭激烈的市場，旅遊業尋求升級，全面電腦化應是必經的改革與趨勢。經由公司的電腦化，建立旅行業資訊系統，使經營

管理制度化、標準化。愈大型的公司受電腦化的影響愈大，電腦化的效益也愈大。茲將旅遊業電腦化之具體事項分述如下：

(一)旅行社管理整合系統

　　針對旅行社某些業務，如人事、薪資、會計、生產、計畫管理等，所開發的軟體應用系統，一般稱之為管理整合系統（Management Integrate System，MIS），即利用電腦將大量的客戶資料建立檔案，簡化作業流程，以達到省時、省力、省錢的目的，並進一步藉由電腦化運用於經營管理及決策方面。如何建置此系統，有三種方式可作參考：委託電腦公司撰寫、培養程式設計人員自行撰寫，及購置現成的套裝軟體。[2]

■委託電腦公司撰寫應用程式

　　委託電腦公司撰寫，由具有豐富的程式設計經驗專業人員，依照旅行業者客戶的實際需求規格，可在短時間內完成建置系統。然則其費用較高，旅行社需有一定的規模大小，才能負擔建置此系統，通常建置完成一套管理整合系統軟硬體的設備，總計花費需上百萬元，對旅行社而言是一項龐大的投資。目前專門服務旅遊業者建置管理整合系統的電腦資訊公司，包括全統資訊、科威資訊、旅洋資訊、廣毅資訊等業者，有不少旅行社均是其鎖定的服務客戶。

■培養專業的程式設計人員，自行撰寫應用程式

　　旅行社自行開發撰寫程式軟體，則需聘用專業的電腦人才，目前旅行社部分在公司內部設有資訊部門，或另有電腦資訊公司為關係企業。在旅行社走入電腦化的過程中，必須付出龐大的金錢、時間及努力，才能設計出符合自己實際所需的電腦軟體系統。因此電腦人員必須熟悉旅行業及公司內部作業流程，密切配合旅行社實際需要，才能開發最適宜的軟體系統。

■購置現成的套裝軟體

因為每家旅行社的經營形態差異相當大，實際作業流程亦不盡相同，因此電腦公司所能提供的套裝軟體雖能爭取時效，但功能不一定完全符合所需，仍需做部分修正及增強系統功能。旅行社目前所應用的資訊技術，除了企業內部管理整合系統之外，亦有部分旅行社使用資訊業者所開發的出團資訊查詢系統、電腦語音行程自動回覆系統。

(二)電腦訂位系統（Computer Reservation System，CRS）

電腦科技之運用於全球旅遊，最早為航空公司所使用，此類系統產生於一九七六年，美國航空公司成功推出Sabre系統，使得航空公司的機位能有效且迅速地處理，提高旅遊服務效能。電腦訂位系統是航空機位行銷重要管道，航空公司依其航線分佈，衡量各電腦訂位系統掌控之銷售管道。目前國內旅行社所使用之電腦訂位系統主要有Abacus、Galileo及Amadeus等三種。另部分旅行社直接總代理某家航空公司，其所使用訂位系統為該航空公司之內部電腦系統。現階段電腦訂位系統的主要使用客層仍以散客居多，但是如何滿足團體訂位的需求，則是目前電腦訂位系統所急欲突破的。而針對散客設計的電腦訂位、訂房等旅遊服務項目，也可望在日後能逐漸擴展運用到團體套裝行程上。

■Abacus系統

目前台灣兩千多家旅行社中，多數已採用電腦訂位系統，其中以採用Abacus電腦訂位系統佔多數。而Abacus為求精益求精，更已研發一套最新且功能涵蓋最廣的電腦系統，即所謂的Intelligent Work Station（IWS）電腦系統。這套系統除了涵蓋CRS所提供的基本功能外，更增加所謂的Front Office（櫃台作業，具人性化電腦功能）、Back Office（內部作業，具有易讀報表的會計套裝軟體）、中

文翻譯與數據分析……等多項功能。

■Galileo系統

　　Galileo系統在全球旅行社自動化市場有35％佔有率，其系統提供辦公室自動化的產品，以及設計非常易懂易學的操作介面，周邊產品包括有自動傳眞、中文行程表及作業流程標準化……等。目前Galileo的新產品──完全圖形化的Viewpoint系統，讓使用者一目瞭然，使用者可以不用再記憶城市、機場、飯店……等名稱，只要在選單上用滑鼠點選，就可完成許多原先要花費時間去查閱輸入等動作，相對就可以節省許多訓練的成本，並且增加訂位效率，比以往更簡易操作、更易了解。此系統還具有另一功能強大的地圖系統，當使用者在爲客戶選擇飯店的時候，電腦上會出現該地區的地圖，除了明確標示出飯店的位置之外，還附帶介紹附近的景點和重要的街道名稱，讓業者可以提供更完整的地理資訊給客戶，以此建立業者專業的形象。

■Amadeus系統

　　Amadeus全球旅遊資訊網路系統，是旅遊業的電腦服務系統之一。Amadeus系統具有訂位功能，包括航空訂位、旅館訂位、租車、火車訂位及Tour、渡輪、郵輪等的訂位。在資料查詢方面，包括有目的地相關資料查詢、簽證資料查詢。在旅遊證件的開立方面，包括機票、發票、行程表、登機證及租車旅館的Voucher。Amadeus航空訂位有一百四十九家航空公司直接進入、兩百零三家航空公司有電腦代號回覆，此外目前有五十家租車連鎖公司、一百八十九家飯店連鎖集團可選擇。周邊產品包括有顧客檔案、AIS資料查詢系統、線上HELP、轉換功能、旅遊綜合資訊、Amadeus訓練系統。

(三)旅遊業網際網路未來趨勢

■網際網路對旅行業的影響

　　網際網路是一個開放的系統，沒有人數的限制、地區的限制及時間的限制，儼然成為另一個資訊宇宙，這便是網路其中的一個特色——開放性，除了開放性之外，網際網路尚具有雙向性、互動性、多媒體性、即時性及資訊透明化等功能。今天一般的商品都能上網路，旅遊的產品更無法自外於網路。在旅遊產品商品化的今天，將來顧客會很習慣於從個人家中的電腦去尋找他所需要的旅遊產品。因網路有以上這些特色，旅遊業界應該重視並將其運用在公司與客戶溝通管道之一。旅遊產品的上游供應商或大型的躉售業者，在尋找其潛在客戶的市場覓尋活動中，透過網路的行銷通路是最快速的方式。因此，供應商與消費者之間的關係將走向扁平化，會很直接，中間的過程將萎縮。將訊息張貼在網站上，就可達到宣傳的功能，可節省人力、時間及金錢，也能即時及快速地讓客戶接收到。網際網路的功能及成效是無法預估的，最重要的是業者如何善加利用，才能使網際網路發揮最大功效。

■消費者在家購買旅遊產品

　　現階段全球各電腦訂位系統已逐漸整合，已有全球資訊網路系統的出現（Global Distribution Systems），人人便可以透過家中之電腦網路獲得購買機票、訂旅館、租車及團體行程等相關旅遊服務，使得旅遊業進入資訊網路化的強勢時代。旅客在網上購買機票，而其主要原因是，網際網路能提供清楚的資訊，消費者不必再打電話至旅行社查詢。例如想購買高雄到大阪的機票，只要進入網站後選擇地區、艙等項目，就會出現一個表格，該表格除了詳列各家航空公司該路線票價外，還包括每一種票的使用規定及限制。消費者要購買時，只要填妥表格以及個人與信用卡資料，以電子郵件送出，便完成了線上訂購的手續。透過網路上的交易，未來幾年對旅行產

業是一個非常大的突破，可以由網路上查出很多旅行社所包裝的行程，當它介紹羅浮宮時是用語音講的，也可看到對羅浮宮的介紹，看完後可以看晚上住哪家旅館，旅館距離羅浮宮有多遠，有什麼特色，如果覺得這行程不錯，可以馬上報名，利用信用卡成交。

■電子機票

電子機票是航空業中電腦化的另一大趨勢，電子機票與傳統機票最大的不同是，它不再使用機票，而是將機票存放於電腦中，乘客持有的只是一個代號或收據。電子機票搭機的好處是，只需打一通電話告知訂位人員其所需之日期、航段及信用卡之卡號和效期，即可同時完成訂位和購票手續，省卻開立傳統機票的不便，更可免除遺失、遺忘的困擾，既方便、省時又實惠，也無需往返奔波。購票手續不需親往營業櫃台開票。航空公司人員將按旅客指定之傳真機號碼，傳送其行程表和收據。在機場辦理劃位時，旅客僅需出示身分證件及原先購買電子機票的信用卡，經核對無誤，即完成劃位手續。由於電子機票是旅客直接向航空公司購買，衝擊到旅行社代售機票的利潤，自然引起旅行社的恐慌。然而旅行社販售的機票仍較電子機票便宜，有許多旅客不願意使用電子機票，最主要原因不是價格因素，而是怕交易安全上的顧慮。所以在國人的購票習慣還無法全面接受，加上航空公司也在試探旅行社及旅客的反應，目前電子機票在台灣的發行量並不大。然而電子機票時代的來臨是未來的趨勢，這樣的變化也暗示著台灣旅遊業將面臨新的角色轉變與衝擊，期望在未來能創造旅行業者、航空公司與乘客的三贏局面。

(四)辦公室自動化

辦公室自動化係指利用腦與通訊（Computer & Communication，C&C）科技的整合，應用資訊科技以提升辦公室資訊工作者生產力的活動，辦公室自動化大部分指的是文件處理與

管理，但由於軟硬體不斷更新精進，辦公室自動化逐漸由主機型機器移轉至桌上型機器，以及網際網路的應用。辦公室自動化除了可以支援作業人員的例行性工作外，也可以協助管理及較專業化的工作，其意義大致如下：將有效、有用的電腦、機器等可以服務的功能集合在一起，提供一個良好的辦公環境；亦即利用電腦資訊技術來提升辦公室內資訊工作的生產力。傳統電子資料處理系統大多停留在支援企業的基本業務上，如財務、銷售、人事等系統的功能，但在辦公室自動化中，希望能將重點置於針對個人／群體的生產力提升，不再是針對基本業務及部門的業務。旅行社目前所利用的資訊技術，除了企業內部管理整合系統之外，亦有部分旅行社使用資訊業者所開發的出團資訊查詢系統、電腦語音行程自動回覆系統，以及航空訂位系統。

(五)影響旅遊業邁向電腦化成功與否的因素

由於旅遊人口大幅成長，使得旅行社業務量更趨繁雜，業務量較大的公司為順應電腦化時代的來臨，在求快、求好之下，正逐步進行電腦化作業。且旅行業與其他行業比較起來，算是作業流程較為複雜的行業，因此在邁向電腦化的過程中，難免會產生許多問題。一般來說，業者使用電腦的理想狀態，應是能為其達到省時、省力、省錢的目的，並且可以藉由電腦來簡化一些管理上的問題。

在業者推動電腦化的過程中，影響電腦化成功與否的另一項重要因素，就是人員的密切配合。主管在推動電腦化的過程中，亦扮演了相當重要的角色，除了鼓勵員工去熟悉電腦外，對公司電腦使用情形也應更加了解，以發掘問題所在，如此才會帶動員工徹底執行，而主管亦應負起督促員工確實操作的責任。業者在購買軟硬體時，所要面對的一大問題就是維修，部分業者表示電腦維修費用過高，維修收費不合理，所付出的費用和維修服務未成正比。

對許多業者來說，實施電腦化已是一項頗大的負擔，再加上每年的維修費用，的確是一筆不小的開銷。因此在資金有限的情形下，部分業者也只能在其能力所及的範圍內選擇維修項目，請專人至公司專門解決電腦上的維修問題。但站在電腦業者的立場，則認為電腦化過程中金錢不該是最重要的考量，維修收費絕對是一分錢一分貨。看來旅行業者在無法完全接受電腦業者提出的維修費用，但卻又必須做好軟硬體的維修工作下，如何找到一個平衡點，是極需電腦業者和旅遊業者共同坦誠討論的。

電腦化對消費者甚至整個旅遊產業影響非常大，因為它讓資訊迅速傳遞出去，工作效率也大幅提高。在二十一世紀，旅行業勢必是一個非常龐大的產業，人們對生活品質的提升會著重在藝術、文化、旅遊方面，在整個世代交替的時候，不管未來是否從事旅遊產業，旅遊將成為生活的一部分，未來發展的空間將無可限量。[3]

二、國際化

(一)跨出台灣，邁向世界

為何旅遊產業未來發展要國際化？旅遊業本來就是一個全世界的產業。旅行社將不只要和台灣的業者競爭，戰場更要擴展至國際市場，業者如果不發揮自己的專業，將產品做更詳細的規劃，或拿到更低的價格，業者空間將比現今有限。不是只在台灣，我們在做國外旅遊時要對國外非常熟悉，要知道國外現在是什麼樣子，例如某些國家發生暴動、罷工等，所以我們要掌握全球每一個旅遊狀況，尤其是嚴重的治安事件，如大陸的千島湖事件，對旅遊的傷害就非常大，使得去大陸的人口，尤其是旅遊團，從一年將近七成衰退到只有三成。

在國際化來講，目前大型旅行社紛紛在全球設立分公司。台灣

移民到紐西蘭、澳洲、歐洲的人，他們絕大多數會參加當地華人籌組的旅遊團，因為整個中國華人社會，在旅遊時還是一個group，這到哪裡都一樣，為什麼他比較難參加美國人的團體？一個團中老外有二、三十個，黃種人只有二、三個，所以整個華人還是一大環節，會在一起，對整個華人產業最有利的是哪個國家？是台灣，這非常特別，每個人未來都看好大陸旅遊市場，大陸的成長可以很快，西元二○○○年以後，全球一半的旅遊市場是在大陸，所以國際化是非常重要的，它可以讓台灣跨向全世界，可以讓旅遊產業變成一個比較大、比較有制度的產業。旅遊人口可以發展，像台灣最大的旅行社員工人數只有五百多人而已，再來有兩家人數三、四百人以上，其餘大約有一千八百家旅行社員工人數在三十個人以內，所以旅行業算是中小企業，這是台灣旅遊產業的結構。

　　為了因應國際觀光市場變化，觀光局可和相關業者聯合調整推廣策略，以穩固市場，並可以針對不同市場進行不同的推廣，更可以讓他國國民有極濃厚的興趣前往台灣，使台灣的旅行業增加更宏觀的國際化。政府推動國內旅行業走向國際化之決策方法，是旅行業在二十一世紀必須注意的主要課題之一，而除了對外要使國際間認同我國的旅遊方案、觀光設施，使台灣的觀光事業在世界上佔有一席之地之外；對內方面，有關當局更必須要整頓國內一些觀光設施，積極地輔導、協助各觀光單位建立完善的開發，因為唯有如此，才能帶動旅行業的蓬勃生機。

(二)因應世界貿易組織的挑戰

　　觀光事業是全球最大的產業，更是二十一世紀最被看好的產業之一。將來面對的是國與國間更沒有界限的新紀元，旅行業在觀光事業中扮演的穿針引線、設計銷售旅遊產品的功能，其重要性不可忽視。這幾十年來，旅行業的成長過程，與我國的經濟成長、外貿

關係及外交空間，都有很深的連帶關係。隨著關貿總協的入關，國內市場的進一步開放，乃是不可抗拒的潮流，在全球大型旅行社的人力和財力將跨足台灣這個市場時，以其良好形象攻佔台灣旅遊市場，對消費者來講是個正面的影響，因為以國外旅行社經營水準絕對非常重視服務和品質。業者需要重新省思，並評估公司整體的經營政策和方向，在管理和行銷等體質上更加強，迎接挑戰以創造旅行業的新契機。

在參加世界貿易組織的積極動作中，絕對避免不了跨國性的旅行社進入我國。尤其在環球旅行業務作業高度資訊化的環境，台灣這小小的一環，大家是不會放棄的。甚且，我國的團費報價或各類旅遊成本居高不下，外商如夾量的優勢，兵臨城下，我國其他旅遊關聯產業很難抗拒其誘惑。何況，門戶開放政策更是無法可擋的趨勢。我國的旅行業皆屬中小企業，在規模、財力及旅客經營量方面，都不足以抗衡跨國性旅行社，如日本交通公社。現階段外國旅行社沒有進入台灣的主因，除了法令的限制之外，可能是獲利太低而暫時卻步。

我國國外旅遊市場也有相當不錯的表現，如果在量產方面能更凝聚，則前往海外設立分公司或營業據點的可能性亦很高。此外，海峽兩岸旅遊業互動之空間，一部分也是很有可能由台灣的業者主動整合，化為實際的力量。以近年來一些台灣業者操作大陸海外團體可為明證。資訊、觀念與成本的考量因素是其擴張量產的利器。因此，大企業或財團的涉足旅行業或旅行業本身的擴充及整合應是當務之急。我國現有之發展觀光事業條例及旅行業管理規則，如果能夠更有前瞻性的作法及規範，才不至於被淹沒掉。尤其在旅行社設立標準的訂定與限制方面應更開放，才能培養具有國際競爭能力的大旅行社。至於兩極化的發展應是必然的，因為銷售通路的資訊化，只有極大型的連鎖經營才能維護其規模於不墜；小型旅行社則

必須有自己的專業背景，不然無法生存。這是一個很現實的問題，在無法繼續生存之下，小型旅行社最好歸併到大品牌的行銷網路內，故規模的兩極化是必然的結果。

第二節　標準化與多元化

一、標準化

　　以旅行業而言，有效的經營管理制度，是旅行業在競爭激烈的市場上能獨佔鰲頭及經營成功與否之關鍵因素。健全旅行業管理制度，可提升旅遊服務品質，降低員工流動率，增加員工之向心力，並經由良好的訓練課程，發揮員工之經驗效益，降低錯誤的發生，節省營運成本，使公司營利增加，旅客滿意度增高。面對目前的挑戰，目前各大旅行社紛紛採取ISO9000標準化的策略，以落實公司各部門的制度管理，讓良好的管理成為公司營運的堅實後盾，才能在這一波經濟不景氣的浪潮中，站穩腳步，更甚而在未來擴大經營。茲將旅行業ISO9000相關資訊分述如下。

(一)ISO的簡介

　　ISO（The International Organization for Standardization）是一個國際標準組織，一九四七年創始於倫敦，總部設在日內瓦，以促進國際合作，發展共同標準為宗旨。ISO9000是要求公司將一切的管理按「標準」行事，並維持在規定的水準，講求的是實際了解與落實，甚至讓經驗能以書面的方式傳承。ISO9000系列是一種對「品質管理及品質保證技術標準」的鑑定，指定ISO9000系統，其實是將歐洲人實際生活習慣具體化而撰寫成文的管理系統，是全方位品

質保證經營管理體系,不斷地定期檢討合格企業的最新狀況,以重新發證的方式,長期而有效地保持產品品質,建立消費者的信賴標準。

(二)ISO9000系列的內容

ISO9000系列共分為五個項目,包括ISO9000、ISO9001、ISO9002、ISO9003和ISO9004。其中ISO9000是用來定義ISO9001-9004。

ISO9001是指從設計開始到產品送到客戶手上後,整個過程的品質保證(設計、開發、生產、安裝及服務之品質保證模式)。ISO9001可以說是ISO9002的進階,想要達到ISO9001必須有ISO9002做基礎,因為在達成ISO9001之前,必須有數量充足的有效樣本為基礎。ISO9001雖然只比ISO9002多了一項設計管制,但卻是整個公司經營層面中最為精髓的部分,設計管制不但包括公司內部經營的最高指導原則的設計,如市場定位、行銷策略、經營計畫、成本分析、市場調查、資訊蒐集等,還包括公司外圍相關單位的整合與執行,這是一項完全以顧客滿意度為導向的規範。因為在執行ISO9001時,必須有相當周密的分析統計,從設計輸入、設計輸出、驗證、驗收和審查,按部就班,環環相扣。ISO9001在系統機制的設計上,不僅符合Plan-Do-Check-Act的循環精神,更能確保從設計投入到顧客滿意一連串作業的合理化,並對顧客反映作適時的回饋與矯正。

ISO9002的適用範圍廣泛,可分項申請,包括餐飲業、金融業、石化業、保險業、飯店業、旅行業等等,強調的是從有形的產品製造形態,其設計、生產、檢驗與交貨等作業管理程序,轉為無形的產品服務形態,控制不合格品的發生與矯正措施,並在一連串的過程中,同時滿足買方的需求(生產、安裝及服務之品質保證模

式）。ISO9002爲品質管理系統，其目的在制訂作業的流程，並使之標準化，無論公司人員的流動或調動，皆不會影響產品及服務的品質。ISO9002除了符合顧客導向外，它也符合世界潮流，因爲它是檢驗系統，而非檢驗產品，最後再經由顧客來驗證其品質與設計是否適合。ISO9002系統的精神在控制整個產品生產流程的輸入、製造過程及輸出的每一個細節，尤其在服務業特別注重第三者來檢驗你的服務，而來自顧客的反映是應特別重視的一環。

ISO9002是執行面，是Do Things Right，而ISO 9001則是創造面，是Do Right Things。可見ISO9001不是每個公司想做就能做，必須是要有自行創造、設計、開發能力的公司。ISO9001藉由結構化的程序，將完整的設計know-how累積於企業有機體中，快速提供業務人員行程的安排與報價，縮短新產品研發上市時間，並有效規避市場潛在風險。而9001與9002最大的不同點，在於9001對產品管制的標準化有更嚴格之要求。這種標準，運用在旅遊業上，指的是必須在行程設計上有一定的流程與品質，以確保每一套新推出的產品在規劃後都能有相當的水準。同時還必須針對消費者的反映做數據化以及個案化分析，將之作爲日後各項修訂之參考準則，以帶給消費者更多的保障。

ISO9003則是不提供設計和製造，而僅運用檢驗與測試程序來滿足買方需求（最終檢驗與測試之品質保證）。

最後是ISO9004，它是實施品管和制度的指導綱要，就像一本參考書。

ISO9000系列當中，發證的只有9001和9002，而最普遍使用的是9002。

ISO的標準是從一開始就把品質設計進去，要一開始就做好，強調從不良的原因下手，徹底消除不良的結果，這和一般品質的最終檢驗觀念（只知找果，不知找因）大不相同，是值得注意的新心

態認知，企業要由全面性的組織、結構下手，將抽象的觀念落實到具體行動，改善企業體質，明訂品質政策，完善品質系統，要結結實實地扎根在眞眞實實的生活上，再實實在在地把做的寫出來（書面化），並依據所寫的書面化品質程序確實去執行，說、寫、做三方面一致，是誠實且踏實的。

(三)實施ISO的好處

實施ISO的好處相當多，它幾乎算是一張國際通行證，除了讓公司在對外時有一定的品質口碑保證，還可以將公司經驗以系統的書面方式傳承下去，讓公司流程制度化，它是一種精神與經驗的具體累積。簡單地說，企業推行ISO9000系列，不但有助於客戶對產品本身與服務過程的信心，同時也是強化企業體質的利器。

基本上，由於ISO是一種國際性的認證，可以讓企業體獲得正面的肯定與具體的品質宣告，對服務業來說是一種無價的宣傳，有助於企業體對外的形象包裝，以及對內的流程制度系統化，也因此，ISO才會成爲現代企業體所追求的品質目標，困擾多年的無形商品有形化的問題，也許可藉ISO9000這種具體化、書面化、制度化的努力得到部分解決，確保旅遊產品品質，提供消費者足夠的信心和滿意度，強化品牌信譽的經營，對公司、對整個行業應該是非常正面的。

實施ISO的最大好處是讓公司作業更自動化、合理化，所有服務作業標準化之後，滿足承諾顧客的服務品質，才是眞正符合ISO精神。從前旅遊業界所頒發的獎項，都是無從驗證，鼓勵的意義大於實質的審查，而ISO卻是現在進行式，隨時可針對疏漏的地方做修正，而且必須定期接受嚴格的評鑑。像這樣的國際認證標準，不但是一種國際語言，更讓公司無形中創造商機。將來在我國加入世界貿易組織後，國外旅行社介入台灣市場，本土旅行社所提供的服

務在已通過國際品質認證的前提下，勢必更能爭取到消費者的認同。

(四)旅遊業與ISO

旅遊業屬於服務業的一環，適用於ISO9002。然而，旅行社在販賣產品的時候，隨著季節、交通、環境等因素，經常會有許多變化，甚至會因為個人經驗的差異，而產生不同的服務過程和結果，這樣充滿變數的行業，不禁讓人質疑，到底旅行社適不適用ISO9002呢？

旅遊業是一項以人為服務主體的企業，不僅需要資金與設備，還必須具有良好的服務和管理制度，才能提高服務的效率和產品的品質，這樣的需求當然適用ISO系統。況且，ISO既已被認為是邁向國際化、順應世界潮流的指標，更是品質保障的代言人，當然有助於旅遊業這類跨國性的服務商品。

今日的行銷已進入顧客導向的階段，了解顧客的需要及保障顧客的權益，是各個產業無法避免的趨勢，尤其在與人互動密切的服務業中，要如何提供一個標準化的服務，是一項艱難的課題，而引進ISO9002正可幫助公司解決此一難題。

服務業的對象是人，更需透過ISO9002的品質管理來達到顧客滿意度，旅行業流動率高，通過ISO9002，即使人事流動也不需擔心，因為整個作業流程是固定的，另外ISO9002的收費依公司規模、地區、性質、人員多寡而不同，並不如想像中的昂貴，其金額甚至比交際費、廣告費或電話費還低。

旅遊業是一個與人互動密切的服務業，且現在是顧客導向的行銷時代，如何了解顧客需求及保障顧客權益，已是業界無可避免的趨勢。

ISO勢必將成為包括旅遊業在內的服務業的一致指標，同時也

將會提升民眾對ISO品牌的認同度，尤其是在ISO9001的強勢利基出現之後，旅遊市場上將會有大量的主題旅遊和分眾化市場行程出現。

(五)獲得ISO認證的代價

想要獲得ISO9000認證需要付出許多代價，包括要求主管到員工上下皆有共識，為通過ISO而努力。再來便是資金的投入，包括顧問費用、認證費用（包括年費和評審員費用），還有因為作業系統的更改所產生的行政或人事費用等，以一家十五人左右的公司企業估算，要得到ISO9000的認證，大約需要花費三十至五十萬元，其費用如下：

1. 顧問費用：這是指企業體委任顧問公司協助推行教育訓練，制度的制定、試行、落實與改善，以及最後的申請認證與完成所需付給顧問公司的費用。

2. 認證費用：這是付給驗證公司的年費、稽核認證費用、評審員費用等，通常歐美公司三年發證一次，每半年稽核一次，以二十人的公司來說，認證費用約需兩千五百美元，加上每半年一次的評審稽核費用，三年下來約需五千美元，而一百人以下的中大型公司，認證費用約四千五百美元，三年所需約八千美元。

3. 附加費用：這是因為實行ISO作業系統時，勢必會使企業體的原有作業流程產生變化，不論是紙張的消耗、人員的新增等等行政或人事上的開銷，都是企業體在實行ISO時所必須面臨的額外付出。

在時間耗費上，平均約需六到八個月的作業時間，才能順利獲得ISO認證，當然也有意外無法通過驗證的情況，就必須重新申請

認證。人力方面則是必須全公司上上下下共體時艱，做到全員品質管理，所有公司作業流程書面化、制度化，公司作業上的彈性會因此而降低。

雖然獲取ISO認證對企業體來說有相當大的助益，然而，企業主事者在下定決心作ISO之前，最好先對自己的企業內體制做評估，選擇最好的時機，才不致勞民傷財。

現在每個企業都有個標準，有的是完全標準或部分標準，標準是一個制度，執行非常重要。什麼叫做標準？各位打電話到旅行社，第一句話一定是「XX旅行社，您好」，這就是一種標準化。ISO9000這是一個國際認證的標準，系統龐大，它有十六個字精神，第一個就是「說你所做」，把你做的說出來，第二是「寫你所說」，把你說的寫成文字，第三是「做你所寫」，把你寫下來的照著去做，這是一個標準，第四個是ISO9000系列中最重要的「證明你做」，提出證明說你已經做了，ISO9000它不是無中生有，本來在做的事把它變成一個標準文件，每個人員都按照這標準去做。這制度講起來很簡單，做起來卻很困難，標準是透過訓練、特殊的要求產生一致的行為，在旅遊產業標準更重要。

二、多元化

旅行業自從開放執照以後，隨出國人數的迅速成長，旅行社增加至兩千四百家。旅行業者面對內有員工招募困難之瓶頸，員工異動快速管理問題，廣告費用日益膨脹之負擔，航空公司票價之起伏，電腦化之架構劇增，再加上國外業者磨刀霍霍，業者不得不求新求變，以便永續經營。以下我們將以產品多元化、整合上中下游、多元化經營三方面探討旅行社的多元化。

(一)產品多元化

　　旅行業在未來可預見的生態將是：旅遊產品商品化，銷售通路資訊化，產品購買自主化、多元化，產品價位區隔化、單位化。而在人力資源方面的供需，也由於上述的需求而有革命性的轉變。旅行社由於作業資訊化，業務人員及銷售策略與通路不可避免地將打破傳統的銷售方式，而走向無時空限制的全方位預定及旅遊經紀人制度。領隊與導遊的市場需求，在國民快速累積旅遊知識與外語能力加強之後，自己已能處理旅程中部分的過程，而使得領隊的需求與工作範圍有所改變，不過導遊的需求卻見增加，且會延伸到海外各地。目前不受重視的票務人員、旅館訂房人員、行程設計人才與網路資訊人才，將來都將是旅行社內部的重要部門人員。

■旅遊產品商品化

　　各種旅遊產品歷經試練直到推廣到市場上，顧客也都可以接受其標價，而且對其有信心，這是長期累積下來的商譽與產品包裝及內容踏實獲致的結果。不僅旅行業的散客或團客有此市場，旅館業及遊憩業也在努力包裝套裝產品，以期旅客青睞。以往服務業較無法具體提出內容的現象，已在品牌形象及資訊快速傳遞聲中克服了。大部分的觀光旅遊產品說明書已具有公信力，足以贏得顧客的信任，並在保障消費者的相關法令規章中取得保護。而且，這些旅遊產品也經常是整合觀光關聯產業領域中之個體而成為一個套裝商品。如何在這些關聯產業之個體中串連其服務，則更是旅行業者責無旁貸的責任。

■大眾化、低價化的趨勢

　　隨著旅遊市場的激烈競爭及旅客低價位訴求的壓力，符合低價位、內容精簡、市場胃納量大的產品，應該是市場的主流。但是低價位的產品不應代表低品質，由於量產帶來的經濟效益是分享而不是高利潤，是分擔成本，減少風險。德國與日本等國之出國旅行

團，在市場規劃方面的具體成果是一面鏡子，只要條件成熟，大眾化、低價位的市場法則不太會改變。何況，在個性化需求的導引下，Unit Package的融入各個產品中，並因而區隔價位，提高業者的生存空間，是值得安慰的。

■產品多元化、選擇個性化

　　將來旅遊的產品與社會的脈動一樣，也朝向多元化了。其基本的背景爲量產及市場成熟。國人的觀光市場發展雖晚，但速度快，從一九九九年的出國人次六百五十五萬、來華人次兩百三十二萬、國民旅遊七千七百萬人次來看，市場規模已夠。因此，顧客的需求一定走向多元化，而在選擇上不可避免地將朝個性化的路走去。在一九八〇年代，市場尙未成熟之際，顧客的要求是著眼於品質上。只要品質符合，顧客滿意度大致可以達成。及至一九九〇年代，整個市場已趨向個性化需求了，像定點旅遊、主題、Affinity Tour、Fit Package、Unit Package等，皆適時出籠了。各個不同形式的散客產品包裝，都是迎合個別旅客的訴求，其比重甚至超越團體旅行。

■市場價位及品牌區隔化

　　旅遊的產品，隨著商譽的穩固成長與顧客的喜好及信心，個別的擁有者也像一般商品購買者的習慣一樣，擁有其客戶群。不同價位及品牌所代表的顧客層次，所追求的購買點截然不同。經由此過濾網，益發凸顯各自的市場。航空公司以往只有頭等艙與經濟艙之別，現在增加了商務艙，而長榮航空更首創其長榮客艙，可見旅客追求的永遠在變。不過經營者的市場導引也不可忽視。旅行業對於其所包裝的產品，更可以透過專業而推出高格調、高價位的精品，這當然與大眾化、低價位的產品是極不搭調的。日本最大的旅行社——日本交通公社，在產品區隔化的規劃工作做得極爲成功（主要分爲Look及Palette）。在我國市場上產品區隔化已有雛形可言，相信這是避免整個市場惡化的良方之一。鳳凰、大鵬、理想等旅行社已

在市場上運作多時，並且取得社會的認同，成效不錯。

(二)整合上中下游旅遊產業

目前台灣地區的旅行社已經超過兩千家，由於有些旅行社的急速擴充，出團量大到相當的程度，配合以強力的媒體廣告，及健全的銷售作業和領隊、OP陣容，造成了對市場強大的壓力。一方面位於偏遠地區的旅行業者或小型的旅行社，因爲本身無法獨立組團，當然更需要找尋一個品質穩定、出團量較大且具有相當知名度品牌的產品來販售，此兩者市場供需的結合，走出了兩條稍微不同的存在方式。其一爲加盟到一個薑售的綜合旅行社旗下，專賣其產品。其二爲以五家至十家數量的旅行社共組PAK，依各自的作業能力及業務量，輪流擔任作業中心，合作出團，領隊的調派則以旅客較多者派任。上述這兩種經營方式，目的都是在求取量的集合與成本的降低，透過旅行業的結合，便能使出團率提高，形成一個龐大的業務中心。

海峽兩岸的互動，深深影響旅行業未來的步伐。台灣地區的旅遊市場絕對無法不受大陸市場演變的影響。我們每一年出國的人口當中，有三分之一是前往大陸，不管是旅遊觀光、探親或商務，不管是個別前往或者團體旅行，都佔有極端重要的分量。大陸與台灣政策的走向，兩岸經貿的互補或較勁，都會牽連到兩岸旅行市場的興衰。隨著對大陸來台人士條件放寬，對旅遊業都有很大的轉機。旅行社更應積極注意，伺機拓展大陸同胞來台觀光的市場。國民旅遊面對高風險、高消費、低利潤的旅遊市場，要在市場上生存下來，首先要塑造企業文化，最好先做好角色定位，著重市場融合度，即切入市場的時間是否合宜，再者，避免選取相同的戰場，減少競爭，不過最重要的，還是得先有航空公司的配合及取得當地代理商的信任。

台灣的旅行社規模目前有兩極化的態勢。即規模大的發展得很大，小規模經營者應保持其小而精的標準。依目前旅行業管理規則所設定的綜合、甲、乙種等三級的規模與經營能力，加上市場脈動與真正業者的生存空間，正是大的愈大、小者持平的現象。中間規模經營者除非有強而有力的專業背景與客源基礎，不然實在很難生存。在躉售市場中，想要保持高品質、高價位，又要大量出團的期望，已是不可能了。故唯有偏向較低價位，而朝量產方面努力。至於小規模的旅行社，除了自己的專業之外，更應考慮加入某某大躉售品牌的連鎖體系中去，較能存活。

(三)多元化經營

■多元化經營

旅行社的經營業務是多元化的，隨著時代的改變而有很大的不同，在我國因法令限制而無法更突破至其他關聯產業上去。否則，旅行與貿易、娛樂、風景區開發、飯店管理、餐飲業、交通運輸業等，也都有非常密切的關係而可以開拓下去。旅行社該思及重新定位轉型，在面臨轉型時，必須有周詳的計畫，而不是盲目地隨波逐流。先對公司內部做一番評估之後，再研擬出藍圖，因為當多元化是一種趨勢時，業者更應先鞏固自己的資源，再逐步發展，探討本身究竟要成為百貨公司、專賣店或雜貨店，而非一窩蜂充當大盤商（Wholesaler）。

■聯合（作戰）經營

在經營不易的環境下，旅行社在市場上想把每一條線都經營得十分出色是不可能的。而如何以最簡易的規模、最低的開銷成本取得效益，加入PAK是最直接的方式。不管是共同組成PAK或是綜合與甲種旅行社連鎖化經營。參加PAK使用同一識別系統，透過共同採購、共同行銷、整合人員訓練的方式，以降低經營成本，旅遊的

未來趨勢，在單打獨鬥、孤軍奮戰已經落伍的情況下，聯營、共同行銷是能以較低成本獲得最大利益的方式。聯營要能成功的條件，不外乎是犧牲個人的利益，以團隊的力量獲取更大的利潤，但是在今日「以價取勝」的情況下，聯營的各會員是否能有堅強的團隊共識、是否能遵守會員規章，都是各聯營組織的一大考驗。

■異業結盟

其他行業互惠，結合不同資源，發揮最大效益，能使產品的獨特性彰顯出來。旅行社與其他具公信力的專業團體合作，雖然要付出部分代價，但也是窮則變、變則通之下的權宜之計，更何況此類團體也早有意經營此類業務，只是困於旅行業管理規則限制，非旅行社不得經營旅遊業務，因此兩者一拍即合，例如各類文教團體、專業團體……等，或發卡銀行，以後者與旅遊業的關係更深。

旅行社的經營顯然由以往的單打獨鬥、個人銷售，演進到群組的銷售，隨著自由化的腳步加速，特許行業的開放，業者將面臨財團的挑戰，除高薪禮聘專業人才來設計行銷外，尚憑恃財團形象，利用高層財務結合的關係行銷，運用昂貴的廣告及電腦化行銷通路，以量制價，直接銷售予客人，形成上下游合一的觀光產業集團，進而異業結合，而為社會的一大關係集團。業者唯有秉持著既有的專業知識，不斷地學習、吸收新知識，並利用任何可能的機會，實地至各地去了解，妥善整合公司，設法提升生產力，利用現代化的設備來增進行銷。唯有了解客戶的需求，並設法予以滿足，才能立於不敗之地。時代的改變，旅遊市場的需求日趨複雜，是導致旅遊方式之多變及旅行社多元化的原動力。

問題與討論

1. 目前旅行社採取哪幾種方式電腦化？

2. 目前國內旅行社所採用的航空電腦訂位系統有哪幾種？

3. 航空電腦訂位系統有哪些主要功能？

4. 試述網際網路對旅行業的影響。

5. 試述影響旅遊業邁向電腦化成功與否的因素。

6. 電子機票對旅行社有何重大影響？

7. 試述我國加入世界貿易組織以後對旅行業之影響。

8. 列舉目前通過ISO9001的旅行社。

9. 試述旅行社異業結盟的利弊。

10. 試述將來旅客對領隊需求之變化。

11. 試述未來旅行業產品的變化。

12. 旅行業應如何以市場區隔來鞏固市場。

註釋

〔1〕容繼業，《旅行業理論與實務》，台北：揚智文化事業股份有限公司，1996年9月，頁7。

〔2〕尹章滑，《旅遊權益》，台北：永然文化事業股份有限公司，1995年，頁13。

〔3〕《旅行家雜誌》，台北，1993年，第1期，頁13。

附錄
旅行業相關法令

1. 旅行業管理規則
2. 國內旅遊定型化契約書範本
3. 國外旅遊定型化契約書範本
4. 民法債編第八節之一旅遊條文

旅行業管理規則

中華民國八十八年十二月三十日交通部交路發字第八八一一三號令修正發佈

第一章　總則

第一條

　　本規則依發展觀光條例第四十七條規定訂定之。

第二條

　　旅行業區分為綜合旅行業、甲種旅行業及乙種旅行業三種。

　　綜合旅行業經營左列業務：

　　一、接受委託代售國內外海、陸、空運輸事業之客票或代旅客購買國內外客票、託運行李。

　　二、接受旅客委託代辦出、入國境及簽證手續。

　　三、接待國內外觀光旅客並安排旅遊、食宿及導遊。

　　四、以包辦旅遊方式，自行組團，安排旅客國內外觀光旅遊、食宿及提供有關服務。

　　五、委託甲種旅行業代為招攬前款業務。

　　六、委託乙種旅行業代為招攬第四款國內團體旅遊業務。

　　七、代理外國旅行業辦理聯絡、推廣、報價等業務。

　　八、其他經中央主管機關核定與國內外旅遊有關之事項。

　　甲種旅行業經營左列業務：

　　一、接受委託代售國內外海、陸、空運輸事業之客票或代旅客

購買國內外客票、託運行李。

二、接受旅客委託代辦出、入國境及簽證手續。

三、接待國內外觀光旅客並安排旅遊、食宿及導遊。

四、自行組團安排旅客出國觀光旅遊、食宿及提供有關服務。

五、代理綜合旅行業招攬前項第五款之業務。

六、其他經中央主管機關核定與國內外旅遊有關之事項。

乙種旅行業經營左列業務：

一、接受委託代售國內海、陸、空運輸事業之客票或代旅客購
買國內客票、託運行李。

二、接待本國觀光旅客國內旅遊、食宿及提供有關服務。

三、代理綜合旅行業招攬第二項第六款國內團體旅遊業務。

四、其他經中央主管機關核定與國內旅遊有關之事項。

前三項業務，非經依法領取旅行業執照者，不得經營。但代售
日常生活所需陸上運輸事業之客票，不在此限。

旅行業經營旅客接待及導遊業務或舉辦團體旅行，應使用合法
之營業用交通工具；其為包租者，並以搭載第二項至第四項之
旅客為限，沿途不得搭載其他旅客。

第三條

旅行業應專業經營，以公司組織為限；並應於公司名稱上標明
旅行社字樣。

第二章　註冊

第四條

經營旅行業，應備具左列文件，申請交通部觀光局核准籌設。

一、籌設申請書。

二、全體籌設人名冊。

三、經理人名冊及學經歷證件或經理人結業證書原件或影本。

四、經營計畫書。

五、營業處所之所有權狀影本。

第五條

旅行業經核准籌設後，應於二個月內依法辦妥公司設立登記，
備具下列文件，並繳納旅行業保證金、註冊費向交通部觀光局
申請註冊，逾期即撤銷籌設之許可。但有正當理由者，得申請
延長二個月，並以一次為限。

一、註冊申請書。

二、公司執照影本。

三、公司章程。

四、營業設備表。

五、旅行業設立登記事項卡。

前項申請，經核准並發給旅行業執照賦予註冊編號後，始得營
業。

第六條

旅行業設立分公司，應備具下列文件向交通部觀光局申請：

一、分公司設立申請書。

二、董事會議事錄或股東同意書。

三、公司章程。

四、分公司營業計畫書。

五、分公司經理人名冊及學經歷證件或經理人結業證書原件或
　　影本。

六、營業處所之所有權狀影本。

第七條

旅行業申請設立分公司經許可後，應於二個月內依法辦妥分公
司設立登記，並備具下列文件及繳納旅行業保證金、註冊費，
向交通部觀光局申請旅行業分公司註冊，逾期即撤銷設立之許

可。但有正當理由者，得申請延長二個月，並以一次為限。

一、分公司註冊申請書。

二、分公司執照影本。

三、營業設備表。

第五條第二項於分公司設立之申請準用之。

第八條

旅行業組織、名稱、種類、資本額、地址、負責人、董事、監
察人、經理人變更或同業合併，應備具下列文件向交通部觀光
局申請核准後，依公司法規定期限辦妥公司變更登記，並憑辦
妥之有關文件於二個月內換領旅行業執照。

一、變更登記申請書。

二、其他相關文件。

前項規定，於旅行業分公司之地址、經理人變更者準用之。

旅行業股權或出資額轉讓，應依法辦妥過戶或變更登記後，報
請交通部觀光局備查。

第九條

綜合、甲種旅行業在國外設立分支機構或與國外旅行業合作於
國外經營旅行業務時，除依有關法令規定外，應報請交通部觀
光局備查。

第十條

旅行業實收之資本總額，規定如下：

一、綜合旅行業不得少於新台幣二千五百萬元。

二、甲種旅行業不得少於新台幣六百萬元。

三、乙種旅行業不得少於新台幣三百萬元。

綜合旅行業在國內每增設分公司一家，需增資新台幣一百五十
萬元，甲種旅行業在國內每增設分公司一家，需增資新台幣一
百萬元，乙種旅行業在國內每增設分公司一家，需增資新台幣

七十五萬元。但其原資本總額，已達增設分公司所需資本總額者，不在此限。

第十一條

旅行業應依照下列規定，繳納註冊費、保證金。

一、註冊費

(一)按資本總額千分之一繳納。

(二)分公司按增資額千分之一繳納。

二、保證金

(一)綜合旅行業新台幣一千萬元。

(二)甲種旅行業新台幣一百五十萬元。

(三)乙種旅行業新台幣六十萬元。

(四)綜合、甲種旅行業每一分公司新台幣三十萬元。

(五)乙種旅行業每一分公司新台幣十五萬元。

(六)經營同種類旅行業，最近兩年未受停業處分，且保證金未被強制執行，並取得經中央觀光主管機關認可足以保障旅客權益之觀光公益法人會員資格者，得按(一)至(五)目金額十分之一繳納。

旅行業有下列情形之一者，其有關前項第二款第六目規定之二年期間，應自變更或轉讓時重新起算。

一、名稱變更者。

二、負責人變更，其變更後之負責人非由原股東出任者。

三、股權轉讓逾二分之一者。

旅行業保證金應以現金或政府發行之債券繳納之。變更登記換發執照，應繳納換照費；其費額另定之。

第十二條

旅行業應依其實際經營業務，分設部門，各置經理人負責監督管理各該部門之業務；其人數應符合下列規定：

一、綜合旅行業本公司不得少於四人。

二、甲種旅行業本公司不得少於二人。

三、分公司及乙種旅行業不得少於一人。

前項旅行業經理人應為專任。

第十三條

旅行業不得僱用下列人員為經理人；已充任者，解任之，並撤銷其經理人登記。

一、曾犯內亂、外患罪，經判決確定或通緝有案尚未結案者。

二、曾犯詐欺、背信、侵佔罪或違反工商管理法令，經受有期徒刑一年以上刑之宣告，服刑期滿尚未逾二年者。

三、曾服公務虧空公款，經判決確定服刑期滿尚未逾二年者。

四、受破產之宣告，尚未復權者。

五、有重大喪失債信情事，尚未了結或了結後尚未逾二年者。

六、限制行為能力者。

七、曾經營旅行業受撤銷執照處分，尚未逾五年者。

前項規定於公司之發起人、負責人、董事及監察人準用之。

第十四條

旅行業經理人應備具下列資格之一，經交通部觀光局或其委託之有關機關、團體訓練合格，發給結業證書後，始得充任。

一、大專以上學校畢業或高等考試及格，曾任旅行業負責人二年以上者。

二、大專以上學校畢業或高等考試及格，曾任海陸空客運業務單位主管三年以上者。

三、大專以上學校畢業或高等考試及格，曾任旅行業專任職員四年或特約領隊、導遊六年以上者。

四、高級中等學校畢業或普通考試及格或二年制專科學校、三年制專科學校、大學肄業或五年制專科學校規定學分三分

之二以上及格，曾任旅行業負責人四年或專任職員六年或
特約領隊、導遊八年以上者。

五、曾任旅行業專任職員十年以上者。

六、大專以上學校畢業或高等考試及格，曾在國內外大專院校
主講觀光專業課程二年以上者。

七、大專以上學校畢業或高等考試及格，曾任觀光行政機關業
務部門專任職員三年以上或高級中等學校畢業曾任觀光行
政機關或旅行商業同業公會業務部門專任職員五年以上
者。

大專以上學校或高級中等學校觀光科系畢業者，前項第二款至
第四款之年資，得按其應具備之年資減少一年。

第一項訓練合格人員，連續三年未在旅行業任職者，應重新參
加訓練合格後，始得受僱為經理人。

第十五條

旅行業營業處所及必要設備，依附表一（從略）之規定。

第十六條

外國旅行業在中華民國設立分公司時，應先向交通部觀光局申
請核准，並依法辦理認許及分公司登記，領取旅行業執照後始
得營業。其業務範圍、實收資本額、保證金、註冊費、換照費
等，準用中華民國旅行業本公司之規定。

前項申請，交通部觀光局得視實際需要核定之。

第十七條

外國旅行業未在中華民國設立分公司，符合下列規定者，得設
置代表人或委託國內綜合旅行業辦理聯絡、推廣、報價等事
務，但不得對外營業或從事其他業務。

一、為依其本國法律成立之經營國際旅遊業務之公司。

二、未經有關機關禁止業務往來。

三、無違反交易誠信原則記錄。

外國旅行業代表人須經常留駐中華民國者，應設置代表人辦事處，並備具下列文件申請交通部觀光局核准後，於二個月內依公司法規定申請中央主管機關備案。

一、申請書。

二、本公司發給代表人之授權書。

三、代表人身分證明文件。

四、經中華民國駐外單位認證之旅行業執照影本及開業證明。

外國旅行業委託國內綜合旅行業辦理聯絡、推廣、報價等事務，應備具下列文件申請交通部觀光局核准：

一、申請書。

二、同意代理第一項業務之綜合旅行業同意書。

三、經中華民國駐外單位認證之旅行業執照影本及開業證明。

外國旅行業之代表人不得同時受僱於國內旅行業。

第二項辦事處標示公司名稱者，應加註代表人辦事處字樣。

第十八條

旅行業經核准註冊，應於領取旅行業執照後一個月內開始營業。旅行業應於領取旅行業執照後始得懸掛市招。旅行業營業地址變更時，應於換領旅行業執照前，拆除原址之全部市招。

前項規定於分公司準用之。

第三章　經營

第十九條

旅行業應於開業前將開業日期、全體職員名冊分別報請交通部觀光局及直轄市觀光主管機關備查，並以副本抄送所屬旅行商業同業公會。

前項職員名冊應與公司薪資發放名冊相符。其職員有異動時，

應於十日內將異動表分別報請交通部觀光局及直轄市觀光主管機關備查，並以副本抄送所屬旅行商業同業公會。

第二十條

旅行業暫停營業一個月以上者，應於停止營業之日起十五日內備具股東會議事錄或股東同意書，並詳述理由，報請交通部觀光局備查。

前項申請停業期間最長不得超過一年，停業期限屆滿後，應於十五日內，申報復業。

旅行業無正當理由自行停業六個月以上者，交通部觀光局得依職權或據直轄市觀光主管機關報請或利害關係人之申請，撤銷其旅行業執照。

第二十一條

旅行業經營各項業務，應合理收費，不得以購物佣金或促銷行程以外之活動所得彌補團費，或以壟斷、惡性削價傾銷，或其他不正當方法為不公平競爭之行為。

旅行業為前項不公平競爭之行為，經其他旅行業檢附具體事證，申請各旅行業同業公會組成專案小組，認證其情節足以紊亂旅遊市場並轉報交通部觀光局查明屬實者，撤銷其旅行業執照。

各旅行業同業公會組成之專案小組拒絕為前項之認證或逾二個月未為認證者，申請人得敘明理由逕將該不公平競爭事證報請交通部觀光局查處。

旅遊市場之航空票價、食宿、交通費用，由中華民國旅行業品質保障協會按季發表，供消費者參考。

第二十二條

綜合、甲種旅行業接待或引導國外觀光旅客旅遊，應指派或僱用領有導遊人員執業證之人員執行導遊業務。

綜合、甲種旅行業對僱用之專任導遊應嚴加督導與管理，不得允許其爲非旅行業執行導遊業務。其請領之導遊人員執業證應妥爲保管，解雇時由旅行業繳回交通部觀光局。

第二十三條

旅行業辦理團體觀光旅客出國旅遊或國內旅遊，應與旅客簽訂書面之旅遊契約。其印製之招攬文件並應加註公司名稱及註冊編號。

旅遊文件之契約書應載明下列事項，並報請交通部觀光局核准後，始得實施。

一、公司名稱、地址、負責人姓名、旅行業執照字號及註冊編號。

二、簽約地點及日期。

三、旅遊地區、行程、起程及回程終止之地點及日期。

四、有關交通、旅館、膳食、遊覽及計畫行程中所附隨之其他服務詳細說明。

五、組成旅遊團體最低限度之旅客人數。

六、旅遊全程所需繳納之全部費用及付款條件。

七、旅客得解除契約之事由及條件。

八、發生旅行事故或旅行業因違約對旅客所生之損害賠償責任。

九、責任保險及履約保險有關旅客之權益。

十、其他協議條款。

第二十四條

旅遊文件之契約書範本內容，由交通部觀光局另定之。

旅行業依前項規定製作旅遊契約書者，視同已依前條第二項報經交通部觀光局核准。

旅行業辦理旅遊業務，應製作旅客交付文件與繳費收據，分由

雙方收執，並連同與旅客簽訂之旅遊契約書，設置專櫃保管一年，備供查核。

第二十五條

綜合旅行業，以包辦旅遊方式辦理國內外團體旅遊，應預先擬定計畫，訂定旅行目的地、日程、旅客所能享用之運輸、住宿、服務之內容，以及旅客所應繳付之費用，並印製招攬文件，始得自行組團或依第二條第二項第五款、第六款規定委託甲、乙種旅行業代理招攬業務。

第二十六條

甲種旅行業代理綜合旅行業招攬第二條第二項第五款業務，或乙種旅行業代理綜合旅行業招攬第二條第二項第六款業務，應經綜合旅行業之委託，並以綜合旅行業名義與旅客簽定旅遊契約。

前項旅遊契約應由該銷售旅行業副署。

第二十七條

旅行業經營自行組團業務，非經旅客書面同意，不得將該旅行業務轉讓其他旅行業辦理。

旅行業受理前項旅行業務之轉讓時，應與旅客重新簽訂旅遊契約。

甲、乙種旅行業經營自行組團業務，不得將其招攬文件置於其他旅行業，委託該其他旅行業代為銷售、招攬。

第二十八條

旅行業辦理國內旅遊，應派遣專人隨團服務。

第二十九條

旅行業刊登於新聞紙、雜誌及其他大眾傳播工具之廣告，應載明公司名稱、種類及註冊編號。但綜合旅行業得以註冊之服務標章替代公司名稱。

前項廣告內容應與旅遊文件相符合,不得爲虛僞之宣傳。

第三十條

旅行業以服務標章招攬旅客,應依法申請服務標章註冊,報請交通部觀光局核備。但仍應以本公司名義簽訂旅遊契約。

前項服務標章以一個爲限。

第三十一條

旅行業不得以分公司以外之名義設立分支機構,亦不得包庇他人頂名經營旅行業務或包庇非旅行業經營旅行業務。

第三十二條

綜合、甲種旅行業經營旅客出國觀光團體旅遊業務,於團體成行前應舉辦說明會,向旅客作必要之狀況說明。成行時每團均應派遣領隊全程隨團服務。

前項領隊分爲專任領隊及特約領隊。

專任領隊指經由任職之旅行業向交通部觀光局申領領隊執業證,而執行領隊業務之旅行業職員。

特約領隊指經由中華民國觀光領隊協會向交通部觀光局申領領隊執業證,而臨時受僱於旅行業執行領隊業務之人員。

旅行業領隊應經交通部觀光局甄審合格以及交通部觀光局或其委託之有關機關、團體施行講習結業發給結業證書,並經領取領隊執業證後始得充任。

前項甄選應由綜合、甲種旅行業推薦品德良好、身心健全、通曉外語,並有下列資格之一之現職人員參加:

一、擔任旅行業負責人六個月以上者。

二、大專以上學校觀光科系畢業者。

三、大專以上學校畢業或高等考試及格,服務旅行業擔任專任職員六個月以上者。

四、高級中等學校畢業或普通考試及格或二年制專科學校、三

年制專科學校、大學肄業或五年制專科學校規定學分三分
之二以上及格，服務旅行業擔任專任職員一年以上者。

五、服務旅行業擔任專任職員三年以上者。

綜合、甲種旅行業為前項推薦時，應查核其照片與姓名是否相
符。導遊人員由中華民國觀光導遊協會或其任職之綜合、甲種
旅行業推薦逕行參加講習者，得免予甄審。

特約領隊以經前項推薦逕行參加講習結業，並領取結業證書及
領隊執業證之特約導遊為限。

第三十三條

領隊人員每年應按期將領用之領隊執業證繳回綜合、甲種旅行
業或中華民國觀光領隊協會轉繳交通部觀光局辦理校正。

綜合、甲種旅行業應於專任領隊離職後十日內，將專任領隊執
業證繳回交通部觀光局。

特約領隊轉任專任領隊應先將特約領隊執業證繳回中華民國觀
光領隊協會轉繳交通部觀光局。

領隊取得結業證書，連續三年未執行領隊業務者，應重行參加
講習結業，始得領取執業證，執行領隊業務。

第三十四條

領隊執行領隊業務時，應攜帶領隊執業證，特約領隊並應攜帶
經中華民國觀光領隊協會認證之旅行業臨時僱用證明書，備供
查核。

綜合、甲種旅行業之專任領隊或特約領隊，不得為非旅行業執
業，或將領隊執業證借與他人使用。

專任領隊為他旅行業之團體執業者，應由組團出國之旅行業徵
得其任職旅行業之同意。

第三十五條

旅行業辦理旅遊時，該旅行業及其所派遣之隨團服務人員，均

應遵守下列規定：

一、不得有不利國家之言行。

二、不得於旅遊途中擅離團體或隨意將旅客解散。

三、應使用合法業者依規定設置之遊樂及住宿設施。

四、旅遊途中注意旅客安全之維護。

五、除有不可抗力因素外，不得未經旅客請求而變更旅程。

六、除因代辦必要事項須臨時持有旅客證照外，非經旅客請求，不得以任何理由保管旅客證照。

七、執有旅客證照時，應妥慎保管，不得遺失。

第三十六條

綜合、甲種旅行業經營國人出國觀光團體旅遊，應慎選國外當地政府登記合格之旅行業，並應取得其承諾書或保證文件，始可委託其接待或導遊。國外旅行業違約，致旅客權利受損者，應由國內招攬之旅行業負責。

第三十七條

旅行業舉辦觀光團體旅遊業務，發生緊急事故時，應依交通部觀光局頒訂之有關作業規定處理。

第三十八條

交通部觀光局及直轄市觀光主管機關為督導管理旅行業，得定期或不定期派員前往旅行業營業處所或其業務人員執行業務處所檢查業務。

旅行業或其執行業務人員於主管機關檢查前項業務時，應提出業務有關之報告及文件，並據實陳述辦理業務之情形，不得拒絕。

前項文件指第二十四條第三項之旅客交付文件與繳費收據、旅遊契約書及觀光主管機關發給之各種簿冊、證件與其他相關文件。

旅行業經營旅行業務，應據實填寫各項文件，並作成完整記錄。

第三十九條

綜合、甲種旅行業代客辦理出入國及簽證手續，應切實查核申請人之申請書件及照片，並據實填寫，其應由申請人親自簽名者，不得由他人代簽。

第四十條

綜合、甲種旅行業及其僱用之人員代客辦理出入國及簽證手續，不得為申請人偽造、變造有關之文件。

第四十一條

綜合、甲種旅行業為旅客代辦出入國手續，應向交通部觀光局請領入出境及普通護照送件簿、專任送件人員識別證，並應指定專人負責送件，嚴加監督。

綜合、甲種旅行業領用之送件簿及專任送件人員識別證，應妥慎保管。不得借供本公司以外之旅行業或非旅行業使用，如有毀損、遺失，應即報請交通部觀光局備查，並申請補發。

綜合、甲種旅行業為旅客代辦出入國手續，得委託他旅行業代為送件。

前項委託送件，應先檢附委託契約書報請交通部觀光局核准後，始得辦理。

第一項送件簿及專任送件人員識別證，交通部觀光局得視需要委託旅行商業同業公會核發。

第四十二條

綜合、甲種旅行業代客辦理出入國或簽證手續，應妥慎保管其各項證照，並於辦完手續後即將證件交還旅客。

第四十三條

綜合、甲種旅行業本公司及分公司設於中央政府所在地以外

者，得於中央政府所在地之綜合、甲種旅行業內設置送件人員辦公處所，並派駐專任送件人員負責送件。

該專任送件人員，對外不得有營業行為。

依前項規定辦理送件者，應先檢附中央政府所在地之綜合、甲種旅行業之同意書，報請交通部觀光局核准。

第四十四條

旅行業依公司法規定提存法定盈餘公積，綜合旅行業超過新台幣一千萬元，甲種旅行業超過新台幣一百五十萬元，乙種旅行業超過新台幣六十萬元，經提出證明者，得申請發還保證金。

旅行業設有分公司者提存法定盈餘公積之金額，應按分公司繳納保證金金額比例提高之。

旅行業非經補繳相等金額之保證金，不得就前二項所定最低金額以下之法定盈餘公積予以撥用。

第四十五條

旅行業繳納之保證金為法院強制執行後，應於接獲交通部觀光局通知之日起十五日內依第十一條第一項第二款第(一)目至第(五)目規定之金額繳足保證金，並改善業務。

第四十六條

旅行業解散或經撤銷旅行業執照，應依法辦妥公司解散登記或於公司主管機關撤銷公司登記後，拆除市招，繳回旅行業執照及所領取之各項識別證、執業證、送件簿等，由公司清算人向交通部觀光局申請發還保證金。

第四十七條

旅行業受撤銷執照處分後，其公司名稱於五年內不得為旅行業申請使用。

申請籌設之旅行業名稱，不得與他旅行業名稱之發音相同。旅行業申請變更名稱者，亦同。

第四十八條

　　旅行業從業人員應接受交通部觀光局及直轄市觀光主管機關舉辦之專業訓練，並應遵守受訓人員應行遵守事項。

　　觀光主管機關辦理前項專業訓練，得收取報名費、學雜費及證書費。

　　第一項之專業訓練，觀光主管機關得委託有關機關、團體辦理之。

第四十九條

　　旅行業不得有下列行為：

一、經營業務逾越核定範圍者。

二、代客辦理出入國或簽證手續，明知旅客證件不實而仍代辦者。

三、發覺僱用之導遊人員違反導遊人員管理規則第二十二條之規定而不為舉發者。

四、與政府有關機關禁止業務往來之國外旅遊業營業者。

五、未經報准，擅自允許國外旅行業代表附設於其公司內者。

六、經定期停業處分，仍繼續營業者。

七、未經核准為他旅行業送件或為非旅行業送件或領件者。

八、利用業務套取外匯或私自兌換外幣者。

九、委由旅客攜帶物品圖利者。

十、安排之旅遊活動違反我國或旅遊當地法令者。

十一、安排未經旅客同意之旅遊節目者。

十二、安排旅客購買貨價與品質不相當之物品者。

十三、詐騙旅客或索取額外不當費用者。

十四、經營旅行業務不遵守中央觀光主管機關發佈管理監督之命令者。

十五、違反交易誠信原則者。

十六、未經核准僱用外籍或僑居國外人士為職工者。

十七、非舉辦旅遊，而假借其他名義向不特定人收取款項或資
　　　金。

第五十條

旅行業僱用之人員不得有下列行為：

一、未辦妥離職手續而任職於其他旅行業。

二、擅自將專任送件人員識別證借供他人使用。

三、同時受僱於其他旅行業。

四、掩護非合格領隊帶領觀光團體出國旅遊者。

五、為前條第七款至第十三款之行為者。

第五十一條

旅行業對其僱用之人員執行業務範圍內所為之行為，視為該旅
行業之行為。

第五十二條

旅行業不得委請非旅行業從業人員執行旅行業務。非旅行業從
業人員執行旅行業業務者，視同非法經營旅行業。

第五十三條

旅行業舉辦團體旅行業務，應投保責任保險及履約保險。

責任保險之最低投保金額及範圍至少如下：

一、每一旅客意外死亡新台幣二百萬元。

二、每一旅客因意外事故所致體傷之醫療費用新台幣三萬元。

三、旅客家屬前往處理善後所必須支出之費用新台幣十萬元。

履約保險之投保範圍，為旅行業因財務問題，致其安排之旅遊
活動一部或全部無法完成時，在保險金額範圍內，所應給付旅
客之費用，其投保最低金額如下：

一、綜合旅行業新台幣四千萬元。

二、甲種旅行業新台幣一千萬元。

三、乙種旅行業新台幣四百萬元。

四、綜合、甲種旅行業每增設分公司一家，應增加新台幣二百
　　萬元，乙種旅行業每增設分公司一家，應增加新台幣一百
　　萬元。

第一項履約保險，得經中央觀光主管機關核准，以同金額之銀
行保證代之。

第四章　獎勵

第五十四條

旅行業或其從業人員有下列情事之一者，除予以獎勵或表揚
外，並得協調有關機關獎勵之。

一、熱心參加國際觀光推廣活動或增進國際友誼有優異表現
　　者。

二、維護國家榮譽或旅客安全有特殊表現者。

三、撰寫報告或提供資料有參採價值者。

四、經營國內外旅客旅遊、食宿及導遊業務，業績優越者。

五、其他特殊事蹟經主管機關認定應予獎勵者。

旅行業或其從業人員曾受前項獎勵或表揚者，於違反本規則規
定時，得按其情節酌予抵銷或減輕處分。

第五十五條

旅行業及其僱用之人員疏於注意旅客安全，致發生重大事故
者，交通部觀光局得立即定期停止其一部或全部之營業、執業
或撤銷其營業執照、執業證。

第五十六條

外國旅行業在我國境內設置之代表人，違反第十七條規定者，
撤銷其核准。

第五十七條

旅行業及旅行業僱用之人員違反本規則規定者，由交通部觀光局依發展觀光條例之規定處罰，並報交通部備查。

第五十八條

依第十一條第一項第二款第(六)目規定繳納保證金之旅行業，有下列情形之一者，應於接獲交通部觀光局通知之日起十五日內，依同款第(一)目至第(五)目規定金額繳足保證金，逾期撤銷旅行業執照。

一、受停業處分者。

二、保證金被強制執行者。

三、喪失中央觀光主管機關認可之觀光公益法人之會員資格者。

四、其所屬觀光公益法人解散者。

五、有第十一條第二項情形者。

第五章　附則

第五十九條

旅行業有左列情事之一者，交通部觀光局得公佈之：

一、保證金被法院扣押或執行者。

二、受停業處分或撤銷旅行業執照者。

三、無正當理由自行停業者。

四、解散者。

五、經票據交換所公告爲拒絕往來戶者。

六、未依第五十三條規定辦理者。

第六十條

甲種旅行業最近二年未受停業處分，且保證金未被強制執行，並取得經中央觀光主管機關認可足以保障旅客權益之觀光公益

法人會員資格者，於申請變更為綜合旅行業時，就八十四年六月二十四日本規則修正發佈時所提高之綜合旅行業保證金額度，得按十分之一繳納。

八十四年六月二十四日前設立之綜合旅行業，應於本條文修正發佈後一個月內依第十條及前項規定，辦理資本額變更登記並補繳保證金。

前二項綜合旅行業之保證金為法院強制執行者，應依第四十五條之規定繳足。

第六十一條

旅行業未依第五十三條規定辦理者，交通部觀光局得立即停止其經營團體旅行業務，並限於三個月內辦妥投保，逾期未辦妥者，即撤銷其旅行業執照。

違反前項停止經營團體旅行業務之處分者，交通部觀光局得撤銷其旅行業執照。

第六十二條

旅行業受停業處分者，應於停業始日繳回交通部觀光局發給之各項證照、送件簿；停業期限屆滿後，應於十五日內申報復業。

第六十三條

旅行業依法設立之觀光公益法人，辦理會員旅遊品質保證業務，應受交通部觀光局監督。

第六十四條

旅行業符合第十一條第一項第二款第(六)目規定者，得檢附證明文件，申請交通部觀光局依規定發還保證金。

第六十五條

依本規則徵收之規費，應依預算程序辦理。

第六十六條

　　民國八十一年四月十五日前設立之甲種旅行業，得申請退還旅行業保證金至第十一條第一項第二款第(二)目及第(四)目規定之金額。

第六十七條

　　本規則自發佈日施行。

附錄二

國內旅遊定型化契約書範本

公佈文號：交通部觀光局八十九年五月四日

觀業八十九字第○九八○一號函修正發佈

立契約書人

（本契約審閱期間一日，＿＿＿年＿＿＿月＿＿＿日由甲方攜回審閱）

（旅客姓名）　　　　　　　　（以下稱甲方）

（旅行社名稱）　　　　　　　（以下稱乙方）

甲乙雙方同意就本旅遊事項，依下列規定辦理。

第一條（國內旅遊之意義）

　　本契約所謂國內旅遊，指在台灣、澎湖、金門、馬祖及其他自由地區之我國疆域範圍內之旅遊。

第二條（適用之範圍及順序）

　　甲乙雙方關於本旅遊之權利義務，依本契約條款之約定定之；本契約中未約定者，適用中華民國有關法令之規定。

　　附件、廣告亦為本契約之一部。

第三條（旅遊團名稱及預定旅遊地區）

　　本旅遊團名稱為＿＿＿＿＿＿＿＿＿＿＿＿＿＿＿＿＿＿＿＿＿

　　一、旅遊地區（城市或觀光點）：

　　二、行程（包括起程回程之終止地點、日期、交通工具、住宿旅館、餐飲、遊覽及其所附隨之服務說明）：

前項記載得以所刊登之廣告、宣傳文件、行程表或說明會之說明內容代之，視為本契約之一部分，如載明僅供參考者，其記載無效。

第四條（集合及出發時地）

甲方應於民國＿＿年＿＿月＿＿日＿＿時＿＿分於＿＿準時集合出發。甲方未準時到約定地點集合致未能出發，亦未能中途加入旅遊者，視為甲方解除契約，乙方得依第十八條之規定，行使損害賠償請求權。

第五條（旅遊費用）

旅遊費用：

甲方應依下列約定繳付：

一、簽訂本契約時，甲方應繳付新台幣＿＿元

二、其餘款項於出發前三日或說明會時繳清。

除經雙方同意並記載於本契約第二十八條，雙方不得以任何名義要求增減旅遊費用。

第六條（旅客怠於給付旅遊費用之效力）

因可歸責於甲方之事由，怠於給付旅遊費用者，乙方得逕行解除契約，並沒收其已繳之訂金。如有其他損害，並得請求賠償。

第七條（旅客協力義務）

旅遊需甲方之行為始能完成，而甲方不為其行為者，乙方得定相當期限，催告甲方為之。甲方逾期不為其行為者，乙方得終止契約，並得請求賠償因契約終止而生之損害。

旅遊開始後，乙方依前項規定終止契約時，甲方得請求乙方墊付費用將其送回原出發地。於到達後，由甲方附加年利率＿＿％利息償還乙方。

第八條（旅遊費用所涵蓋之項目）

甲方依第五條約定繳納之旅遊費用，除雙方另有約定以外，應包括下列項目：

一、代辦證件之規費：乙方代理甲方辦理所需證件之規費。

二、交通運輸費：旅程所需各種交通運輸之費用。

三、餐飲費：旅程中所列應由乙方安排之餐飲費用。

四、住宿費：旅程中所需之住宿旅館之費用，如甲方需要單人房，經乙方同意安排者，甲方應補繳所需差額。

五、遊覽費用：旅程中所列之一切遊覽費用，包括遊覽交通費、入場門票費。

六、接送費：旅遊期間機場、港口、車站等與旅館間之一切接送費用。

七、服務費：隨團服務人員之報酬。

前項第二款交通運輸費，其費用調高或調低時，應由甲方補足，或由乙方退還。

第九條（旅遊費用所未涵蓋項目）

第五條之旅遊費用，不包括下列項目：

一、非本旅遊契約所列行程之一切費用。

二、甲方個人費用：如行李超重費、飲料及酒類、洗衣、電話、電報、私人交通費、行程外陪同購物之報酬、自由活動費、個人傷病醫療費、宜自行給與提供個人服務者（如旅館客房服務人員）之小費，或尋回遺失物費用及報酬。

三、未列入旅程之機票及其他有關費用。

四、宜給與司機或隨團服務人員之小費。

五、保險費：甲方自行投保旅行平安險之費用。

六、其他不屬於第八條所列之開支。

第十條（強制投保保險）

乙方應依主管機關之規定辦理責任保險及履約保險。

乙方如未依前項規定投保者，於發生旅遊意外事故或不能履約之情形時，乙方應以主管機關規定最低投保金額計算其應理賠金額之三倍賠償甲方。

第十一條（組團旅遊最低人數）

本旅遊團須有＿＿＿人以上簽約參加始組成。如未達前定人數，乙方應於預定出發之四日前通知甲方解除契約，怠於通知致甲方受損害者，乙方應賠償甲方損害。

乙方依前項規定解除契約後，得依下列方式之一，返還或移作依第二款成立之新旅遊契約之旅遊費用：

一、退還甲方已交付之全部費用，但乙方已代繳之規費得予扣除。

二、徵得甲方同意，訂定另一旅遊契約，將依第一項解除契約應返還甲方之全部費用，移作該另訂之旅遊契約之費用全部或一部。

第十二條（證照之保管）

乙方代理甲方處理旅遊所需之手續，應妥善保管甲方之各項證件，如有遺失或毀損，應即主動補辦。如因致甲方受損害時，應賠償甲方損失。

第十三條（旅客之變更）

甲方得於預定出發日＿＿＿日前，將其在本契約上之權利義務讓與第三人，但乙方有正當理由者，得予拒絕。前項情形，所減少之費用，甲方不得向乙方請求返還，所增加之費用，應由承受本契約之第三人負擔，甲方並應於接到乙方通知後＿＿＿日內協同該第三人到乙方營業處所辦理契約承擔手續。承受本契約之第三人，與甲乙雙方辦理承擔手續完畢起，承繼甲方基於本契約一切權利義務。

第十四條（旅行社之變更）

乙方於出發前非經甲方書面同意，不得將本契約轉讓其他旅行業，否則甲方得解除契約，其受有損害者，並得請求賠償。

甲方於出發後始發覺或被告知本契約已轉讓其他旅行業，乙方

應賠償甲方所繳全部團費5%之違約金，其受有損害者，並得
請求賠償。

第十五條（旅程內容之實現及例外）

旅程中之餐宿、交通、旅程、觀光點及遊覽項目等，應依本契
約所訂等級與內容辦理，甲方不得要求變更，但乙方同意甲方
之要求而變更者，不在此限，惟其所增加之費用應由甲方負
擔。除非有本契約第二十或第二十三條之情事，乙方不得以任
何名義或理由變更旅遊內容，乙方未依本契約所訂等級與內容
辦理餐宿、交通旅程或遊覽項目等事宜時，甲方得請求乙方賠
償差額二倍之違約金。

第十六條（因旅行社之過失延誤行程）

因可歸責於乙方之事由，致延誤行程時，乙方應即徵得甲方之
同意，繼續安排未完成之旅遊活動或安排甲方返回。乙方怠於
安排時，甲方並得以乙方之費用，搭乘相當等級之交通工具，
自行返回出發地，乙方並應按實際計算返還甲方未完成旅程之
費用。
前項延誤行程期間，甲方所支出之食宿或其他必要費用，應由
乙方負擔。甲方並得請求依全部旅費除以全部旅遊日數乘以延
誤行程日數計算之違約金。但延誤行程之總日數，以不超過全
部旅遊日數為限，延誤行程時數在五小時以上未滿一日者，以
一日計算。

第十七條（因旅行社之故意或重大過失棄置旅客）

乙方於旅遊途中，因故意或重大過失棄置甲方不顧時，除應負
擔棄置期間甲方支出之食宿及其他必要費用，及由出發地至第
一旅遊地與最後旅遊地返回之交通費用外，並應賠償依全部旅
遊費用除以全部旅遊日數乘以棄置日數後相同金額二倍之違約
金。但棄置日數之計算，以不超過全部旅遊日數為限。

第十八條（出發前旅客任意解除契約）

甲方於旅遊活動開始前得通知乙方解除本契約，但應繳交行政規費，並應依下列標準賠償：

一、通知於旅遊開始前第三十一日以前到達者，賠償旅遊費用10%。

二、通知於旅遊開始前第二十一日至第三十日以內到達者，賠償旅遊費用20%。

三、通知於旅遊開始前第二日至第二十日以內到達者，賠償旅遊費用30%。

四、通知於旅遊開始前一日到達者，賠償旅遊費用50%。

五、通知於旅遊開始日或開始後到達者或未通知不參加者，賠償旅遊費用100%。

前項規定作為損害賠償計算基準之旅遊費用應先扣除行政規費後計算之。

第十九條（因旅行社過失無法成行）

乙方因可歸責於自己之事由，致甲方之旅遊活動無法成行者，乙方於知悉旅遊活動無法成行時，應即通知甲方並說明事由。怠於通知者，應賠償甲方依旅遊費用之全部計算之違約金；其已為通知者，則按通知到達甲方時，距出發日期時間之長短，依下列規定計算應賠償甲方之違約金。

一、通知於出發日前第三十一日以前到達者，賠償旅遊費用10%。

二、通知於出發日前第二十一日至第三十日以內到達者，賠償旅遊費用20%。

三、通知於出發日前第二日至第二十日以內到達者，賠償旅遊費用30%。

四、通知於出發日前一日到達者，賠償旅遊費用50%。

五、通知於出發當日以後到達者，賠償旅遊費用100%。

第二十條（出發前有法定原因解除契約）

因不可抗力或不可歸責於當事人之事由，致本契約之全部或一部無法履行時，得解除契約之全部或一部，不負損害賠償責任。乙方已代繳之規費或履行本契約已支付之全部必要費用，得以扣除餘款退還甲方。但雙方應於知悉旅遊活動無法成行時，即通知他方並說明其事由；其怠於通知致他方受有損害時，應負賠償責任。

為維護本契約旅遊團體之安全與利益，乙方依前項為解除契約之一部後，應為有利於旅遊團體之必要措置（但甲方不同意者，得拒絕之）。如因此支出之必要費用，應由甲方負擔。

第二十一條（出發後旅客任意終止契約）

甲方於旅遊活動開始後，中途離隊退出旅遊活動時，不得要求乙方退還旅遊費用。

甲方於旅遊活動開始後，未能及時參加排定之旅遊項目或未能及時搭乘飛機、車、船等交通工具時，視為自願放棄其權利，不得向乙方要求退費或任何補償。

第二十二條（終止契約後之回程安排）

甲方於旅遊活動開始後，中途離隊退出旅遊活動，或怠於配合乙方完成旅遊所需之行為而終止契約者，甲方得請求乙方墊付費用將其送回原出發地。於到達後，立即附加年利率____%利息償還乙方。

乙方因前項事由所受之損害，得向甲方請求賠償。

第二十三條（旅遊途中行程、食宿、遊覽項目之變更）

旅遊途中因不可抗力或不可歸責於乙方之事由，致無法依預定之旅程、食宿或遊覽項目等履行時，為維護本契約旅遊團體之安全及利益，乙方得變更旅程、遊覽項目或更換食宿、旅程，

如因此超過原定費用時，不得向甲方收取。但因變更致節省支出經費，應將節省部分退還甲方。

甲方不同意前項變更旅程時得終止本契約，並請求乙方墊付費用將其送回原出發地。於到達後，立即附加年利率＿＿％利息償還乙方。

第二十四條（責任歸屬與協辦）

旅遊期間，因不可歸責於乙方之事由，致甲方搭乘飛機、輪船、火車、捷運、纜車等大眾運輸工具所受之損害者，應由各該提供服務之業者直接對甲方負責。但乙方應盡善良管理人之注意，協助甲方處理。

第二十五條（協助處理義務）

甲方在旅遊中發生身體或財產上之事故時，乙方應為必要之協助及處理。

前項之事故，係因非可歸責於乙方之事由所致者，其所生之費用，由甲方負擔。但乙方應盡善良管理人之注意，協助甲方處理。

第二十六條（國內購物）

乙方不得於旅遊途中，臨時安排甲方購物行程。但經甲方要求或同意者，不在此限。所購物品有貨價與品質不相當或瑕疵者，甲方得於受領所購物品後一個月內，請求乙方協助其處理。

第二十七條（誠信原則）

甲乙雙方應以誠信原則履行本契約。乙方依旅行業管理規則之規定，委託他旅行業代為招攬時，不得以未直接收甲方繳納費用，或以非直接招攬甲方參加本旅遊，或以本契約實際上非由乙方參與簽訂為抗辯。

第二十八條（其他協議事項）

　　甲乙雙方同意遵守下列各項：

一、甲方　□同意　□不同意　乙方將其姓名提供給其他同團
　　旅客。

二、

三、

前項協議事項，如有變更本契約其他條款之規定，除經交通部
觀光局核准外，其約定無效，但有利於甲方者，不在此限。

訂約人：甲方：

住址：

身分證字號：

電話或電傳：

乙方（公司名稱）：

註冊編號：

負責人：

住址：

電話或電傳：

乙方委託之旅行業副署：（本契約如係綜合或甲種旅行業自行
組團而與旅客簽約者，下列各項免填）

公司名稱：

註冊編號：

負責人：

住址：

電話或電傳：

簽約日期：中華民國＿＿＿年＿＿＿月＿＿＿日（如未記載，以交付
　　　　　訂金日為簽約日期）

簽約地點：＿＿＿＿＿＿＿＿＿＿＿＿＿＿＿（如未記載，以甲方住所
　　　　　地為簽約地點）

國外旅遊定型化契約書範本

交通部觀光局八十九年五月四日觀業八十九字第○九八○一號函修正發佈

立契約書人

（本契約審閱期間一日，＿＿＿年＿＿＿月＿＿＿日由甲方攜回審閱）

（旅客姓名）　　　　　　　　　　　　　（以下稱甲方）

（旅行社名稱）　　　　　　　　　　　　（以下稱乙方）

第一條（國外旅遊之意義）

本契約所謂國外旅遊，係指到中華民國疆域以外其他國家或地區旅遊。

赴中國大陸旅行者，準用本旅遊契約之規定。

第二條（適用之範圍及順序）

甲乙雙方關於本旅遊之權利義務，依本契約條款之約定定之；本契約中未約定者，適用中華民國有關法令之規定。附件、廣告亦為本契約之一部。

第三條（旅遊團名稱及預定旅遊地）

本旅遊團名稱為＿＿＿＿＿＿＿＿＿＿＿＿＿＿＿＿＿＿＿＿

一、旅遊地區（國家、城市或觀光點）：

二、行程（起程回程之終止地點、日期、交通工具、住宿旅館、餐飲、遊覽及其所附隨之服務說明）：

前項記載得以所刊登之廣告、宣傳文件、行程表或說明會之說明內容代之，視為本契約之一部分，如載明僅供參考或以外國旅遊業所提供之內容為準者，其記載無效。

第四條（集合及出發時地）

　　甲方應於民國＿＿年＿＿月＿＿日＿＿時＿＿分於＿＿準時集合出發。甲方未準時到約定地點集合致未能出發，亦未能中途加入旅遊者，視為甲方解除契約，乙方得依第二十七條之規定，行使損害賠償請求權。

第五條（旅遊費用）

　　旅遊費用：

　　甲方應依下列約定繳付：

一、簽訂本契約時，甲方應繳付新台幣＿＿元。

二、其餘款項於出發前三日或說明會時繳清。除經雙方同意並增訂其他協議事項於本契約第三十六條，乙方不得以任何名義要求增加旅遊費用。

第六條（怠於給付旅遊費用之效力）

　　甲方因可歸責自己之事由，怠於給付旅遊費用者，乙方得逕行解除契約，並沒收其已繳之訂金。如有其他損害，並得請求賠償。

第七條（旅客協力義務）

　　旅遊需甲方之行為始能完成，而甲方不為其行為者，乙方得定相當期限，催告甲方為之。甲方逾期不為其行為者，乙方得終止契約，並得請求賠償因契約終止而生之損害。

　　旅遊開始後，乙方依前項規定終止契約時，甲方得請求乙方墊付費用將其送回原出發地。於到達後，由甲方附加年利率＿＿％利息償還乙方。

第八條（交通費之調高或調低）

　　旅遊契約訂立後，其所使用之交通工具之票價或運費較訂約前運送人公佈之票價或運費調高或調低逾10％者，應由甲方補足或由乙方退還。

第九條（旅遊費用所涵蓋之項目）

甲方依第五條約定繳納之旅遊費用，除雙方另有約定以外，應包括下列項目：

一、代辦出國手續費：乙方代理甲方辦理出國所需之手續費及簽證費及其他規費。

二、交通運輸費：旅程所需各種交通運輸之費用。

三、餐飲費：旅程中所列應由乙方安排之餐飲費用。

四、住宿費：旅程中所列住宿及旅館之費用，如甲方需要單人房，經乙方同意安排者，甲方應補繳所需差額。

五、遊覽費用：旅程中所列之一切遊覽費用，包括遊覽交通費、導遊費、入場門票費。

六、接送費：旅遊期間機場、港口、車站等與旅館間之一切接送費用。

七、行李費：團體行李往返機場、港口、車站等與旅館間之一切接送費用及團體行李接送人員之小費，行李數量之重量依航空公司規定辦理。

八、稅捐：各地機場服務稅捐及團體餐宿稅捐。

九、服務費：領隊及其他乙方為甲方安排服務人員之報酬。

第十條（旅遊費用所未涵蓋項目）

第五條之旅遊費用，不包括下列項目：

一、非本旅遊契約所列行程之一切費用。

二、甲方個人費用：如行李超重費、飲料及酒類、洗衣、電話、電報、私人交通費、行程外陪同購物之報酬、自由活動費、個人傷病醫療費、宜自行給與提供個人服務者（如旅館客房服務人員）之小費，或尋回遺失物費用及報酬。

三、未列入旅程之簽證、機票及其他有關費用。

四、宜給與導遊、司機、領隊之小費。

五、保險費：甲方自行投保旅行平安保險之費用。

六、其他不屬於第九條所列之開支。

前項第二款、第四款宜給與之小費，乙方應於出發前，說明各觀光地區小費收取狀況及約略金額。

第十一條（強制投保保險）

乙方應依主管機關之規定辦理責任保險及履約保險。

乙方如未依前項規定投保者，於發生旅遊意外事故或不能履約之情形時，乙方應以主管機關規定最低投保金額計算其應理賠金額之三倍賠償甲方。

第十二條（組團旅遊最低人數）

本旅遊團須有＿＿＿人以上簽約參加始組成。如未達前定人數，乙方應於預定出發之七日前通知甲方解除契約，怠於通知致甲方受損害者，乙方應賠償甲方損害。

乙方依前項規定解除契約後，得依下列方式之一，返還或移作依第二款成立之新旅遊契約之旅遊費用。

一、退還甲方已交付之全部費用，但乙方已代繳之簽證或其他規費得予扣除。

二、徵得甲方同意，訂定另一旅遊契約，將依第一項解除契約應返還甲方之全部費用，移作該另訂之旅遊契約之費用全部或一部。

第十三條（代辦簽證、洽購機票）

如確定所組團體能成行，乙方即應負責為甲方申辦護照及依旅程所需之簽證，並代訂妥機位及旅館。乙方應於預定出發七日前，或於舉行出國說明會時，將甲方之護照、簽證、機票、機位、旅館及其他必要事項向甲方報告，並以書面行程表確認之。乙方怠於履行上述義務時，甲方得拒絕參加旅遊並解除契約，乙方即應退還甲方所繳之所有費用。

乙方應於預定出發日前，將本契約所列旅遊地之地區城市、國家或觀光點之風俗人情、地理位置或其他有關旅遊應注意事項儘量提供甲方旅遊參考。

第十四條（因旅行社過失無法成行）

因可歸責於乙方之事由，致甲方之旅遊活動無法成行時，乙方於知悉旅遊活動無法成行時，應即通知甲方並說明其事由。怠於通知者，應賠償甲方依旅遊費用之全部計算之違約金；其已為通知者，則按通知到達甲方時，距出發日期時間之長短，依下列規定計算應賠償甲方之違約金。

一、通知於出發日前第三十一日以前到達者，賠償旅遊費用10％。

二、通知於出發日前第二十一日至第三十日以內到達者，賠償旅遊費用20％。

三、通知於出發日前第二日至第二十日以內到達者，賠償旅遊費用30％。

四、通知於出發日前一日到達者，賠償旅遊費用50％。

五、通知於出發當日以後到達者，賠償旅遊費用100％。

甲方如能證明其所受損害超過前項各款標準者，得就其實際損害請求賠償。

第十五條（非因旅行社之過失無法成行）

因不可抗力或不可歸責於乙方之事由，致旅遊團無法成行者，乙方於知悉旅遊活動無法成行時，應即通知甲方並說明其事由；其怠於通知甲方，致甲方受有損害時，應負賠償責任。

第十六條（因手續瑕疵無法完成旅遊）

旅行團出發後，因可歸責於乙方之事由，致甲方因簽證、機票或其他問題無法完成其中之部分旅遊者，乙方應以自己之費用安排甲方至次一旅遊地，與其他團員會合；無法完成旅遊之情

形，對全部團員均屬存在時，並應依相當之條件安排其他旅遊活動代之；如無次一旅遊地時，應安排甲方返國。

前項情形乙方未安排代替旅遊時，乙方應退還甲方未旅遊地部分之費用，並賠償同額之違約金。

因可歸責於乙方之事由，致甲方遭當地政府逮捕、羈押或留置時，乙方應賠償甲方以每日新台幣二萬元整計算之違約金，並應負責迅速接洽營救事宜，將甲方安排返國，其所需一切費用由乙方負擔。

第十七條（領隊）

乙方應指派領有領隊執業證之領隊。

甲方因乙方違反前項規定，而遭受損害者，得請求乙方賠償。

領隊應帶領甲方出國旅遊，並為甲方辦理出入國境手續、交通、食宿、遊覽及其他完成旅遊所需之往返全程隨團服務。

第十八條（證照之保管及退還）

乙方代理甲方辦理出國簽證或旅遊手續時，應妥慎保管甲方之各項證照，及申請該證照而持有甲方之印章、身分證等，乙方如有遺失或毀損者，應行補辦，其致甲方受損害者，並應賠償甲方之損失。

甲方於旅遊期間，應自行保管其自有之旅遊證件，但基於辦理通關過境等手續之必要，或經乙方同意者，得交由乙方保管。

前項旅遊證件，乙方及其受僱人應以善良管理人注意保管之，但甲方得隨時取回，乙方及其受僱人不得拒絕。

第十九條（旅客之變更）

甲方得於預定出發日____日前，將其在本契約上之權利義務讓與第三人，但乙方有正當理由者，得予拒絕。

前項情形，所減少之費用，甲方不得向乙方請求返還，所增加之費用，應由承受本契約之第三人負擔，甲方並應於接到乙方

通知後＿＿日內協同該第三人到乙方營業處所辦理契約承擔手續。

承受本契約之第三人，與甲乙雙方辦理承擔手續完畢起，承繼甲方基於本契約之一切權利義務。

第二十條（旅行社之變更）

乙方於出發前非經甲方書面同意，不得將本契約轉讓其他旅行業，否則甲方得解除契約，其受有損害者，並得請求賠償。

甲方於出發後始發覺或被告知本契約已轉讓其他旅行業，乙方應賠償甲方全部團費5％之違約金，其受有損害者，並得請求賠償。

第二十一條（國外旅行業責任歸屬）

乙方委託國外旅行業安排旅遊活動，因國外旅行業有違反本契約或其他不法情事，致甲方受損害時，乙方應與自己之違約或不法行為負同一責任。但由甲方自行指定或旅行地特殊情形而無法選擇受託者，不在此限。

第二十二條（賠償之代位）

乙方於賠償甲方所受損害後，甲方應將其對第三人之損害賠償請求權讓與乙方，並交付行使損害賠償請求權所需之相關文件及證據。

第二十三條（旅程內容之實現及例外）

旅程中之餐宿、交通、旅程、觀光點及遊覽項目等，應依本契約所訂等級與內容辦理，甲方不得要求變更，但乙方同意甲方之要求而變更者，不在此限，惟其所增加之費用應由甲方負擔。除非有本契約第二十八條或第三十一條之情事，乙方不得以任何名義或理由變更旅遊內容，乙方未依本契約所訂等級辦理餐宿、交通旅程或遊覽項目等事宜時，甲方得請求乙方賠償差額二倍之違約金。

第二十四條（因旅行社之過失致旅客留滯國外）

　　因可歸責於乙方之事由，致甲方留滯國外時，甲方於留滯期間所支出之食宿或其他必要費用，應由乙方全額負擔，乙方並應儘速依預定旅程安排旅遊活動或安排甲方返國，並賠償甲方依旅遊費用總額除以全部旅遊日數乘以滯留日數計算之違約金。

第二十五條（延誤行程之損害賠償）

　　因可歸責於乙方之事由，致延誤行程期間，甲方所支出之食宿或其他必要費用，應由乙方負擔。甲方並得請求依全部旅費除以全部旅遊日數乘以延誤行程日數計算之違約金。但延誤行程之總日數，以不超過全部旅遊日數為限，延誤行程時數在五小時以上未滿一日者，以一日計算。

第二十六條（惡意棄置旅客於國外）

　　乙方於旅遊活動開始後，因故意或重大過失，將甲方棄置或留滯國外不顧時，應負擔甲方於被棄置或留滯期間所支出與本旅遊契約所訂同等級之食宿、返國交通費用或其他必要費用，並賠償甲方全部旅遊費用之五倍違約金。

第二十七條（出發前旅客任意解除契約）

　　甲方於旅遊活動開始前得通知乙方解除本契約，但應繳交證照費用，並依下列標準賠償乙方：

一、通知於旅遊活動開始前第三十一日以前到達者，賠償旅遊費用10%。

二、通知於旅遊活動開始前第二十一日至第三十日以內到達者，賠償旅遊費用20%。

三、通知於旅遊活動開始前第二日至第二十日以內到達者，賠償旅遊費用30%。

四、通知於旅遊活動開始前一日到達者，賠償旅遊費用50%。

五、通知於旅遊活動開始日或開始後到達或未通知不參加者，

賠償旅遊費用100%。

前項規定作為損害賠償計算基準之旅遊費用，應先扣除簽證費後計算之。

乙方如能證明其所受損害超過第一項之標準者，得就其實際損害請求賠償。

第二十八條（出發前有法定原因解除契約）

因不可抗力或不可歸責於雙方當事人之事由，致本契約之全部或一部無法履行時，得解除契約之全部或一部，不負損害賠償責任。乙方應將已代繳之規費或履行本契約已支付之全部必要費用扣除後之餘款退還甲方。但雙方於知悉旅遊活動無法成行時應即通知他方並說明事由；其怠於通知致使他方受有損害時，應負賠償責任。

為維護本契約旅遊團體之安全與利益，乙方依前項為解除契約之一部後，應為有利於旅遊團體之必要措置（但甲方不得同意者，得拒絕之），如因此支出必要費用，應由甲方負擔。

第二十九條（出發後旅客任意終止契約）

甲方於旅遊活動開始後中途離隊退出旅遊活動時，不得要求乙方退還旅遊費用。但乙方因甲方退出旅遊活動後，應可節省或無須支付之費用，應退還甲方。

甲方於旅遊活動開始後，未能及時參加排定之旅遊項目或未能及時搭乘飛機、車、船等交通工具時，視為自願放棄其權利，不得向乙方要求退費或任何補償。

第三十條（終止契約後之回程安排）

甲方於旅遊活動開始後，中途離隊退出旅遊活動，或怠於配合乙方完成旅遊所需之行為而終止契約者，甲方得請求乙方墊付費用將其送回原出發地。於到達後，立即附加年利率＿＿＿％利息償還乙方。

乙方因前項事由所受之損害，得向甲方請求賠償。

第三十一條（旅遊途中行程、食宿、遊覽項目之變更）

旅遊途中因不可抗力或不可歸責於乙方之事由，致無法依預定之旅程、食宿或遊覽項目等履行時，為維護本契約旅遊團體之安全及利益，乙方得變更旅程、遊覽項目或更換食宿、旅程，如因此超過原定費用時，不得向甲方收取。但因變更致節省支出經費，應將節省部分退還甲方。

甲方不同意前項變更旅程時得終止本契約，並請求乙方墊付費用將其送回原出發地。於到達後，立即附加年利率____%利息償還乙方。

第三十二條（國外購物）

為顧及旅客之購物方便，乙方如安排甲方購買禮品時，應於本契約第三條所列行程中預先載明，所購物品有貨價與品質不相當或瑕疵時，甲方得於受領所購物品後一個月內請求乙方協助處理。

乙方不得以任何理由或名義要求甲方代為攜帶物品返國。

第三十三條（責任歸屬及協辦）

旅遊期間，因不可歸責於乙方之事由，致甲方搭乘飛機、輪船、火車、捷運、纜車等大眾運輸工具所受損害者，應由各該提供服務之業者直接對甲方負責。但乙方應盡善良管理人之注意，協助甲方處理。

第三十四條（協助處理義務）

甲方在旅遊中發生身體或財產上之事故時，乙方應為必要之協助及處理。

前項之事故，係因非可歸責於乙方之事由所致者，其所生之費用，由甲方負擔。但乙方應盡善良管理人之注意，協助甲方處理。

第三十五條（誠信原則）

甲乙雙方應以誠信原則履行本契約。乙方依旅行業管理規則之規定，委託他旅行業代為招攬時，不得以未直接收甲方繳納費用，或以非直接招攬甲方參加本旅遊，或以本契約實際上非由乙方參與簽訂為抗辯。

第三十六條（其他協議事項）

甲乙雙方同意遵守下列各項：

一、甲方　□同意　□不同意　乙方將其姓名提供給其他同團旅客。

二、

三、

前項協議事項，如有變更本契約其他條款之規定，除經交通部觀光局核准，其約定無效，但有利於甲方者，不在此限。

訂約人：甲方：

住址：

身分證字號：

電話或電傳：

乙方（公司名稱）：

註冊編號：

負責人：

住址：

電話或電傳：

乙方委託之旅行業副署：（本契約如係綜合或甲種旅行業自行組團而與旅客簽約者，下列各項免填）

公司名稱：

註冊編號：

負責人：

住址：

電話或電傳：

簽約日期：中華民國＿＿＿年＿＿＿月＿＿＿日（如未記載，以交付
　　　　　訂金日爲簽約日期）

簽約地點：＿＿＿＿＿＿＿＿＿＿＿＿＿＿（如未記載　以甲方住所
　　　　　地爲簽約地點）

附錄四

民法債編第八節之一旅遊條文

中華民國八十八年四月二十一日總統令修正公佈

中華民國八十九年五月五日施行

第八節之一　旅遊

第五百一十四條之一（旅遊營業人之定義）

稱旅遊營業人者，謂以提供旅客旅遊服務爲營業而收取旅遊費用之人。

前項旅遊服務，係指安排旅程及提供交通、膳宿、導遊或其他有關之服務。

第五百一十四條之二（旅遊書面之規定）

旅遊營業人因旅客之請求，應以書面記載下列事項，交付旅客：

一、旅遊營業人之名稱及地址。

二、旅客名單。

三、旅遊地區及旅程。

四、旅遊營業人提供之交通、膳宿、導遊或其他有關服務及其品質。

五、旅遊保險之種類及其金額。

六、其他有關事項。

七、塡發之年月日。

第五百一十四條之三（旅客之協力義務）

　　旅遊需旅客之行為始能完成，而旅客不為其行為者，旅遊營業人得定相當期限，催告旅客為之。旅客不於前項期限內為其行為者，旅遊營業人得終止契約，並得請求賠償因契約終止而生之損害。旅遊開始後，旅遊營業人依前項規定終止契約時，旅客得請求旅遊營業人墊付費用將其送回原出發地。於到達後，由旅客附加利息償還之。

第五百一十四條之四（第三人參加旅遊）

　　旅遊開始前，旅客得變更由第三人參加旅遊。旅遊營業人非有正當理由，不得拒絕。

　　第三人依前項規定為旅客時，如因而增加費用，旅遊營業人得請求其給付。如減少費用，旅客不得請求退還。

第五百一十四條之五（變更旅遊內容）

　　旅遊營業人非有不得已之事由，不得變更旅遊內容。旅遊營業人依前項規定變更旅遊內容時，其因此所減少之費用，應退還予旅客；所增加之費用，不得向旅客收取。旅遊營業人依第一項規定變更旅程時，旅客不同意者，得終止契約。旅客依前項規定終止契約時，得請求旅遊營業人墊付費用將其送回原出發地。於到達後，由旅客附加利息償還之。

第五百一十四條之六（旅遊服務之品質）

　　旅遊營業人提供旅遊服務，應使其具備通常之價值及約定之品質。

第五百一十四條之七（旅遊營業人之瑕疵擔保責任）

　　旅遊服務不具備前條之價值或品質者，旅客得請求旅遊營業人改善之。旅遊營業人不為改善或不能改善時，旅客得請求減少費用。其有難於達預期目的之情形者，並得終止契約。因可歸責於旅遊營業人之事由致旅遊服務不具備前條之價值或品質

者，旅客除請求減少費用或終止契約外，並得請求損害賠償。

旅客依前二項規定終止契約時，旅遊營業人應將旅客送回原出發地。其所生之費用，由旅遊營業人負擔。

第五百一十四條之八（旅遊時間浪費之求償）

因可歸責於旅遊營業人之事由，致旅遊未依約定之旅程進行者，旅客就其時間之浪費，得按日請求賠償相當之金額。但其每日賠償金額，不得超過旅遊營業人所收旅遊費用總額每日平均之數額。

第五百一十四條之九（旅客隨時終止契約之規定）

旅遊未完成前，旅客得隨時終止契約。但應賠償旅遊營業人因契約終止而生之損害。

第五百一十四條之五第四項之規定，於前項情形準用之。

第五百一十四條之十（旅客在旅遊途中發生身體或財產上事故之處置）

旅客在旅遊途中發生身體或財產上之事故時，旅遊營業人應為必要之協助及處理。前項之事故，係因非可歸責於旅遊營業人之事由所致者，其所生之費用，由旅客負擔。

第五百一十四條之十一（旅遊營業人協助旅客處理購物瑕疵）

旅遊營業人安排旅客在特定場所購物，其所購物品有瑕疵者，旅客得於受領所購物品後一個月內，請求旅遊營業人協助其處理。

第五百一十四條之十二（短期之時效）

本節規定之增加、減少或退還費用請求權，損害賠償請求權及墊付費用償還請求權，均自旅遊終了或應終了時起，一年間不行使而消滅。

參考文獻

一、書籍

1. 《旅行業理論與實務》，容繼業著，揚智文化，1998。

2. 《旅運業務》，陳嘉隆著，新陸書局，1996。

3. 《觀光地理》，李銘輝著，揚智文化，1996。

4. 《觀光政策、行政與法規》，楊正寬著，揚智文化，1996。

5. 《旅運經營學》，鈕先鉞著，華泰書局，1995。

6. 《觀光術語》，葉英正著，新學仁出版社，1994。

7. 《觀光導論》，劉修祥著，揚智文化，1996。

8. 《觀光概論》，薛明敏著，1993。

9. 《領隊手冊》，領隊協會編印，1990。

10. 《觀光導遊實務》，蔡東海著，星光出版社，1993。

11. 《領隊萬用手冊》，台北市旅行公會編印，1990。

12. 《海外旅行問題處理實例》，蘭谿出版社，1990。

13. 《旅遊糾紛案例彙編》，黃彩娟著，民生報叢書，1990。

14. 《出國領隊百科全書》，永安旅行社，1980。

15. 《航空旅行業務基本知識與規定》，台北市旅行商業同業公會，1990。

16. 《旅遊業成功經營管理》，劉展強著，韜略出版社，1994。

17. 《旅運實務》，孫慶文著，揚智文化，1998。

18. 《旅行社管理與經營》，江東銘著，五南出版社，1999。

19. 《領隊與導遊實務》，林燈燦著，五南出版社，1999。

20. 《領隊實務》，黃榮鵬著，揚智文化，1997。

二、期刊

1. 《旅報半月刊》，日僑文化發行。

2. 《旅遊界半月刊》，品保協會發行。

3. 《旅人雜誌》，領隊協會發行。

4. 《旅行家雜誌》。

5. 《博覽家雜誌》，日僑文化發行。

6. 《錫安旅訊》，錫安旅行社。

7. 《長安旅行社同業手冊》。

8. 《雄獅旅行社同業手冊》。

旅遊實務

餐旅叢書

作　　者／蔡必昌

出 版 者／揚智文化事業股份有限公司

發 行 人／葉忠賢

執行編輯／閻富萍

美術編輯／周淑惠

登 記 證／局版北市業字第1117號

地　　址／台北市新生南路三段88號5樓之6

電　　話／(02)2366-0309　2366-0313

傳　　真／(02)2366-0310

E－ｍａｉｌ／tn605547@ms6.tisnet.net.tw

網　　址／http://www.ycrc.com.tw

郵撥帳號／14534976

戶　　名／揚智文化事業股份有限公司

印　　刷／偉勵彩色印刷股份有限公司

法律顧問／北辰著作權事務所　蕭雄淋律師

初版一刷／2001年6月

定　　價／新台幣450元

ＩＳＢＮ／957-818-274-0

國家圖書館出版品預行編目資料

旅遊實務 = Management of practical traveling
／蔡必昌著.-- 初版.-- 臺北市：揚智文
化, 2001[民90]
　　面；　公分.--（餐旅叢書）
參考書目：面

ISBN　957-818-274-0（平裝）

1.旅行業　2.導遊

489.2　　　　　　　　　　　　　　90005195

§ 揚智文化事業股份有限公司 §

中國人生叢書

A0101	蘇東坡的人生哲學—曠達人生	ISBN:957-9091-63-3 (96/01)	范 軍/著	NT:250B/平
A0102A	諸葛亮的人生哲學—智聖人生	ISBN:957-9091-64-1 (96/10)	曹海東/著	NT:250B/平
A0103	老子的人生哲學—自然人生	ISBN:957-9091-67-6 (96/03)	戴健業/著	NT:250B/平
A0104	孟子的人生哲學—慷慨人生	ISBN:957-9091-79-X (94/10)	王耀輝/著	NT:250B/平
A0105	孔子的人生哲學—執著人生	ISBN:957-9091-84-6 (96/02)	李 旭/著	NT:250B/平
A0106	韓非子的人生哲學—權術人生	ISBN:957-9091-87-0 (96/03)	阮 忠/著	NT:250B/平
A0107	荀子的人生哲學—進取人生	ISBN:957-9091-86-2 (96/02)	彭萬榮/著	NT:250B/平
A0108	墨子的人生哲學—兼愛人生	ISBN:957-9091-85-4 (94/12)	陳 偉/著	NT:250B/平
A0109	莊子的人生哲學—瀟灑人生	ISBN:957-9091-72-2 (96/01)	揚 帆/著	NT:250B/平
A0110	禪宗的人生哲學—頓悟人生	ISBN:957-9272-04-2 (96/03)	陳文新/著	NT:250B/平
A0111B	李宗吾的人生哲學—厚黑人生	ISBN:957-9272-21-2 (95/08)	湯江浩/著	NT:250B/平
A0112	曹操的人生哲學—梟雄人生	ISBN:957-9272-22-0 (95/11)	揚 帆/著	NT:300B/平
A0113	袁枚的人生哲學—率性人生	ISBN:957-9272-41-7 (95/12)	陳文新/著	NT:300B/平
A0114	李白的人生哲學—詩酒人生	ISBN:957-9272-53-0 (96/06)	謝楚發/著	NT:300B/平
A0115	孫權的人生哲學—機智人生	ISBN:957-9272-50-6 (96/03)	黃忠晶/著	NT:250B/平
A0116	李後主的人生哲學—浪漫人生	ISBN:957-9272-55-7 (96/05)	李中華/著	NT:250B/平
A0117	李清照的人生哲學—婉約人生	ISBN-957-8637-78-0 (99/02)	余莅芳、舒 靜/著	NT:250B/平
A0118	金聖嘆的人生哲學—糊塗人生	ISBN:957-8446-03-9 (97/05)	周 劼/著	NT:200B/平
A0119	孫子的人生哲學—謀略人生	ISBN:957-9272-75-1 (96/09)	熊忠武/著	NT:250B/平
A0120	紀曉嵐的人生哲學—寬恕人生	ISBN:957-9272-94-8 (97/01)	陳文新/著	NT:250B/平
A0121	商鞅的人生哲學—權霸人生	ISBN:957-8446-17-9 (97/07)	丁毅華/著	NT:250B/平
A0122	范仲淹的人生哲學—憂樂人生	ISBN:957-8446-20-9 (97/07)	王耀輝/著	NT:250B/平
A0123	曾國藩的人生哲學—忠毅人生	ISBN:957-8446-32-2 (97/09)	彭基博/著	NT:250B/平
A0124	劉伯溫的人生哲學—智略人生	ISBN:957-8446-24-1 (97/08)	陳文新/著	NT:250B/平
A0125	梁啓超的人生哲學—改良人生	ISBN:957-8446-27-6 (97/09)	鮑 風/著	NT:250B/平
A0126	魏徵的人生哲學—忠諫人生	ISBN:957-8446-41-1 (97/12)	余和祥/著	NT:250B/平
A0127	武則天的人生哲學—女權人生	ISBN:957-818-085-3 (00/02)	陳慶輝/著	NT:200B/平
A0128	唐太宗的人生哲學—守靜人生	ISBN:957-818-025-X (99/08)	陳文新/等著	NT:300B/平

餐旅叢書

餐飲實務

陳堯帝／著

《餐飲實務》一書包含台灣餐飲業現況、餐廳的佈置與管理、廚房規劃與管理、菜單之設計製作、食物之採購儲存、中西餐飲之製作、餐飲之服務、餐飲行銷、食品營養與食品衛生安全、餐飲業未來趨勢等內容，提供餐旅科系學生及從業人員有系統的理論與實務，是一本不可多得的用書。

觀光叢書

A1001	觀光導論	ISBN:957-9091-71-4 (96/09)	劉修祥/著	NT:400A/平
A1002	旅行業理論與實務 (第三版)	ISBN:957-9272-87-5 (96/12)	容繼業/著	NT:650A/平
A1003	觀光地理 (第二版)	ISBN:957-818-196-5 (00/11)	李銘輝/著	NT:450A/平
A1004	旅館產業的開發與規劃	ISBN:957-8446-13-6 (97/05)	姚德雄/著	NT:550A/精
A1006	觀光行政與法規 (精華版)	ISBN:957-8446-12-8 (97/08)	楊正寬/著	NT:400A/平
A1007A	餐飲服務	ISBN:957-9091-52-8 (95/06)	高秋英/著	NT:380A/平
A1008B	觀光政策、行政與法規 (第二版)	ISBN:957-9272-74-3 (96/09)	楊正寬/著	NT:600A/精
A1009A	餐飲管理—理論與實務	ISBN:957-818-074-8 (99/02)	高秋英/著	NT:400A/精
A1010	旅館人力資源管理	ISBN:957-8446-25-X (97/07)	劉桂芬/著	NT:400A/平
A1011A	旅館管理—理論與實務 (第二版)	ISBN:957-8446-90-X (98/09)	吳勉勤/著	NT:500A/平
A1012	旅館經營管理實務—籌建規劃之可行性研究暨電腦系統			
		ISBN:957-9272-40-9 (96/05)	楊上輝/著	NT:650A/精
A1013B	領隊實務 (第二版)	ISBN:957-8637-73-X (98/11)	黃榮鵬/著	NT:400A/平
A1014	旅運實務	ISBN:957-8637-68-3 (99/02)	孫慶文/著	NT:350A/平
A1015	旅館客房管理實務	ISBN:957-8446-79-9 (98/06)	李欽明/著	NT:550A/平
A1016	餐飲概論	ISBN:957-818-003-9 (99/05)	蕭玉倩/著	NT:350A/平
A1017	餐飲實務	ISBN:957-818-002-0 (98/05)	林香君、高儀文/著	NT:400A/平
A1018	菜單設計	ISBN:957-818-005-5 (99/04)	蔡曉娟/著	NT:300A/平
A1019	觀光學概論	ISBN:957-818-001-2 (99/05)	楊明賢/著	NT:350A/平
A1020	解說教育	ISBN:957-818-007-1 (99/05)	楊明賢/著	NT:320A/平
A1021	生態保育	ISBN:957-818-091-8 (00/03)	王麗娟、謝文豐/著	NT:300A/平
A1022	餐飲連鎖經營	ISBN:957-818-029-2 (99/09)	掌慶琳/譯	NT:500A/平
A1023	旅館安全管理	ISBN:957-818-099-3 (00/04)	黃惠伯/著	NT:400A/精
A1024	航空客運與票務	ISBN:957-818-062-4 (99/12)	張瑞奇/著	NT:350A/平
A1025	觀光日語 (含光碟)	ISBN:957-818-066-7 (99/11)	劉桂芬/著	NT:400A/平
A1026	觀光政策、行政與法規 (第三版)	ISBN:957-818-194-9 (00/11)	楊正寬/著	NT:650A/平
A1027	觀光遊憩資源規劃	ISBN:957-818-199-X (00/11)	李銘輝、郭建興/著	NT:700A/精
A1028	國際會議規劃與管理		沈燕雲、呂秋霞/著	

觀光英語 (上) (下)

Andrew Peat、林玥秀／著

本書爲系列觀光英語用書之一。內容
涵蓋：認識觀光事業、選擇職業、日
常生活會話等。適合高職、五專學生
及社會人士使用。

觀光英語聽力測驗

周克威／編著

自從政府開放出國觀光後，國內外出、入境之人口
每年約有七、八百萬人次，觀光從業人員需求大
增，交通部觀光局每年均定期舉辦導遊及領隊甄
試，「觀光英語聽力測驗」是必考科目。再者高職
觀光科考試也將加考此一科目，然而坊間卻缺乏此
類用書，令考生無法入門。筆者乃資深英語導遊，
針對考試精心命題並附題解，相信對考生助益良
多。本書並附有卡帶，以收相輔相成之效。

NEO 系列叢書

NEO系列叢書

Novelty 新奇．Explore 探索．Onward 前進
Network 網絡．Excellence 卓越．Outbreak 突破

世紀末，是一襲華麗？還是一款頹廢？
千禧年，是歷史之終結？還是時間的開端？
你會是最後一人嗎？大未來在那裡？
你要與誰對話？二十一世紀是中國人的世紀？

人類文明持續衝突，既全球化又區域化；網際網路社會和個人
私我空間，在虛擬世界裡交會；在這樣的年代，揚智NEO系列
叢書，要帶領您整理過去、掌握當下、迎向未來！全方位、新
觀念、跨領域！

電影學苑

A4001A電影編劇	ISBN:957-8446-28-4 (97/09)	張覺明/著 NT:450A/平
A4002 影癡自助餐	ISBN:957-818-190-6 (01/01)	聞天祥/著 NT:280B/平
A4003 法國新銳電影及其環境		何敬業/著
A4004 好萊塢・電影・夢工場	ISBN:957-818-077-2 (00/02)	李達義/著 NT:160B/平
A4005 電影劇本寫作	ISBN:957-818-122-1 (00/07)	王書芬/譯 NT:200B/平
A4006 因為導演，所以電影	ISBN:957-818-161-2 (00/09)	曾柏仁/編著 NT:300B/平

劇場風景

A4201 台灣小劇場運動史－尋找另類美學與政治		
	ISBN:957-818-019-5 (99/08)	鍾明德/著 NT:350A/平
A4202 當代台灣社區劇場	ISBN:957-818-117-5 (00/06)	林偉瑜/著 NT:330A/平
A4203 意象劇場－非常亞陶	ISBN:957-818-046-2 (99/11)	朱靜美/著 NT:200A/平
A4204 這一本，瓦舍說相聲	ISBN:957-818-095-0 (00/03)	馮翊綱、宋少卿/著 NT:300B/平
A4205 被壓迫者劇場	ISBN:957-818-167-1 (00/10)	賴淑雅/譯 NT:320B/平
A4206 在那湧動的潮音中	ISBN:957-818-230-1 (01/02)	蔡奇璋/等著 NT:280A/平
A4207 神聖的藝術	ISBN:957-818-246-5 (01/03)	鍾明德/等著 NT:450A/平